普通高等教育规划教材

煤焦油工艺学

朱银惠　郭东萍　主编
王建华　主审

化学工业出版社
·北京·

《煤焦油工艺学》主要阐述目前煤化工企业常用的煤焦油加工工艺与主要设备，兼顾最新技术的开发和应用情况，同时对煤焦油加工企业的环境治理进行了简单介绍。全书分为十一章，分别介绍了煤焦油加工现状、煤焦油的初步加工、工业萘的生产、粗酚的精制、焦油盐基化合物的生产、洗油馏分的精制、蒽油馏分的加工、煤焦油沥青的加工、低温煤焦油加工技术、煤焦油加氢精制和煤焦油加工厂环境保护。

本书可作为高等学校煤化工专业教材，也可供从事煤化工生产、科研的技术人员参考。

图书在版编目(CIP)数据

煤焦油工艺学/朱银惠，郭东萍主编. —北京：化学工业出版社，2016.11（2025.3重印）
普通高等教育规划教材
ISBN 978-7-122-28254-5

Ⅰ.①煤… Ⅱ.①朱… ②郭… Ⅲ.①煤焦油-工艺学-高等学校-教材 Ⅳ.①TQ524

中国版本图书馆 CIP 数据核字（2016）第 241337 号

责任编辑：张双进　　文字编辑：孙凤英
责任校对：宋　玮　　装帧设计：王晓宇

出版发行：化学工业出版社（北京市东城区青年湖南街 13 号　邮政编码 100011）
印　　装：北京科印技术咨询服务有限公司数码印刷分部
787mm×1092mm　1/16　印张 13½　字数 344 千字　2025 年 3 月北京第 1 版第 5 次印刷

购书咨询：010-64518888　　售后服务：010-64518899
网　　址：http://www.cip.com.cn
凡购买本书，如有缺损质量问题，本社销售中心负责调换。

定　　价：32.00 元

前　言

煤焦油是煤炭干馏的主要副产品，是重要的化工原料。 煤焦油中含有上万种有机化合物，煤焦油产品广泛用于化工、医药、染料、农药和碳素等行业。 全国 3000 万吨以上的大型煤炭企业几乎都涉及煤化工，“逢煤必化”现象十分普遍。 作为煤化工的主要副产品，煤焦油产量近来大幅增长，煤焦油深加工行业迅速崛起，产业规模、技术和精细化程度不断提高，成功迈上新台阶。 煤焦油加工工艺和新产品开发方面也有了新的发展。 近年来我国在煤焦油加工集中化、大型化方面有了长足进展，研究开发煤焦油新产品和分离新技术是各国煤焦油行业的重要任务。

笔者曾在煤化工企业从事煤焦油加工方面的技术工作，在学校从事煤焦油方面的教学和科研工作。 本书是在参阅了煤焦油方面的专著、教材及论文，结合相关企业的生产工艺的基础上编写而成。

全书分十一章，介绍了煤焦油加工现状、煤焦油的初步加工、工业萘的生产、粗酚的精制、焦油盐基化合物的生产、洗油馏分的精制、蒽油馏分的加工、煤焦油沥青的加工、低温煤焦油加工技术、煤焦油加氢精制和煤焦油加工厂环境保护。 本书内容翔实、通俗易懂，贴近生产实际，实用性强。 本书可作为高等学校煤化工专业教材，也可供从事煤化工生产、科研的技术人员参考。

本书由朱银惠、郭东萍主编。 其中第一～三章由朱银惠编写，第四～六章由鄂永胜编写，第七章由李海桥编写，第八～十章由郭东萍编写，第十一章由马东祝编写。 全书由河北旭阳煤化工有限公司王建华主审。

由于编者水平有限，书中难免有不当之处，希望各位专家和读者提出宝贵意见。

编者

2016 年 8 月

目　录

Chapter 01

第一章 绪　论

第一节　煤焦油加工现状

煤焦油是一个含上万种组分的复杂混合物，目前已从中分离并认定的单种化合物约500余种，约占煤焦油总量的55%，其中包括苯、二甲苯、萘等174种中性组分；酚、甲酚等63种酸性组分和113种碱性组分。广泛应用于树脂、工程塑料、染料、农药、涂料及医药等方面，其中很多化合物是国防工业的贵重原料，一部分多环烃化合物是石油化工所不能生产和替代的。

煤焦油加工的产品在医药、农药、染料、合成纤维等领域具有一定的不可替代性，且在苯类同系物中，两环以上的杂环芳烃几乎全部来自煤焦油。这使得发展焦油化工成为许多国家关注的重要课题之一，各国都在积极开发研究煤焦油深度加工和分离的新技术，以生产适销对路和高附加值的精细化工新产品。

一、煤焦油加工的发展

煤焦油的实验室研究始于1820年，其后相继发现了萘（1824年）、苯酚（1830年）、蒽（1833年）、苯胺和喹啉（1834年）、苯（1845年）、甲苯（1849年）和吡啶（1854年）等一系列主要化合物，为有机化学的发展奠定了基础。1822年英国建成第一个煤焦油蒸馏工业装置，主要是为浸渍铁路枕木和建筑用木料提供重油。1860年J. Rüetgers在柏林附近建成第一家煤焦油加工厂，一直发展到现在，为煤焦油加工的技术进步作出了历史性贡献。由于合成染料和药物研究的开始，煤焦油中的苯、萘和蒽在19世纪后期成为迅速崛起的德国有机化学工业的主要原料。可以说没有煤焦油，便没有近代有机合成。1900年世界合成染料的工业产值高达1.58亿马克（原德国货币单位），德国竟占87%。德国的主要化学公司，如BASF、Bayer和Hoechst等都是从煤焦油加工发展起来的。

直至第二次世界大战结束，工业用苯、甲苯、萘、蒽、苯酚和杂酚油、吡啶和喹啉等几乎全部来自煤的焦化副产品：粗苯和煤焦油。在石油化工高度发展的今天，虽然单环芳烃的主要来源已不再是煤，但多环芳烃和碳素工业的沥青仍主要甚至全部来自煤焦油。

二、中国煤焦油加工的现状

我国煤焦油加工已实现规模化生产的产品包括：沥青类、萘类、酚类、油类及其衍生产品等系列共计70余种。日本单套生产规模最大60万吨/年，德国单套生产规模最大50万吨/年，我国单套生产规模最大50万吨/年，达到此生产规模的有武汉钢铁（集团）公司、山东省枣庄市杰富意振兴化工有限公司。

2015年炼焦耗煤5.83亿吨，产煤焦油2332万吨。实际加工煤焦油1235.26万吨，占总煤焦油总产量的52.97%。2016年炼焦耗煤预计5.4亿吨。

传统煤焦油加工的产品为工业萘、酚等，煤焦油中的洗油、蒽油及加工过程中产生的中性油没有得到有效利用，大部分作为初级燃料进入市场。我国自主研发的煤焦油加氢技术日渐成熟，弥补了传统煤焦油加工的不足，对煤焦油中的洗油、蒽油及加工过程中产生的中性油进行加工，生产出符合环保要求的燃料，在提高产品附加值的同时，实现经济效益和社会效益的双丰收，实现并完善了煤化工向石油和有机化工的转型。2015年，国内中温煤焦油加氢总产能达1700万吨，新增兰炭产能1.7亿吨。

第二节 煤焦油的化学组成和性质

一、煤焦油的形成

煤焦油是煤料在高温炼焦过程中的热解产物，是从所产生的粗煤气中回收的液态产品。

装入炭化室内的煤料，首先析出吸附在煤中的水、二氧化碳和甲烷等。随着煤料温度的升高，煤中分子结构含氧多的物质分解为水、二氧化碳等。当煤层温度达到300～550℃，则发生煤大分子侧链和基团的断裂，450℃时焦油产率最高，所得产物为初次分解产物，即初煤焦油。初煤焦油主要含有脂肪族化合物、烷基取代的芳香族化合物及酚类。初次分解产物一部分通过炭化室中心的煤层，一部分经过赤热的焦炭层沿着炉墙进入炭化室顶部空间，在800～1000℃的条件下发生深度热分解，所得产物为二次分解产物，即高温煤焦油。高温煤焦油主要含有稠环芳香族化合物。初煤焦油和高温煤焦油在组成上有很大差别，组成见表1-1。

表1-1 初煤焦油和高温煤焦油的组成

项目		初焦油	高温焦油
产率/%		10.0	3.0
各组分质量分数/%	饱和烃	10.0	
	酚类	25.0	1.5
	萘	3.0	10.0
	菲和蒽	1.0	6.0
	沥青	35.0	50.0
化合物种类		几百种	近万种

高温煤焦油实质是初煤焦油在高温作用下经热化学转化形成的。热化学转化过程非常复杂，包括热分解、聚合、缩合、歧化和异构化等反应。下面列出几种芳香族化合物和杂环化合物热化学转化可能进行的反应。

1. 芳香族化合物的生成

(1) $3CH\equiv CH \longrightarrow$

(2) $3CH=CH \longrightarrow$ $+ 3H_2$

(3) $CH_2=CH-CH=CH_2$ $+$ $\longrightarrow$ $+ 2H_2$

(4) H_2 H_2C C CH_2 H_2C C CH_2 H_2 $\longrightarrow$ $+ 3H_2$

(5) N H $+ C_2H_4 \longrightarrow$ $+ NH_3$

(6) N H $+ C_2H_4 \longrightarrow$ $+ NH_3$

(7) N H $+ C_2H_4 \longrightarrow$ $+ NH_3$

(8) CH_3 $+$ H_3C $\longrightarrow$ $+ 3H_2$

(9) CH_3 $+$ $\longrightarrow$ $+ 2H_2$

(10) CH_3 $+$ CH_3 $\longrightarrow$ CH_2-H_2C $\longrightarrow$ $+ 2H_2$

(11) CH_3 $+$ CH_3 $\longrightarrow$ CH_2-H_2C $\longrightarrow$ $+ H_2$

(12) H_2C-CH_2 $\longrightarrow$ $+ H_2$

2. 杂环化合物的生成

(1) 2 N H $\longrightarrow$ N H $+ NH_3$

(2) $CH_3-CH_2-\overset{O}{\overset{\|}{C}}-CH_3 + NH_3 + 2CH_3-C(=O)H \longrightarrow$ CH_3 H_3C N CH_3 $+ 3H_2O + H_2$

(3) $2R-CH=CH-C(=O)OH + NH_3 \longrightarrow$ R R N $+ CO_2 + 3H_2$

(4) CH CH CH C_6H_5-CH $C-CH_3$ $N-OH$ $\longrightarrow C_6H_5$ N CH_3 $+ H_2O$

(5) $C_6H_5—NH—CH_2—CH=CH_2 + 2O_2 \longrightarrow C_9H_7N + 2H_2O$

(6) $3C_5H_5N \longrightarrow C_{13}H_9N + 2HCN + 2H_2$

(7) $CH_3CHO + 2CH_3—CO—CH_3 + NH_3 \longrightarrow C_5H_2N(CH_3)_3 + 3H_2O + H_2$

(8) $2C_4H_4S \longrightarrow C_8H_6S + H_2S$

(9) $3C_4H_4S \longrightarrow C_{12}H_8S + 2H_2S$

(10) $C_6H_5—OH + H_3C—C_6H_5 \longrightarrow C_{12}H_7O—CH_3 + 2H_2$

(11) $C_6H_5—OH + C_{10}H_8 \longrightarrow C_{16}H_{10}O + 2H_2$

(12) $C_6H_5—OH + HO—C_6H_5 \longrightarrow C_{12}H_8O + H_2O$

二、煤焦油的组成和性质

煤焦油的组成和物理性质波动范围大，这主要取决于炼焦煤的组成和炼焦操作的工艺条件。所以，对于不同的焦化厂来说，各自生产的煤焦油质量和组成是有差别的。但煤焦油产品应符合 YB/T 5075—2010 的规定，见表 1-2。

表 1-2　煤焦油的技术指标（YB/T 5075—2010）

指标名称	指标	
	1 级	2 级
密度(20℃)/(g/cm³)	1.15～1.21	1.13～1.22
水分/%	≤3.0	≤4.0
灰分/%	≤0.13	≤0.13
黏度(E_{80})	≤4.0	≤4.2
甲苯不溶物(无水基)/%	3.5～7.0	≤9.0
萘含量(无水基)/%	≥7.0	≥7.0

1. 煤焦油的化学组成

组成煤焦油的主要元素中，碳占 90%以上，氢占 5%，此外还含有少量的氧、硫、氮及微量的稀有金属等。

高温煤焦油主要是芳香烃所组成的复杂混合物，其组分大约有上万种，目前已查明的约 500 种，其中某些化合物含量甚微，含量在 1%左右的组分只有 10 多种。表 1-3 列出了煤焦油中主要组分的含量及性质。

表 1-3 高温煤焦油中主要组分的含量及性质

名称	[分子式] (分子量) 结构式	相对密度 d_4^{20}	沸点 (101325Pa)/℃	熔点/℃	占焦油质量分数/%
烃类化合物					
苯	[C_6H_6] (78.11)	0.8789	80.09	5.53	0.12～0.15
甲苯	[$C_6H_5CH_3$] (92.14) CH_3	0.8669	110.63	−94.97	0.18～0.25
二甲苯	[$C_6H_4(CH_3)_2$] (106.17)	—	—	—	0.08～0.12
苯的高级同系物	—	—	—	—	0.8～0.9
茚	[C_9H_8] (116.16)	0.9960	182.44	−2	0.25～0.3
四氢化萘	[$C_{10}H_{12}$] (132.21)	0.9695	207.65	−35.75	0.2～0.3
萘	[$C_{10}H_8$] (128.17)	(1.145)	217.99	80.29	8～12
α-甲基萘	[$C_{11}H_{10}$] (142.20) CH_3	1.02028	244.6	−30.6	0.8～1.2
β-甲基萘	[$C_{11}H_{10}$] (142.20) CH_3	(1.029)	241.1	34.58	1.0～1.8
二甲基萘及同系物	—	—	—	—	1.0～1.2
联苯	[$C_{12}H_{10}$] (154.21)	(1.180)	255.2	69.2	0.30
苊	[$C_{12}H_{10}$] (154.21) $H_2C—CH_2$	1.0242 (99℃)	278	93	1.2～1.8
芴	[$C_{13}H_{10}$] (166.22)	(1.208)	294	116	1.0～2.0
蒽	[$C_{14}H_{10}$] (178.23)	(1.251)	340.7	216.04	1.2～1.8

续表

名　称	[分子式]　结构式　(分子量)	相对密度 d_4^{20}	沸点 (101325Pa)/℃	熔点/℃	占焦油质量分数/%
菲	[$C_{14}H_{10}$]　(178.23) 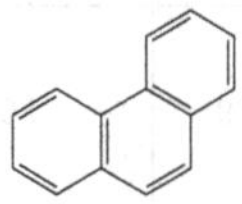	1.058 (100℃)	338.4	99.15	4.5～5.0
甲基菲	[$C_{15}H_{12}$]　(192.26)	—	349～358.6	55～119	0.9～1.1
荧蒽	[$C_{16}H_{10}$]　(202.26) 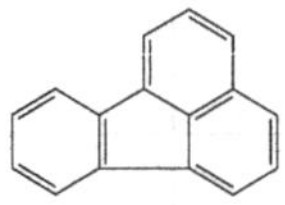	(1.236)	375	109.0	1.8～2.5
芘	[$C_{16}H_{10}$]　(202.26) 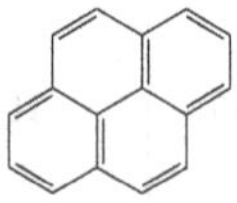	1.096 (150.2℃)	394.8	150.2	1.2～1.8
苯并芴	[$C_{17}H_{12}$]　(216.28)	—	—	—	1.0～1.1
䓛	[$C_{18}H_{12}$]　(228.29) 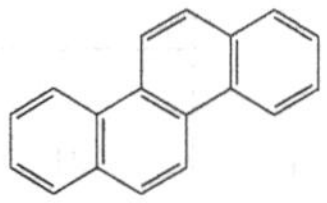	(1.274)	441	258	0.65
1,2-苯并蒽	[$C_{18}H_{12}$]　(228.29) 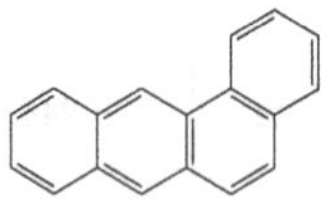	—	437.6	160.4	0.68
含　氧　化　合　物					
苯酚	[C_6H_5OH]　(94.11) 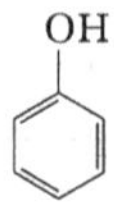　OH	1.0659 (30℃)	181.84	40.9	0.2～0.5
邻甲酚	[$C_6H_4CH_3OH$]　(108.14) 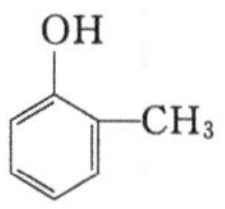　OH　CH_3	1.035 (35℃)	191.5	30	0.4～0.8
间甲酚	[$C_6H_4CH_3OH$]　(108.14) 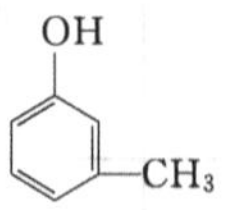　OH　CH_3	1.034	202	11.5	
对甲酚	[$C_6H_4CH_3OH$]　(108.14) 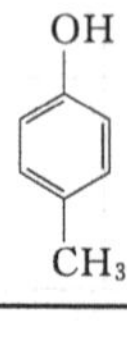　OH　CH_3	1.0341	202.5	36.0	

续表

名称	[分子式] (分子量) 结构式	相对密度 d_4^{20}	沸点 (101325Pa)/℃	熔点/℃	占焦油质量分数/%
二甲酚	[$C_6H_3(CH_3)_2OH$] (122.17)	—	203～225	27.5～75	0.3～0.5
高沸点酚	—	—	—	—	0.75～0.95
氧芴	[$C_{12}H_8O$] (168.19)	(1.168)	287	82.7	0.6～0.8
古马隆(苯并呋喃或香豆酮)	[C_8H_6O] (118.14)	1.0776	173～174	<－18	0.04
苯并氧芴	[$C_{16}H_{10}O$] (218.26)	—	—	—	0.5～0.7
含氮化合物					
吡啶及其同系物	—	—	—	—	0.1～0.11
吲哚	[C_8H_7N] (117.15)	1.22	253	53	0.10～0.16
喹啉	[C_9H_7N] (129.16)	1.093	237.7	－15.2	0.18～0.25
喹啉同系物	—	—	—	—	0.20～0.22
其他盐基物	—	—	—	—	0.7～0.8
咔唑	[$C_{12}H_9N$] (167.21)	1.1035	354.76	244.8	1.5
含硫化合物					
硫杂茚	[C_8H_6S] (134.20)	1.165	221	32	0.4
硫杂芴	[$C_{12}H_8S$] (184.26)	—	331.4 332～333	99 97	0.35

表 1-2 所列化合物中烃类化合物均呈中性。含氧化合物主要为酸性的酚类及少量的中性化合物（如氧芴 、古马隆等）。含氮化合物中，含氮杂环的氮原子上有氢原子与之相连时呈中性（如咔唑、吲哚等），无氢原子与之相连时呈碱性（如吡啶、喹啉）。含硫化合物皆呈中性。煤焦油中不饱和化合物含量虽少，但为有害成分，易聚合形成煤焦油渣。

由表 1-2 中沸点可看出各组分存在于哪些馏分中；熔点可作为鉴定精制产品纯度的指标；各组分在煤焦油中的平均含量可说明它们是否值得提取和利用。

2. 煤焦油的理化性质

煤焦油是煤在干馏和气化过程中获得的液态产品。根据干馏温度和方法的不同可得到以下几种焦油：

① 低温（450～650℃）干馏焦油；

② 低温和中温（600～800℃）干馏焦油；

③ 中温（900～1000℃）立式炉焦油；

④ 高温（1000℃）炼焦焦油。

以上四种焦油均为具有刺激性臭味的黑色或黑褐色的黏稠状液体，统称焦油。高温炼焦焦油的性质如下：

闪点为 96～105℃，自燃点为 580～630℃，燃烧热为 35700～39000kJ/kg。

煤焦油在 20℃的密度为 1100～1250kg/m^3，其值随温度升高而降低。在 20℃以上时的密度可按式（1-1）确定：

$$d_t = d_{20} - 0.007(t-20) \tag{1-1}$$

式中，d_{20}为焦油在 20℃的密度；t 为实测密度时的温度。

煤焦油在不同温度范围的比热容：25～100℃为 1.650kJ/(kg·℃)；25～137℃为 1.729kJ/(kg·℃)；25～184℃为 1.880kJ/(kg·℃)；25～210℃为 2.1kJ/(kg·℃)。也可按式（1-2）确定：

$$c_t = 1/d_{15}(1.419 + 0.00519t) \tag{1-2}$$

式中，c_t为比热容，kJ/(kg·℃)；d_{15}为焦油在 15℃的相对密度；t 为温度,℃。

煤焦油的蒸发潜热 λ（kJ/kg）可用式（1-3）计算：

$$\lambda = 494.1 - 0.67t \tag{1-3}$$

煤焦油的表面张力 σ(N/m) 可按式（1-4）计算：

$$\sigma_t = \sigma_{t_1} - 0.00009(t - t_1) \tag{1-4}$$

式中，σ_t 为实测温度下的表面张力，N/m；t 为实测温度。

煤焦油的黏度多采用恩式黏度，即在一定温度下，液态焦油从恩式黏度计中流出 200mL 所需时间（s）与水在 20℃时流出 200mL 所需时间（s）的比值，用 E_t 表示。一般煤焦油的恩式黏度：40℃时为 20～30E_t；80℃时为 3～5E_t；150℃时为 1～2E_t。

煤焦油馏分相对分子质量可按式（1-5）计算：

$$M = \frac{T_K}{B} \tag{1-5}$$

式中，M 为煤焦油馏分分子量；T_K为蒸馏馏出 50%时的温度，K；B 为系数，对于洗油、酚油馏分为 3.74，对于其余馏分为 3.80。

煤焦油的分子量可按各馏分进行加和计算确定。煤焦油、煤焦油馏分和煤焦油组分的理化性质参数也可查阅有关物性数据方面的专著。

第三节　影响煤焦油成分的因素及煤焦油各种馏分的产品

一、影响煤焦油成分的因素

初煤焦油的性质与原料煤的性质有明显的依赖关系，而高温煤焦油是二次热解的产物，这种依赖关系已消失。

① 高温煤焦油的组成和性质主要依赖于煤料在炭化室内的热解程度。热解程度取决于

炼焦温度和热解产物在高温下作用的时间。在正常的炼焦全过程中，炉顶空间状态起着决定性的作用。煤焦油的密度、甲苯不溶物（TI）和喹啉不溶物（QI）均随炉顶空间温度的升高而增大。煤焦油中某些主要化合物的含量变化遵循先增加后减少、在某一温度范围达到最大值的分布规律。沥青产率随炉顶空间的升高而增大。炼焦温度和炉顶空间温度对煤焦油产率和组成的影响具有一致性。

② 焦炉结构、炭化室容积、焦炉强化操作、焦炉状态、配煤种类及焦炉操作制度等均对煤焦油产率和组成有影响。例如，气煤配入量增加或装煤不满，将导致炉顶空间扩大，温度升高，热分解产物在炉顶空间停留时间延长，改变了热分解过程的热力学条件和动力学条件，必将对煤焦油质量产生影响。

在正常的炼焦条件下，煤焦油产率取决于配煤挥发分，在配煤的可燃基挥发分（V）为20%～30%时，可由式（1-6）估算煤焦油的产率 x（%）。

$$x=-18.36+1.53V-0.026V^2 \tag{1-6}$$

热解水量 y（%）可用式（1-7）估算：

$$y=4.63-0.354V+0.0118V^2 \tag{1-7}$$

由以上讨论可知，煤焦油产率主要受煤的性质、炼焦操作制度的影响。若原料煤的挥发分增加，煤焦油产率也随之增加；若采用高气煤配比，可使煤焦油产率达4%～4.2%；当炼焦温度升高时，煤焦油产率下降，而密度、游离碳增加。酚类产品减少，萘和蒽等芳香类产品增加。

二、煤焦油各种馏分产品及用途

1. 煤焦油各种馏分的产品

（1）轻油馏分　轻油是煤焦油常压蒸馏切取的馏程为170℃前的馏出物，产率为无水煤焦油的0.4%～0.8%。常规的煤焦油连续蒸馏工艺，轻油馏分来源有两处，一是一段蒸发器煤焦油脱水的同时得到的轻油馏分，简称一段轻油；二是馏分塔顶得到的轻油馏分，简称二段轻油。一段轻油和二段轻油的质量差别较大。

一段轻油质量主要与管式炉一段加热温度有关，温度越高，质量越差。一段轻油不应与二段轻油合并作为馏分塔回流，否则易引起塔温波动，使产品质量变差，酚、萘损失增加。因此，宜将一段轻油配入原料煤焦油重蒸，也可兑入洗油回流或一蒽油回流中。如果一段蒸发器设有回流，轻油质量将得到改善，则可与二段轻油合并。

轻油馏分的化学组成与重苯相似，但其中含有较多的茚和古马隆类型的不饱和化合物，而苯、甲苯和二甲苯含量则比重苯少。轻油馏分的含氮化合物为吡咯、苯腈、苯甲腈及吡啶等，含硫化合物为二硫化碳、硫醇、噻吩及硫酚，含氧化合物为酚类等。轻油馏分一般并入吸苯后的洗油（富油），或并入粗苯中进一步加工，分离出苯类产品、溶剂油及古马隆-茚树脂。馏分塔轻油质量控制指标如下。

		蒸馏试验：	
密度(20℃)/(g/cm³)	<0.9	初馏点/℃	<95
酚含量(质量分数)/%	<5	180℃前馏出量(体积分数)/%	>90

（2）酚油馏分　酚油是煤焦油常压蒸馏切取的馏程为170～210℃的馏出物，产率为无水煤焦油的1.4%～2.3%。

煤焦油中的酚40%～50%集中在这段馏分中。其他主要组分还有吡啶碱、古马隆和茚等。酚油馏分一般进行酸碱洗涤，提取酚类化合物和吡啶碱。已脱除酚类和吡啶碱的中性酚油用于制取古马隆-茚树脂等。酚油馏分质量控制指标如下。

		蒸馏试验：	
密度(20℃)/(g/cm^3)	0.98～1.01	初馏点/℃	＞170
酚含量(质量分数)/%	＞28	200℃前馏出量/%	＞80
萘含量(质量分数)/%	＜10	230℃前馏出量/%	＞95

(3) 萘油馏分　萘油是煤焦油常压蒸馏切取的馏程为210～230℃的馏出物，产率为无水煤焦油的11%～13%。煤焦油中的萘80%～85%集中在这段馏分中，其他主要组分还有甲基萘、硫茚、酚类和吡啶碱等，萘油馏分加工时，先用酸碱洗涤提取酚类和吡啶碱，然后用蒸馏法生产工业萘。由工业萘还可进一步制取精萘。萘油馏分的质量控制指标如下。

		蒸馏试验：	
密度(20℃)/(g/cm^3)	1.01～1.04	初馏点/℃	＞205
萘含量(质量分数)/%	＞75	230℃前馏出量(体积分数)/%	＞85
酚含量(质量分数)/%	＜6	270℃前馏出量(体积分数)/%	＞95

(4) 洗油馏分　洗油馏分是煤焦油常压蒸馏切取的馏程为230～300℃的馏出物，产率为无水煤焦油的4.5%～6.5%。主要组分有甲基萘、二甲基萘、苊、联苯、芴、氧芴、喹啉、吲哚和高沸点酚等。洗油馏分一般进行酸碱洗涤，提取喹啉类化合物和高沸点酚。酸碱洗涤后的洗油主要用于吸收焦炉煤气中的苯族烃，也可进一步精馏切取窄馏分，以提取有价值的产品。

洗油馏分的质量控制指标如下。

		蒸馏试验：	
密度(20℃)/(g/cm^3)	1.035～1.055	初馏点/℃	＞23
酚含量(质量分数)/%	＜3		
萘含量(质量分数)/%	＜10		

(5) 一蒽油馏分　一蒽油是煤焦油蒸馏切取的馏程为300～330℃的馏分，产率为无水煤焦油的14%～20%。主要组分有蒽、菲、咔唑和芘等。质量控制指标如下。

		蒸馏试验：	
密度(20℃)/(g/cm^3)	1.12～1.13	300℃前馏出量(质量分数)/%	＜10
萘含量(质量分数)/%	＜3	360℃前馏出量(质量分数)/%	50～70

一蒽油馏分是分离制取粗蒽的原料，也可直接配制生产炭黑的原料油。

一蒽油馏分中的酚类和喹啉类化合物含量较少，并且主要是高沸点酚类和喹啉类化合物。因此一蒽油馏分不进行酸碱洗涤提取酚类和喹啉类化合物。

(6) 二蒽油馏分　二蒽油是煤焦油常压蒸馏切取的馏程为330～360℃的馏出物，产率为无水煤焦油的4%～9%，主要组分有苯基萘、荧蒽、芘、苯基芴和䓛等。质量控制指标如下。

		蒸馏试验：	
密度(20℃)/(g/cm^3)	1.15～1.19	360℃前馏出量(质量分数)/%	＜15
萘含量(质量分数)/%	＜1		

二蒽油馏分主要用于配制炭黑原料油或筑路沥青等，也可作为提取荧蒽和芘等化工产品的原料。

(7) 沥青　焦油蒸馏的残渣，产率为50%～60%。

2. 煤焦油主要产品及用途

煤焦油各馏分进一步加工时，可分离和制出各种产品，其中必须提取的主要产品有以下几种。

(1) 萘　萘为无色单斜晶体，易升华，不溶于水，能溶于醇、醚、三氯甲烷和二硫化碳，是煤焦油加工的重要产品之一。萘是非常宝贵的化工原料，是煤焦油产品中数量最多的产品。中国所生产的工业萘多用于制取邻苯二甲酸酐，以供生产树脂、工程塑料、染料、涂料及医药之用。同时还可用来制取炸药、植物生长激素、橡胶及塑料的抗老化剂等。

（2）酚及其同系物　酚为无色结晶，可溶于水、乙醇、冰醋酸及甘油等，呈酸性。酚广泛用于生产合成纤维、工程塑料、农药、医药、染料中间体及炸药等。甲酚的用途也很大，可用于生产合成塑料（电木）、增塑剂、防腐剂、炸药、杀菌剂、医药及香水等。二甲酚和高沸点酚可用于制造毒剂。苯二酚可用作显影剂。

（3）蒽　蒽为无色片状结晶，不溶于水，能溶于醇、醚、四氯化碳和二硫化碳。目前蒽的主要用途是制取蒽醌系染料及各种涂料。

（4）菲　菲为白色带荧光的片状结晶，能升华，不溶于水，微溶于乙醇、乙醚，可溶于乙酸、苯、二硫化碳等。可用于制造人造树脂、植物生长激素、鞣料、还原染料及炭黑等。菲经氢化制得全氢菲，可用于生产喷气式飞机用的燃料。菲氧化成菲醌可作农药。

（5）沥青　沥青是煤焦油蒸馏时的残液，为多种高分子多环芳烃所组成的混合物。根据生产条件不同，沥青软化点可在70～150℃波动。中国生产的电极沥青和中温沥青的软化点为75～90℃。沥青可用于制造建筑用的屋顶涂料，防湿剂、耐火材料黏结剂及用于筑路。目前，还可用沥青生产沥青焦，改质沥青，以制造炼铝工业所用的电极。

（6）各种油类　煤焦油蒸馏所得的各种馏分在提取出有关单组分产品后，即得到各种油类产品。其中洗油馏分脱除酚和吡啶盐基后，用作吸收煤气中苯类的吸收剂；脱除了粗蒽的一蒽油是配制防腐油的主要组成部分。

Chapter 02

第二章

煤焦油的初步加工

第一节 煤焦油加工前的准备

煤焦油集中加工具有基建投资少、经济效益好、可以充分利用资源、增加产品品种、提高产品质量、有利于降低能耗、有利于采用先进技术、运行成本低、消除污染等优势。所以现代煤焦油加工向集中化、大型化、高质量、高产率、多品种、低消耗方向发展。煤焦油加工厂的煤焦油来源较广，而为了保证煤焦油加工操作的正常稳定，提高设备的生产能力，必须做好煤焦油加工前的准备工作。准备工作包括煤焦油的运输及储存、煤焦油的质量均合、煤焦油的脱水及脱盐等。

一、煤焦油的储存和运输

煤化工企业回收车间所生产的粗煤焦油，可储存在钢板焊制成的直立圆柱形储槽中，其容量按储备10～15d的煤焦油量计算。通常设置储槽数目至少为三个，一个槽送油入炉，一个槽用作加温静置脱水，另一个槽接受煤焦油，三槽轮换使用，以保证煤焦油质量的稳定和蒸馏操作的连续运行。

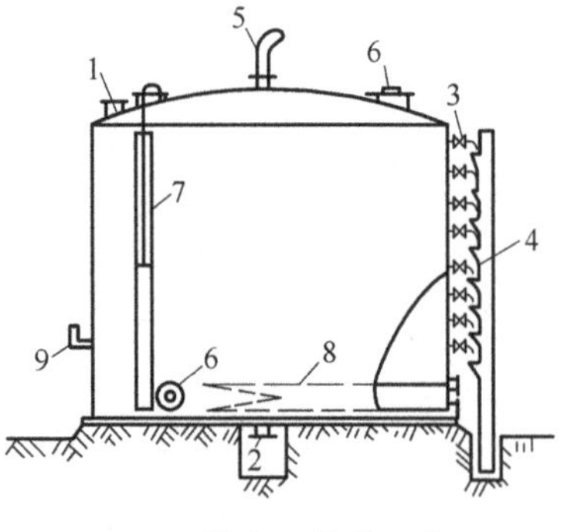

图 2-1 煤焦油储槽示意图

1—煤焦油入口；2—煤焦油出口；3—放水旋塞；4—放水竖管；5—放散管；6—人孔；7—液面计；8—蛇管蒸汽加热器；9—温度计

煤焦油储槽示意如图 2-1 所示。沿储槽内壁有蛇形管，管内通以水蒸气，使煤焦油保持在80～90℃，在此温度下煤焦油易于流动，易于和水分分离。在储槽外壳包有绝热层以减少散热。经澄清后的水沿储槽高度方向安设带有阀门的溢流管流出，收集到收集罐中，并使之与氨水混合，以备加工使用。储槽外设有浮标式液面指示器和温度计，槽顶设有放散管。

对于本企业回收车间生产的煤焦油，含水往往在10%左右，可经管道用泵送入煤焦油储槽。经静置脱水后含水3%～5%。外来的商品煤焦油，则需用铁路槽车输送进厂。槽车有下卸口的，可从槽车自流入敞口溜槽，然后用泵泵入煤焦油储槽中。如槽车没有下卸口，则用泵直接泵入煤焦油储槽。

外销煤焦油需脱水至4%以下才能输送到外厂加工。为了适于长途输送，槽车上应装置直接蒸汽管，以防煤焦油在冬天因气温低而冻结。

二、煤焦油的质量均合

煤焦油加工车间或大型煤焦油加工厂，常常精制来自几个煤化工企业的煤焦油，这些煤焦油在馏分的含量、密度、游离碳含量和灰分方面都有很大的差别。同时，在煤焦油加工厂内部还往煤焦油中兑入制取粗苯的残渣（萘溶剂油）、煤气终冷器萘沉淀池中所得的黑萘和在连续操作设备开工期间所得到的不合格的馏分。即使是同一回收车间，从集气管处得到的煤焦油与从初冷器得到的煤焦油因冷却程度不同，含萘量也有很大差异。为保证煤焦油连续蒸馏时操作条件和馏分质量的稳定，煤焦油、杂油和外来的焦油要按一定比例混合。煤焦油的均一程度是以煤焦油含萘量的波动（一般不大于1%）为指标。为保证整个装置的正常操作，必须做到以下几点。

① 从几个厂接受煤焦油时，要严格地按操作规程收入大容积储槽中，利用受油管的特殊装置，采用把煤焦油由储槽抽出再打入储槽的方法仔细进行混合。煤焦油的接受和搅拌工作应使每昼夜的煤焦油成分均一。

② 由其他工厂运来的煤焦油应收入单独的储槽中，然后向主要煤焦油中进行均匀地混合，配合时要仔细搅拌。

③ 向煤焦油中回配馏分（如精苯残渣、脱萘萘油等）要均匀，并不得超过5%，在回配时同样要仔细地搅拌煤焦油和馏分。

④ 不许向正在向管式炉或间歇操作的蒸馏釜送煤焦油的油槽里打入煤焦油和馏分。

三、煤焦油的脱水

煤焦油是出炉荒煤气在集气管用循环氨水喷洒冷却以及在初冷器中进一步冷却过程中冷凝下来而回收得到的，因此含有大量的水。经回收车间（澄清和加热静置）脱水后送往煤焦油精制车间的煤焦油含水量仍在4%左右。

煤焦油中含有较多的水分，不利于煤焦油蒸馏操作。在间歇操作中，煤焦油含水较多，将拖延脱水时间而降低设备的生产能力，增加耗热量。特别是水在煤焦油中可以形成油包水型乳化液。受热时，这类小水滴不能立即蒸发，温度继续升高，这些小水滴在煤焦油整个容积中进行急剧汽化蒸发，容易造成突沸窜油事故。为了防止这种事故发生，须在脱水期间仔细缓慢加热，从而延长蒸馏周期，导致设备处理能力下降。

在管式炉蒸馏系统中，煤焦油含水太多，会使系统的压力显著提高，带来附加阻力。呈乳浊液而稳定存在于煤焦油中的小水滴同样会发生急剧蒸发使整个系统压力剧增，打乱操作制度。管式炉二段煤焦油含水量对泵后压力的影响见表2-1。另外，水分中所溶解的腐蚀性介质，还会引起设备和管道的腐蚀。

煤焦油的脱水可分为初步脱水和最终脱水。

煤焦油的初步脱水，是在油库的煤焦油储槽内以静置加热的方法实现的，储槽内煤焦油温度维持在80～90℃，经静置36h以上，水和煤焦油因密度不同而分离。温度稍高，有利于乳浊液的分离，但温度过高，则因对流作用增强，反而影响澄清，并使煤焦油挥发损失增大。静置加热脱水可使煤焦油中水分降至2%～3%，虽然脱水时间长，所需储槽容积大，但方法简单，易操作，是焦化厂普遍采用的一种初步脱水方法。

表 2-1 煤焦油水分对泵后压力的影响

二段煤焦油出口温度/℃	无水煤焦油含水量/%	二段泵后压力/MPa	备注
395	0.2	0.55	本表数据均为二段煤焦油处理量不变情况下采得
395	0.3	0.55	
395	0.3	0.60	
395	0.4	0.60	
395	0.5	0.84	
395	0.6	0.84	

初步脱水的同时，溶于水中的盐类（主要是铵盐）也随水分一起排出。因此要求初步脱水后煤焦油中含水量尽可能低，并力求稳定。

煤焦油的最终脱水，可依不同的生产规模选用不同的生产方法。最终脱水的方法有蒸汽加热法脱水、间歇釜脱水和管式炉脱水，目前普遍应用的是管式炉脱水。

在连续式管式炉煤焦油蒸馏系统中，煤焦油的最后脱水是在管式炉的对流段（一段）及一段蒸发器内进行的。如原料煤焦油含水为2%～3%，当管式炉的一段煤焦油出口温度达到120～130℃时，可使煤焦油水分降至0.5%以下。

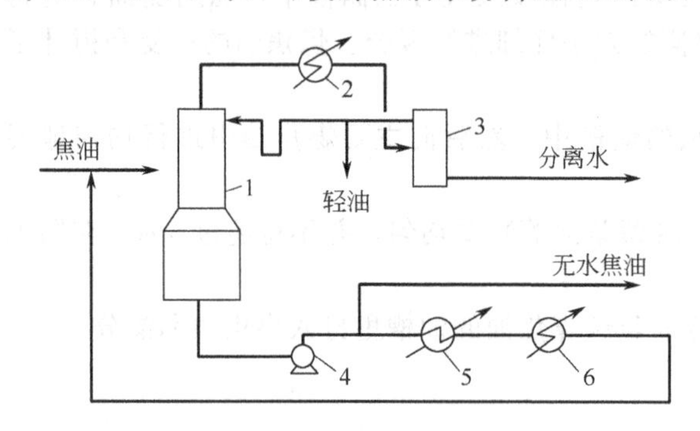

图 2-2 煤焦油轻油共沸脱水工艺流程

1—脱水塔；2—冷凝器；3—分离器；4—循环泵；5—沥青焦油换热器；6—蒸汽加热器

英国有的加工厂采用轻油共沸连续脱水法，见图 2-2。粗煤焦油与脱水后经换热和预热的高温煤焦油混合入脱水塔 1，塔顶用轻油作回流。水与轻油形成共沸混合物由塔顶逸出，经冷凝冷却后入分离器 3，分出水后的轻油返回至脱水塔 1。此法煤焦油水分可脱至0.1%～0.2%。

日本有的加工厂采用加压脱水法。此法使煤焦油在加压（0.3～1.0MPa）和加热（120～150℃）的条件下进行脱水，静置30min，水和煤焦油便可分开，下层煤焦油含水小于0.5%。加压脱水法还可破坏乳化水，分离水以液态排出，降低了热耗。加压脱水槽示意见图 2-3。

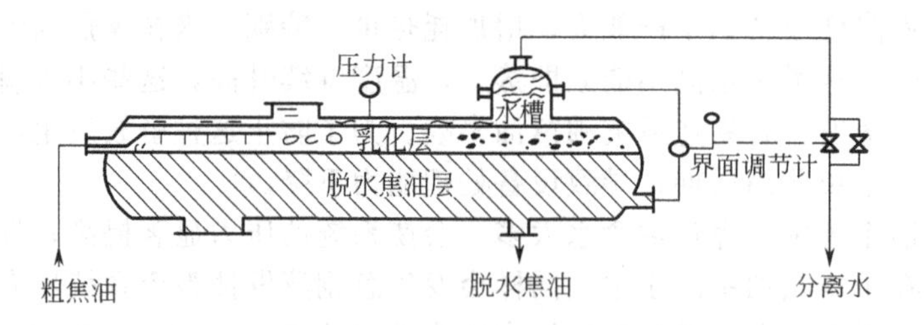

图 2-3 加压脱水槽示意图

四、煤焦油的脱盐

煤焦油中所含的水实为氨水，其中所含少量的挥发性铵盐在最终脱水阶段可被除去，而占绝大部分的固定铵盐仍留在脱水煤焦油中，当加热到220～250℃时，固定铵盐会分解成游离酸和氨。以氯化铵为例

$$NH_4Cl \xrightarrow{220\sim250℃} HCl + NH_3$$

产生的酸存在于煤焦油中，会引起管道和设备的腐蚀。此外，铵盐的存在还会对煤焦油馏分起乳化作用，给萘油馏分的脱酚操作造成困难。

为减轻固定铵盐给煤焦油加工造成的危害，可从降低煤焦油中固定铵盐含量，以及在煤焦油加工中先将其转化成挥发氨两方面着手。

降低煤焦油中固定铵盐含量，一是基于固定铵盐易溶于水而不容于煤焦油的特性，应力求减少煤焦油中的水含量，特别是煤焦油中乳化水的含量；二是基于荒煤气中夹带的微细煤粉、焦粉、游离碳等会导致煤焦油中乳化水含量增大的事实，在炼焦生产中应严格控制集气管压力及入炉煤的细度。

在煤焦油加工中，将固定铵盐转化成挥发氨的有效方法是，在煤焦油加入管式炉前连续加入碳酸钠水溶液，固定铵盐与碳酸钠的反应如下。

$$2NH_4Cl+Na_2CO_3 \longrightarrow 2NH_3+CO_2+2NaCl+H_2O$$

$$2NH_4CNS+Na_2CO_3 \longrightarrow 2NH_3+CO_2+2NaCNS+H_2O$$

$$(NH_4)_2SO_4+Na_2CO_3 \longrightarrow 2NH_3+CO_2+Na_2SO_4+H_2O$$

以上反应中所生成的钠盐在煤焦油蒸馏加热温度下是不会分解的。

由高位槽来的8%～12%的碳酸钠溶液经转子流量计加入一段泵的吸入管中，使煤焦油和碳酸钠溶液充分混合。碳酸钠的加入量取决于煤焦油中固定铵盐的含量，可按下列反应计算：

$$2NH_4Cl+Na_2CO_3 \longrightarrow (NH_4)_2CO_3+2NaCl$$

$$\begin{array}{ll} 2\times17 & 106 \\ 1 & x \end{array}$$

则煤焦油中每克固定铵的碳酸钠耗量为

$$x=\frac{106\times1}{2\times17}=3.1(\mathrm{g})$$

式中，17为氨的分子量。

考虑到碳酸钠和煤焦油的混合程度不够，或煤焦油中固定铵盐含量可能发生变化，所以实际加入量要比理论量过剩25%。其计算式如下。

$$Q_V=\frac{q_m c\times3.1\times1.25}{10w_B\rho} \tag{2-1}$$

式中　Q_V——碳酸钠溶液的消耗量，L/t；

w_B——碳酸钠溶液的质量分数，%；

c——固定铵盐含量，换算为1kg煤焦油中含氨量，g/kg（一般为0.03～0.04g/kg）；

ρ——碳酸钠溶液的密度，kg/m³；

q_m——进入管式炉一段的煤焦油量，kg/h。

碳酸钠溶液含量选用8%～12%原因是，若碳酸钠溶液浓度太高，则加入的量就少，不易和煤焦油混合均匀，使得固定铵盐不能完全除去；若碳酸钠溶液含量太低，则加入量要多，给煤焦油带来大量水分。

脱盐后的煤焦油中，固定铵含量应小于0.01g/kg煤焦油，才能保证管式炉正常运行。同时，二段泵出口煤焦油的pH应保持在7.5～8.0。

煤焦油经脱水脱盐后应达到如下质量指标：

① 送入管式炉对流段的煤焦油：水分＜4%；灰分＜0.1%；游离碳含量＜5%。

② 送入管式炉辐射段的煤焦油：水分＜0.5%；pH值7.3～8.0。

第二节 煤焦油的连续蒸馏

目前煤焦油加工的主要产品是萘、酚、蒽等工业纯产品和洗油、沥青等粗产品。由于煤焦油中各组分含量都不太多，且组成复杂，不可能通过一次蒸馏加工而获得所需的纯产品。所以，煤焦油加工均是首先进行蒸馏，切取富集某些组分的窄馏分，再进一步从窄馏分中提取所需的纯产品。

煤焦油的连续蒸馏，分离效果好，各种馏分产率高，酚和萘可高度集中在一定的馏分中。因此，生产规模较大的煤焦油车间或加工厂均采用管式炉连续蒸馏装置。

一、一次汽化过程和一次汽化温度

用蒸馏方法分离煤焦油这样的多组分液体混合物，都是先用部分蒸发汽化分离法将原料油分离成汽相混合物和液相混合物，然后再对这两相混合物分别加工处理。

部分蒸发汽化法可通过两种途径实现：分段蒸发汽化过程和一次蒸发汽化过程。

分段蒸发汽化过程，是将原料油整个加热蒸发汽化过程，根据需要分成若干个温度区段，依次将每个温度区段产生的蒸汽与相应的液相分开；而一次蒸发汽化过程，则是将原料油加热到指定的温度，实现部分蒸发汽化，达到汽液两相平衡，一次性将平衡的两相分开。

煤焦油的连续蒸馏，采用的是一次蒸发过程，简称一次汽化过程。

1. 煤焦油在管式炉中的一次汽化过程

在管式炉煤焦油连续蒸馏装置中，煤焦油的部分汽化分离就是用一次汽化（或称一次蒸发）的方法来完成的。一次汽化过程得到的液相就是沥青，而汽相则是进一步精馏分离的物料。一次汽化过程所需设备有煤焦油泵、管式炉、二段蒸发器。

无水煤焦油用二段煤焦油泵送入管式炉辐射段，在管内流动中被加热并部分汽化，出管式炉后便进入二段蒸发器进行汽液分离，得到的液相为沥青，汽相则去蒸馏。

管式炉炉膛内布置的炉管具有足够大的受热面积，借助煤气燃烧产生高温火焰和烟气，主要以辐射传热方式快速向炉管和管内物料传热。煤焦油沿炉管流动过程中，一边升温一边汽化，出口达到规定的温度时，也达到了规定的汽化率。

煤焦油的升温和汽化过程是：开始主要是低沸点组分汽化；随着温度升高，高沸点组分汽化量不断增加；在汽化过程中汽液两相始终密切接触，可以认为在炉管内任何截面处汽液两相处于平衡状态；在汽化和升温过程中，开始汽化的组分在其后的高温区内，因管路管间的限制被处于压缩状态。

处于压缩状态的汽液两相，一旦进入二段蒸发器所提供的大空间内，压力突然降低，一方面在炉管内生成的汽液两相瞬间完成分离；另外还有小部分在炉管内未汽化的组分也会因压力降低而汽化（汽化需要的热量只有靠汽液两相降低温度的显热来提供）。由这两个过程完成的汽化叫一次汽化过程。由于在蒸发器内完成此过程非常快，故又称为“闪蒸”。严格地讲，因减压并靠自身显热而汽化的那一部分才叫闪蒸。

2. 一次汽化温度（一次蒸发温度）

煤焦油管式炉连续蒸馏工艺要求，二蒽油以前的全部馏分在二段蒸发器内一次蒸出，为了使各种馏分的产率及质量都符合工艺指标，需合理地确定一次汽化温度。

一次汽化温度是指经管式炉加热后的煤焦油进入二段蒸发器“闪蒸”时，汽液两相达到平衡状态时的温度。这个温度比管式炉二段出口温度略低，比沥青从二段蒸发器排出的温度略高。因为少量原料在二段蒸发器内闪蒸所需的汽化热是由汽液混合物放出的显热提供的，温度也就降到与二段蒸发器内压力及两相组成所对应的数值。

除上述因素外，实际生产中二段蒸发器内还通入少量过热蒸汽（约占焦油量的 1.5%左右），过热蒸汽用量及其温度也对一次气化温度有影响。

一般最适宜的一次汽化温度应保证从煤焦油中蒸出的酚和萘最多，并能得到软化点为80～90℃的沥青。显然，当煤焦油的组成不同或对沥青的软化点要求不一样时，最适宜的一次汽化温度也有差异。

一次汽化温度对馏分的产率和沥青质量均有显著的影响。由表 2-2 中可以看出，随着一次汽化温度的提高，煤焦油馏分产率增加，沥青的产率相应下降，沥青的软化点和游离碳含量相应增加。

表 2-2　一次汽化温度对产率的影响

汽化温度/℃	320	340	360	380	400
馏分产率/%	21.6	28.5	33.5	47.5	55.0
沥青产率/%	78.4	71.5	66.5	52.5	45.0
沥青软化点/℃	30	45	55	68	87

一次汽化温度可近似地按下述经验公式计算：

$$t=683-\tan\alpha(174.5-w_x) \tag{2-2}$$

式中　t——一次汽化温度,℃；

w_x——油气的产率（质量分数）,%；

$\tan\alpha$——在一定压力下一次蒸发直线的斜率。

$$\tan\alpha=3.24-8.026\times10^{-3}p_m \tag{2-3}$$

式中　p_m——二段蒸发器内油气的分压（绝对压力），kPa。

［例 2-1］ 已知脱水煤焦油处理量为 9500kg/h，油气产率为 45%；二段蒸发器操作压力为 44.13 kPa（表压），通入器内的直接过热水蒸气量是脱水煤焦油量的 1.5%。求一次蒸发温度（大气压力为 98.07kPa，油气平均分子量为 155）。

解：二段蒸发器内绝对压力为

$$p=(98.07+44.13)\text{kPa}=142.2\ \text{kPa}$$

因通入直接过热水蒸气，油气的分压应为

$$p_m=py$$

式中，y 为气相中油气的摩尔分数。

馏出物产量：$q_m=9500\times45\%\text{kg/t}=4275\text{kg/t}$；

通入水汽量：$q'_m=9500\times1.5\text{kg/t}=143\text{kg/t}$；

油气平均分子量取 $M_m=155$。

则
$$y=\frac{q_m/M_m}{q_m/M_m+q'_m/M_w}=\frac{4275/155}{4275/155+143/18}=0.776$$

$$p_m=142.2\times0.776\text{kPa}=110\text{kPa}$$

$$\tan\alpha=3.24-8.026\times10^{-3}\times110=2.35$$

因此，一次汽化温度即为

$$T=[683-2.35\times(174.5-45)]℃=378℃$$

一次蒸发温度同通入的直接过热蒸汽量有关，通入蒸汽量越多，则一次蒸发温度就越低。实际上，通入的直接蒸汽量每增加 1%，可使一次蒸发温度降低约 15℃。生产上一般控制一次蒸发温度为370～380℃。

由一次汽化过程可知，管式炉二段出口温度及一次蒸发温度，对煤焦油和沥青的产率及沥青质量（软化点、游离碳的含量等）都有决定性的影响。当直接过热蒸汽的通入量一定时，提高一次蒸发温度（即提高管式炉二段出口温度），馏分的产率即随之相应地增加，而沥青产率则减少，同时沥青的软化点和游离碳含量也随之增加。

煤焦油馏分产率与一次蒸发温度之间的关系如图2-4所示呈直线关系。

沥青软化点与煤焦油加热温度（管式炉二段出口温度）之间的关系如图2-5所示。

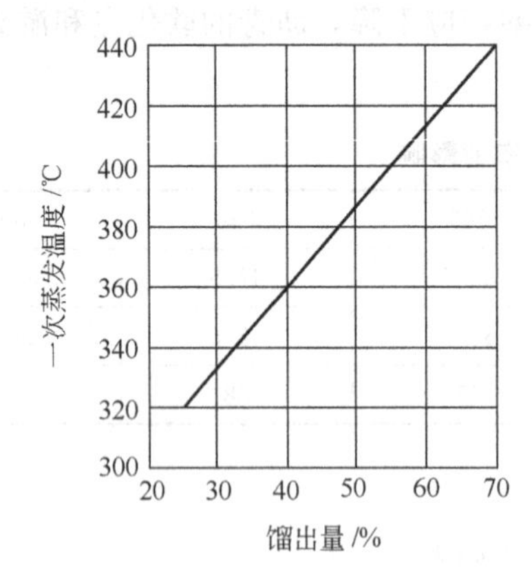

图2-4　煤焦油馏分产率与一次蒸发温度之间的关系

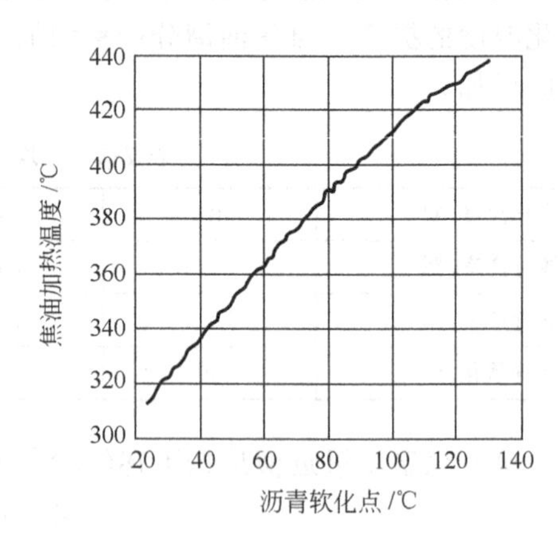

图2-5　沥青软化点与煤焦油加热温度之间的关系

二、煤焦油连续蒸馏工艺流程

煤焦油连续蒸馏工艺有多种流程，根据压力不同，分为常压、常-减压和减压蒸馏流程，目前多采用减压蒸馏流程。下面介绍几种典型的工艺流程。

1. 常压两塔式煤焦油连续蒸馏流程

常压两塔式煤焦油连续蒸馏工艺流程如图2-6所示。

原料煤焦油在储槽中加热静置初步脱水后，用一段煤焦油柱塞泵26送入管式炉1的对流段，在一段泵入口处加入浓度8%～12%的Na_2CO_3溶液进行脱盐。煤焦油在对流段被加热到120～130℃后进入一段蒸发器2，在此，粗煤焦油中的大部分水分和轻油蒸发出来，混合蒸气自蒸发器顶逸出，经冷凝冷却器6得到30～40℃的冷凝液，再经一段轻油油水分离器分离后得到一段轻油和氨水。氨水流入氨水槽，一段轻油可配入回流洗油中。一段蒸发器排出的无水煤焦油进入器底的无水煤焦油槽，从其中满流的无水煤焦油进入满流槽16。由此引入二段煤焦油泵前管路中。

无水煤焦油用二段煤焦油泵27送入管式炉辐射段加热至400～410℃后，进入二段蒸发器3一次蒸发，使馏分与煤焦油沥青分离。沥青自底部排出，馏分蒸气自顶部逸出进入蒽塔4下数第三层塔板，塔顶用洗油馏分打回流，塔底排出二蒽油。自11、13、15层塔板的侧线切取一蒽油。一蒽油和二蒽油分别经埋入式冷却器冷却后，放入各自储槽，以备送去处理。

自蒽塔4顶逸出的油气进入馏分塔5下数第五层塔板。洗油馏分自塔底排出，萘油馏分从第18、20、22、24层塔板侧线采出；酚油馏分从第36、38、40层采出。这些馏分经冷却后进入各自储槽。自馏分塔顶出来的轻油和水的混合蒸气冷凝冷却和油水分离后，水导入酚水槽19，用来配制洗涤脱酚时所需的碱液；轻油入回流槽14，部分用作回流液，剩余部分

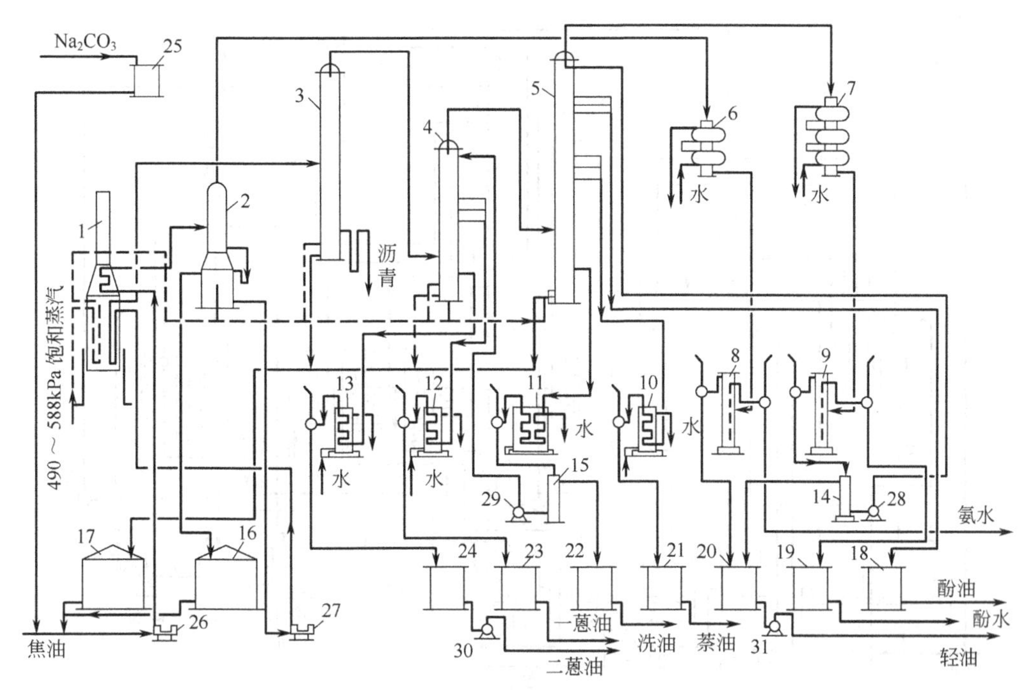

图 2-6　常压两塔式煤焦油连续蒸馏流程

1—煤焦油管式炉；2—一段蒸发器及无水煤焦油槽；3—二段蒸发器；4—蒽塔；5—馏分塔；6—一段轻油冷凝冷却器；7—馏分塔轻油冷凝冷却器；8—一段轻油油水分离器；9—馏分塔轻油油水分离器；10—萘油埋入式冷却器；11—洗油埋入式冷却器；12—一蒽油冷却器；13—二蒽油冷却器；14—轻油回流槽；15—洗油回流槽；16—无水煤焦油满流槽；17—煤焦油循环槽；18—酚油接受槽；19—酚水接受槽；20—轻油接受槽；21—萘油接受槽；22—洗油接受槽；23—一蒽油接受槽；24—二蒽油接受槽；25—碳酸钠溶液高位槽；26—一段煤焦油泵；27—二段煤焦油泵；28—轻油回流泵；29—洗油回流泵；30—二蒽油泵；31—轻油泵

送粗苯工段处理。

蒸馏用直接蒸汽经管式炉辐射段加热至450℃，分别送入各塔底部。

中国有些煤焦油加工厂，在馏分塔中将萘油馏分和洗油馏分合并一起切取，叫做两混馏分。此时塔底油称为苊油馏分，含苊量大于25%。这种操作可使萘较多地集中在两混馏分中，萘的集中度达93%～96%，从而提高了工业萘的产率。同时，由于洗油馏分中的重组分已在切取苊油馏分时除去，因此，从两混馏分中分离出工业萘后所得到的洗油质量较好。

两塔式煤焦油连续蒸馏馏分产率（对无水煤焦油）和质量指标如表2-3所示。

表 2-3　两塔式煤焦油连续蒸馏馏分产率和质量指标

馏分名称	产率(对无水煤焦油)/%		密度/(g/m³)	组分含量(质量分数)/%		
	窄馏分	两混馏分		酚	萘	苊
轻油馏分	0.3～0.6	0.3～0.6	≤0.88	<2	<0.15	—
酚油馏分	1.5～2.5	1.5～2.5	0.98～1.0	20～30	<10	—
萘油馏分	11～12	16～17①	1.01～1.03	<6	70～80	—
洗油馏分	5～6	16～17①	1.035～1.055②	<3　3①	<10　57～62①	—
苊油馏分	—	2～3	1.07～1.09	—	—	>25
一蒽油馏分	19～20	17～18	1.12～1.13	<0.4	<1.5	—
二蒽油馏分	4～6	3～5	1.15～1.19	<0.2	<1.0	—
中温沥青	54～56	54～56	1.25～1.35	软化点80～90℃(环球法)		

① 两混馏分产率。② 两混馏分（25℃）密度。

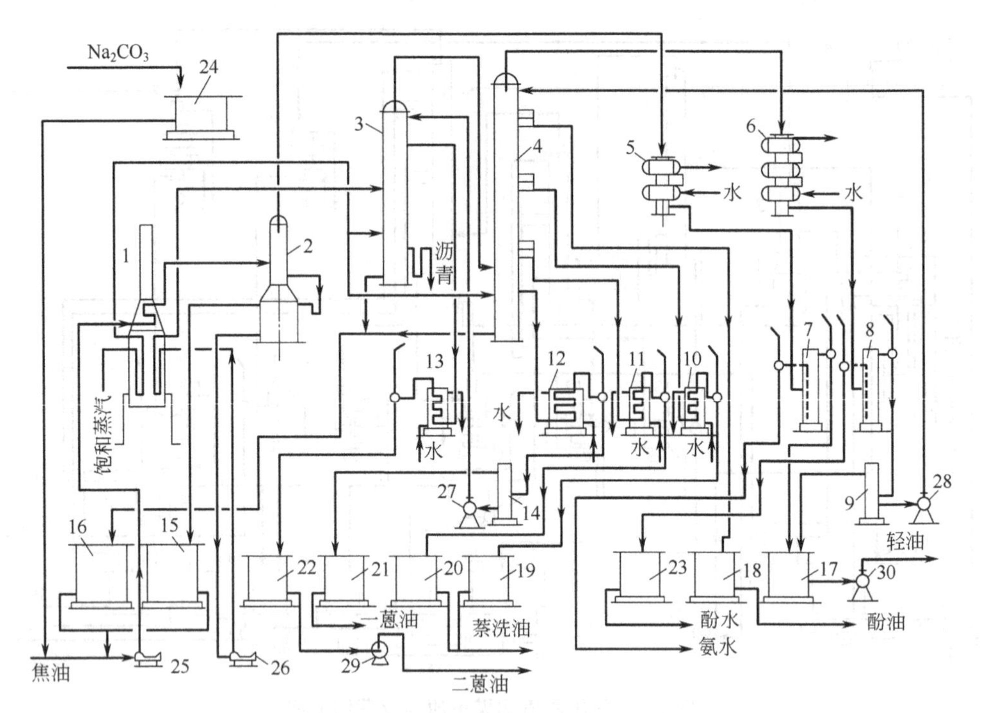

图 2-7 常压一塔式煤焦油连续蒸馏工艺流程

1—煤焦油管式炉；2—一段蒸发器及无水煤焦油槽；3—二段蒸发器；4—馏分塔；5—一段轻油冷凝冷却器；6—馏分塔轻油冷凝冷却器；7—一段轻油油水分离器；8—馏分塔轻油油水分离器；9—轻油回流槽；10—萘油埋入式冷却器；11—洗油埋入式冷却器；12—一蒽油冷却器；13—二蒽油冷却器；14—一蒽油回流槽；15—无水煤焦油满流槽；16—煤焦油循环槽；17—轻油接受槽；18—酚油接受槽；19—萘油接受槽；20—洗油接受槽；21—一蒽油接受槽；22—二蒽油接受槽；23—酚水接受槽；24—碳酸钠溶液高位槽；25—一段煤焦油泵；26—二段煤焦油泵；27—一蒽油回流泵；28—轻油回流泵；29—二蒽油泵；30—轻油泵

2. 常压一塔式煤焦油连续蒸馏工艺流程

常压一塔式煤焦油连续蒸馏工艺流程如图 2-7 所示。该流程是从两塔式连续蒸馏改进发展而来的，两种流程的最大不同之处是，一塔式流程取消了蒽塔，二段蒸发器改由两部分组成，上部为精馏段，下部为蒸发段。

经静置脱水后的原料煤焦油用一段泵 25 打入管式炉 1 的对流段，在泵前加浓度为8%～12%的 Na_2CO_3 溶液脱盐，在管式炉一段煤焦油被加热到 120～130℃后进入一段蒸发器 2 进行脱水。分离出的无水煤焦油通过二段泵 26 送入管式炉辐射段，加热至 400～410℃后进入二段蒸发器 3 进行蒸发分馏，沥青由塔底排出，油气升入上部精馏段。二蒽油从上数第四层塔板侧线引出，经冷却器 13 冷却后送入二蒽油接受槽 22。其余馏分混合蒸气自顶部逸出进入馏分塔 4 的下数第三层塔板。自馏分塔 4 底部排出的一蒽油，经一蒽油冷却器 12 冷却后，一部分回流入二段蒸发器 3（回流量为每吨无水煤焦油 0.15～0.2t，以保持二段蒸发器顶部温度），其余送去生产粗蒽。由第 15、17、19 层塔板侧线采出洗油馏分；由第 33、35、37 层切取萘油馏分；由第 51、53、55 层切取酚油馏分。各种馏分分别经各自的冷却器冷却后引入各自的中间槽，再送去处理。由塔顶出来的轻油和水的混合蒸气经冷凝冷却器 6 和馏分塔轻油油水分离器 8 分离后，部分轻油回流入塔（回流量为每吨煤焦油 0.35～0.4t），其余送入粗苯工段处理。

国内有些煤焦油加工厂对一塔式流程做了如下改进：将酚油馏分、萘油馏分和洗油馏分合并一起作为三混馏分，这种工艺可使煤焦油中的萘最大限度地集中到三混馏分中，萘的集中度达95%～98%，从而提高了萘的产率。馏分塔的塔板数可从63层减到41层（提馏段3层，精馏段38层），三混馏分自下数25、27、29、31或33层塔板采出。

一塔式连续蒸馏所得各馏分产率（对无水煤焦油）和质量指标见表2-4。

表2-4　一塔式煤焦油连续蒸馏所得各馏分产率和质量指标

馏分名称	产率(对无水煤焦油)/%		密度/(g/m³)	酚含量(质量分数)/%	萘含量(质量分数)/%
	窄馏分	三混馏分			
轻油馏分	0.3～0.6	0.3～0.6	≤0.88	<2	<0.15
酚油馏分	1.5～2.5	18～23①	0.98～1.0	20～30	<10
萘油馏分	11～12		1.01～1.03	<6	70～80
洗油馏分	5～6		1.035～1.055	<3	<10
苊油馏分	—		1.028～1.032②	6～8	45～55
一蒽油馏分	14～16	14～18	1.12～1.13	<0.4	<1.5
二蒽油馏分	8～10	8～10	1.15～1.19	<0.2	<1.0
中温沥青	54～56	54～56	1.25～1.35	软化点80～90℃(环球法)	

①三混馏分产率。②三混馏分（25℃）密度。

在馏分塔中将萘油馏分和洗油馏分合并一起切取称作两混馏分，此时塔底油苊的质量分数大于25%，称作苊油馏分。将酚油馏分、萘油馏分和洗油馏分合并合并一起切取称作三混馏分。这两种切取馏分的方法，可使萘集中度提高，从而提高了工业萘的产率。我国设计采用的萘集中度指标：萘油馏分86%～89%，萘洗两混馏分93%～96%，酚萘洗三混馏分95%～98%。

3. 煤焦油常-减压连续蒸馏流程

煤焦油常-减压连续蒸馏工艺流程见图2-8。

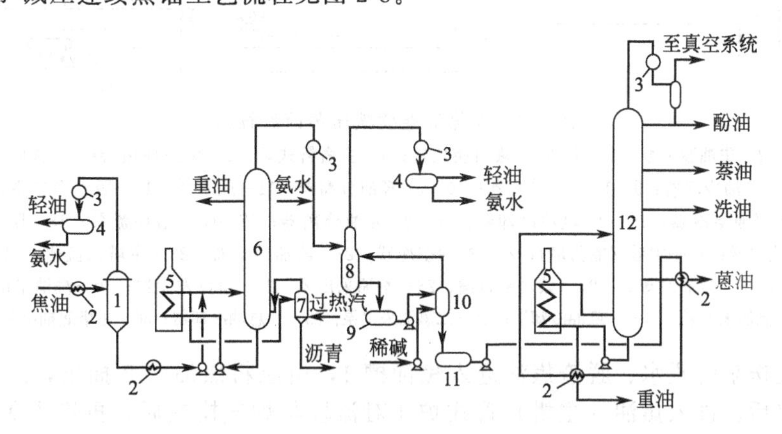

图2-8　法国常-减压焦油连续蒸馏工艺流程

1—脱水塔；2—换热器；3—冷凝冷却器；4—油水分离器；5—管式加热炉；6—初馏塔；7—沥青汽提柱；8—急冷塔；9—混合油槽；10—中和塔；11—净混合油槽；12—馏分塔

该工艺流程是法国IRH工程公司的技术。原料焦油经导热油加热后进入脱水塔，塔顶排出轻油和水，轻油回兑原料焦油，用以共沸脱水。塔底无水焦油经导热油再次加热至约240℃与初馏塔底经管式炉循环加热的部分沥青汇合，温度达375℃进入初馏塔。经管式炉加热的另一部分沥青经汽提柱进一步汽提得到中温沥青。初馏塔顶采出混合油气，侧线采出重油。初馏塔顶采出的混合油气经氨水急冷后，在急冷塔顶分出轻油和水，塔底分出混合油。混合油在中和塔内与稀碱液混合分解固定铵盐。经脱盐后的净混合油与各高温位馏分换热后进入馏分塔，塔顶采出酚油，侧线分别采出萘油、洗油和蒽油，塔底采出重油。侧线采出洗油再经副塔进一步提纯，得到含萘质量分数小于2%的低萘洗油。馏分塔所需热量由管式炉循环加热塔底重油提供。

该流程的主要特点是采用轻油共沸脱水；切取沥青后加碱脱盐，沥青质量得到改善；馏分塔液相进料，精馏的可调节性提高，馏分分离的精确度提高，洗油在副塔进一步脱萘，萘的收率较国内常规流程提高10%～15%，一蒽油产率降低，但蒽的质量分数可提高到10%。

4. 煤焦油连续减压蒸馏流程

因为液体的沸点随着压力的降低而降低，所以煤焦油在负压下蒸馏可降低各组分的沸点，避免或减少高沸点物质的分解和结焦现象，提高各组分的相对挥发度，有利于蒸馏操作。煤焦油连续减压蒸馏工艺流程如图2-9所示。

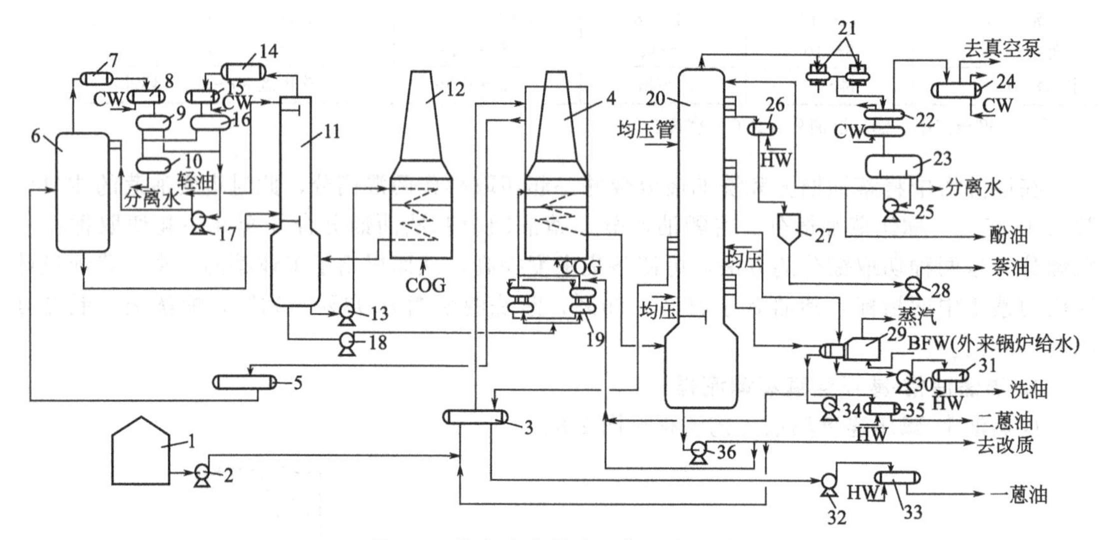

图2-9 煤焦油连续减压蒸馏流程图

1—原料焦油槽；2—焦油装入泵；3—焦油/一蒽油换热器；4—主塔管式炉；5—焦油预热器；6—预脱水塔；7—1#轻油空冷器；8—1#轻油冷却器；9—1#轻油分离器；10—3#轻油分离器；11—脱水塔；12—脱水塔加热炉；13—脱水塔循环泵；14—2#轻油空冷器；15—2#轻油冷却器；16—2#轻油分离器；17—脱水塔回流泵；18—脱水塔底抽出泵；19—沥青/焦油换热器；20—主塔（馏份塔）；21—酚油空冷器；22—酚油冷却器；23—主塔回流槽；24—真空冷却器；25—主塔回流泵；26—萘油冷却器；27—萘油密封槽；28—萘油采出泵；29—蒸汽发生器；30—洗油采出泵；31—洗油冷却器；32—一蒽油采出泵；33—一蒽油冷却器；34—二蒽油采出泵；35—二蒽油冷却器；36—主塔底抽出泵（沥青抽出泵）

油库装置送来的脱水、脱渣焦油进入焦油槽1，由原料焦油泵2抽出，经焦油/一蒽油换热器3换热后，进入焦油（主塔）管式炉4对流段与烟气换热后，再进入焦油预热器5，用蒸汽加热（开工时或者温度达不到时用）后，进预脱水塔6（焦油水分小于2%可以不用预脱水塔）。

轻油和水从预脱水塔塔顶逸出，先经1#轻油空冷器7冷却，再经1#轻油冷却器8冷却，流入1#轻油分离器9。分离出的轻油作为预脱水塔、脱水塔回流用，分离水自流入3#轻油分离器10。预脱水塔塔底的焦油自流入脱水塔11。

脱水塔用脱水塔加热炉12提供热源，塔底焦油用脱水塔循环泵13抽出，经加热炉12进行强制循环加热。轻油和水从脱水塔塔顶逸出，先经2#轻油空冷器14冷却，再经2#轻油冷却器15冷却，流入2#轻油分离器16分离出轻油和水。大部分轻油和1#轻油分离器9分离出的轻油一起由脱水塔回流泵17送脱水塔、预脱水塔顶作为回流，其余的轻油在保持2#轻油分离器16内一定液位的前提下，靠液位调节阀调节流量，由轻油采出泵送中间槽区轻油槽。分离水自流入 3# 轻油分离器 10，再次分离出微量的油。当轻油侧油位较高时，则适当开启阀门将油排入放空槽，而分离水则自流入氨水槽，定期由氨水输送泵送出系统。

脱水塔塔底的无水焦油由脱水塔塔底抽出泵 18 抽出，经沥青/焦油换热器 19 和主塔底来的沥青进行热交换，再进焦油加热炉 4 的辐射段加热后，进入主塔（馏分塔）20 的下部。主塔分别采出酚油馏分、萘油馏分、洗油馏分、一蒽油馏分、二蒽油馏分和软沥青。

酚油馏分从主塔塔顶逸出，经酚油空冷器 21 冷凝冷却后，进入酚油冷却器 22，用循环水（CW）冷却，流入主塔回流槽 23。酚油冷却器内不凝性气体经真空冷却器 24 再次冷却后，引入减压系统。酚油回流槽中酚油通过主塔回流泵 25 抽出，大部分作为回流液送往主塔塔顶，其余送往工业萘槽区酚油槽或者从酚油采出管道并入到萘油管道中一同进入油库。酚油中含有的少量水分集中于酚油回流槽底部的水包中，间歇排入氨水槽。

萘油馏分从主塔 14～22 层塔板采出，经萘油冷却器 26 用温水（HW）冷却后，进入萘油密封罐 27 或从萘油密封罐旁通，然后由萘油采出泵 28 送至馏分洗涤槽区萘油槽或者进入油库。

洗油馏分从主塔 30～40 层塔板采出，经蒸汽发生器 29 冷却后，或从蒸汽发生器 29 旁通由洗油采出泵 30 抽出后，一部分在必要时可以送主塔 31 层塔板补充塔盘积液，其余部分经洗油冷却器 31 用温水冷却后，送至工业萘槽区洗油槽。

一蒽油馏分从主塔 46～54 层塔板采出，经焦油/一蒽油换热器 3 与焦油换热后，由一蒽油采出泵 32 抽出，一部分在必要时可以送主塔 50 层塔板补充塔盘积液，其余部分经一蒽油冷却器 33 用温水冷却后，送至一蒽油槽，定期由一蒽油输送泵送到油库。

二蒽油馏分从主塔 60～66 层塔板采出，经蒸汽发生器 29 冷却后，由二蒽油采出泵 34 抽出，一部分在必要时可以送主塔 62 层塔板补充塔盘积液，其余部分经二蒽油冷却器 35 用温水冷却后，送至二蒽油槽，定期由二蒽油输送泵送到油库。

软沥青由主塔塔底抽出泵 36 从塔底抽出，一部分去沥青塔，一部分经沥青/无水焦油换热器 19 换热后，送油品到油库装置。

工艺特点：本工艺流程采用减压蒸馏，是国内比较成熟的工艺，其主要特点如下。

① 采用充分换热的方法，提高了余热的利用，并采用空冷器，节省冷却水量，从而节约能源消耗；

② 用减压蒸馏，改善操作环境，节省能量；

③ 环保措施完善，废气、废水均做妥善处理；

④ 仪表自动化水平较高，改善操作环境。

煤焦油连续减压蒸馏系统操作技术指标见表 2-5。

表 2-5　煤焦油连续减压蒸馏系统操作技术指标

序号	参数	控制范围
1	脱水塔顶部温度/℃	95～110
2	脱水塔底部温度/℃	190～220
3	主塔(馏分塔)顶部温度/℃	135～155
4	主塔侧线萘油采出温度/℃	155～190
5	主塔侧线洗油采出温度/℃	200～250
6	主塔侧线一蒽油采出温度/℃	240～290
7	主塔侧线二蒽油采出温度/℃	290～320
8	主塔底部温度/℃	335～355

续表

序号	参数	控制范围
9	主塔加热炉出口温度/℃	360～385
10	轻油空冷器后温度/℃	30～80
11	轻油冷却器后温度/℃	15～50
12	酚油空冷器后温度/℃	40～80
13	脱水塔管式炉焦油出口温度/℃	195～230
14	主塔顶部压力(绝压)/kPa	30～55
15	主塔底部压力(绝压)/kPa	40～70
16	主塔加热炉焦油入口压力/ kPa	0.6～1.2
17	萘油冷却后温度/℃	70～100
18	脱水塔进料温度/℃	135～170
19	洗油温度/℃	65～95
20	一蒽油温度/℃	70～110
21	二蒽油冷却后温度/℃	90～110
22	焦油原料槽温度/℃	85～95

煤焦油连续减压蒸馏馏分质量指标如下。

(1) 焦油质量指标（YB/T 5075—2010）

项目	指标
密度(20℃)	1.15～1.21g/cm³
甲苯不溶物(无水基)	3.5%～7.0%
灰分	≤0.13%
水分	≤4.0%
黏度(E_{80})	≤4.0
萘含量(无水基)	≥9.0%

(2) 轻油三等品质量指标

项目	指标
酚含量	≤4.0%
初馏点	≤95℃
干点	≥210℃

(3) 萘油质量指标

项目	指标
初馏点	195～215℃
干点	250～270℃
萘含量	50～80

(4) 洗油质量指标

项目	指标
密度	1.03～1.06 g/cm³
270℃前馏出量	≥10%
300℃前馏出量	≥90%
萘含量	≤15%

(5) 一蒽油质量指标

项目	指标
初馏点	≥270℃
300℃前馏出量	≤10%(配油期间不要求)
360℃前馏出量	≥65%

(6) 软沥青质量指标

项目	指标
软化点	(72±2)℃

三、萘集中度和酚集中度

1. 萘集中度

萘是煤焦油中含量最多的组分，也是煤焦油加工所要提取的重要产品，应尽可能加以回收。在煤焦油连续蒸馏工序中，萘的收率以萘的集中度表示，即

$$M=\frac{q_{mi}}{q_m}\times 100\% \tag{2-4}$$

式中　M——萘集中度；

q_{mi}——萘油馏分或三混、两混馏分中总萘含量；

q_m——原料煤焦油中萘含量。

在计算时，原料煤焦油中萘含量一般按各馏分中含萘总和考虑，沥青中因含萘较少，可忽略不计。

由于生产中所采用的蒸馏流程形式不同，萘的集中度有一定范围的波动，三混馏分为最高，依次为两混馏分和萘油馏分（窄馏分）。生产上萘集中度的数值一般为：

酚萘洗三混馏分	95%～98%	萘油馏分(窄馏分)	86%～89%
萘洗两混馏分	93%～96%		

2. 酚集中度

酚在煤焦油中含量虽然不算很高，但酚也是煤焦油中所要提取的贵重产品，也应尽可能加以回收。酚类产品按其沸点不同，分布在酚、萘、洗油等馏分中，在煤焦油连续蒸馏工序中其收率用酚集中度表示，可用式（2-4）确定：

$$N=\frac{q_{mi}}{q_m}\times 100\% \tag{2-5}$$

式中　N——酚集中度；

q_{mi}——酚、萘、洗油馏分中总酚含量；

q_m——原料煤焦油中酚含量。

原料煤焦油中酚含量应以各馏分中的酚量加上轻油分离水中的酚量计算（轻油分离水含酚一般可达5%左右，不可忽略不计），沥青含酚量很少，可忽略不计。

实践证明，切取两混馏分或三混馏分的煤焦油蒸馏流程形式的酚集中度高达94%，远高于切取窄馏分流程的酚集中度（仅81%左右）。

贵重的酚类一般大都损失于轻油中，因此，为了减少酚类产品的损失，在不影响其他馏分质量的前提下，馏分塔的塔顶部温度适当降低较为有利。

四、馏分的切取制度

馏分切取制度，应根据煤焦油组成，最终产品的品种，结合所选用的工艺流程确定。总的原则是：按最终产品品种确定切取哪几种馏分；不便于将各种馏分加工成最终产品，根据煤焦油组成确定各馏分段的产率和质量指标。以下是几种馏分的特点，可供制定馏分切取制度时参考。

（1）二蒽油馏分　根据二蒽油蒸馏试验的馏程可知，其中所含主要成分的常压沸点多在360℃以上，减压下沸点降低，可在290～320℃。主要组分有萤蒽、芘、䓛以及吖啶、蒽、菲、咔唑等沸点较低的产品。如果不提取其中的某种高沸点组分，一般只作为燃料油用。以少切取为宜。

（2）一蒽油馏分　所含主要成分的常压沸点多在300～360℃，减压下沸点降低，可在240～290℃。含量较多的组分有蒽、菲、咔唑等，是制取精蒽和防腐油的原料。通常用一蒽油为原料制取精蒽的第一步是用溶剂萃取一结晶一离心分离法制取粗蒽，从利于此项加工考虑，应在减少一蒽油中萘含量的前提下，提高360℃前的溜出量。因此，若采用两塔式连续蒸馏流程，并且在馏分塔切取萘洗两混馏分和苊馏分，在蒽塔切取一蒽油馏分，产率可控制在16%～18%较为有利；否则，其产率可在16%～18%，含萘控制在1.5%以下。

（3）洗油馏分　馏程较宽，常压沸点多为230～300℃，减压下沸点降低，为200～250℃。馏程不同时主要组分的含量变化较大。常压下为230～270℃多为洗油轻组分之间，主要为甲基萘、二甲基萘、联苯、喹啉等。它们熔点低，吸苯能力较强；常压下为270～300℃多为洗油重质组分，主要含有苊、芴、氧芴等组分，它们熔点高，易于析出沉淀，吸苯能力弱。但这些物质与萘共存时，则可形成低熔点共熔物，从而减少洗油使用中因结晶析出造成的麻烦。

（4）切取酚萘洗三混馏分，可以提高萘集中度，但其产率不能控制过高，一般宜控制为19%～22%。

（5）切取萘洗两混馏分，同样可提高萘集中度，其产率宜控制为16%～17%。若为制取工业苊而切取苊油馏分，也可提高洗油质量。

第三节　煤焦油连续蒸馏系统的主要设备

在上述几种流程中都涉及管式加热炉、一段蒸发器、二段蒸发器和馏分塔等，这些设备即煤焦油蒸馏的主要设备。

一、管式加热炉

目前国内煤焦油加工企业煤焦油蒸馏装置中，采用的都是圆筒式管式炉。它主要由燃烧室（辐射室）、对流室和烟囱三部分组成，其构造示意如图2-10所示。

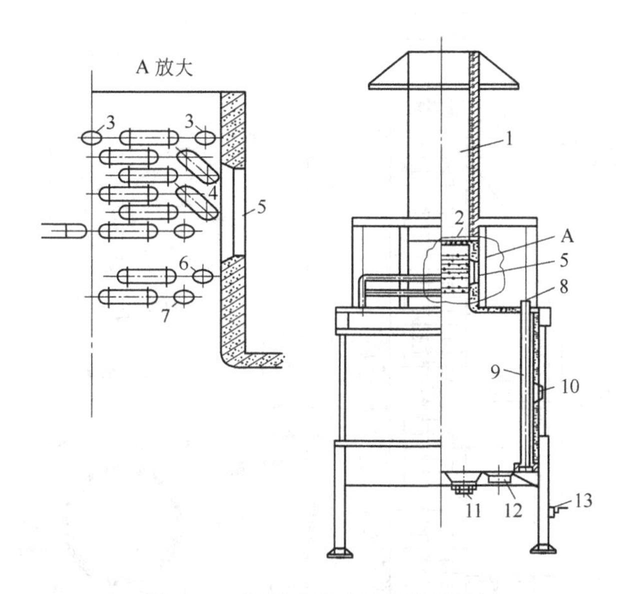

图 2-10　圆筒式管式炉构造示意图

1—烟囱；2—对流室顶盖；3—对流室富油入口；4—对流室炉管；5—清扫门；6—饱和蒸汽入口；7—过热蒸汽出口；8—辐射段富油出口；9—辐射段炉管；10—看火门；11—火嘴；12—人孔；13—调节闸板的手摇鼓轮

圆筒管式加热炉的生产规格依生产能力的不同而不同，炉管均为单程，辐射段炉管和对流段光管的材质均为 1Cr5Mo 合金钢。辐射段炉管沿炉壁圆周等距直立排列，无死角，加热均匀。对流段光管在燃烧室顶水平排列，兼受对流及辐射两种传热方式作用。蒸汽过热管设置在对流段和辐射段，其加热面积应满足将所需蒸汽加热至 450℃。辐射段炉管加热强度取 75400～92100kJ/(m^2·h)，对流管采用光管时，加热强度取 25200～41900kJ/(m^2·h)。烟囱在最顶部，火焰燃烧与吸力方向一致，减少了烟气阻力和火焰扰动现象。

在管式炉底部装有燃烧器，可以供应焦炉煤气或高炉煤气。煤焦油在管内流速一般为 0.5～0.9m/s。速度过小，煤焦油流动的湍流程度不够，可引起煤焦油过热，管壁上产生结焦现象；速度过大，则会增大阻力。如炉管内操作压力过大，可能使管子接头部分发生漏油而造成着火事故。

管式炉采用陶瓷纤维作耐火材料，以玻璃棉毡作绝热材料。

圆筒式管式炉的实际生产操作表明，由于炉体本身的体积小和热容量小，因而操作反应灵敏，滞后现象少。此外，它还具有热效率较高、占地面积小、钢材耗量及投资省等许多优点，所以目前在新建焦化厂或煤焦油加工厂得到了普遍的应用。

二、馏分塔

馏分塔是煤焦油蒸馏工艺中切取各种馏分的设备，其结构如图 2-11 所示。馏分塔采用浮阀塔板，共 66 块塔板。塔板间距 450mm，人孔处塔板间距 900mm。空塔气速可取 0.35～0.45m/s，油气从塔底 N31 口进入。

馏分塔的塔板数及切取各馏分的侧线位置，见表 2-6。

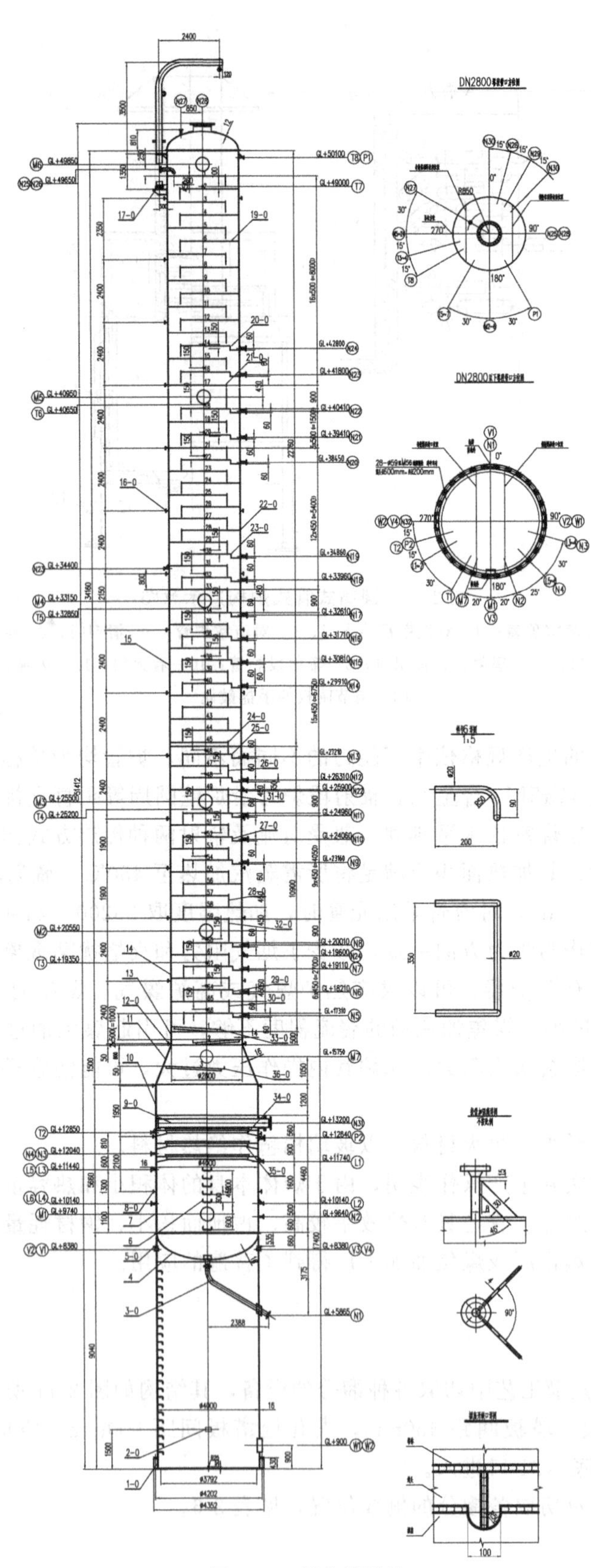

图 2-11 馏分塔结构

表 2-6　煤焦油馏分塔塔板层数和切取各馏分的侧线位置

项目名称		连续减压蒸馏流程	
		塔板层数	开口位置
塔板总层数		66	
侧线位置（以塔板层数表示）	酚油馏分	塔顶	N28
	回流液	1	N25～N26
	萘油馏分	14～22	N20～N24
	洗油馏分	30～40	N14～N19
	一蒽油馏分	46～54	N9～N13
	二蒽油馏分	60～66	N5～N8
	沥青	塔底	N1

第四节　管式加热炉的维护和管理

管式加热炉（简称管式炉）是煤焦油加工企业必用加热设备，随着煤焦油加工专业化程度的提高，燃油加热炉有取代燃气加热炉的趋势，因此，本书对燃油管式炉和燃气管式炉的操作、维护方法一起介绍。

一、点火和熄火

1. 管式炉用油作燃料时

(1) 点火前准备工作

① 注意切水及换罐。若罐底水分较多，将会使燃料油混入大量的水分，造成燃烧熄火。

② 将燃油加热，使油的黏度降低到可以保证燃油在燃烧器中完全雾化的要求。加热的温度根据燃烧器的技术条件确定。

③ 用蒸汽或空气将炉膛彻底吹扫，清除滞留在内部的可燃性气体。

④ 向炉膛吹入蒸汽时，检查疏水器是否正常，并经常用排凝阀切水。

(2) 点火

① 点火时，将火把插到燃烧器的前方，然后慢慢打开输油管线上的阀门，并检查挡板的开度是否合适。

② 与此同时，将雾化蒸汽或雾化空气的阀门适当开启。

③ 一旦出现熄火，务必按上述步骤重新点火。

(3) 熄火　熄火时，先关油阀，然后再关闭蒸汽阀和空气阀。

2. 管式炉用燃料气作燃料时

(1) 点火前准备工作

① 检查燃料气储罐的压力是否合适，其大小以维持燃烧为宜，压力低时易产生回火。

② 检查燃料气储罐的液面，切勿使气体管线内存积液体。

③ 滞留在炉膛内的燃料气，点火前，先用蒸汽吹扫，至烟囱有蒸汽冒出。

(2) 点火

① 点火时，将火把插到燃烧器的前方，然后慢慢打开燃料气阀门，将煤气点燃。调节煤气量和空气量，使各个烧嘴火焰均匀。

② 经常观察火焰状态，注意避免出现回火。

③ 一旦出现熄火时，务必按上述步骤重新点火。

(3) 熄火　熄火时，先关燃料气阀门，然后再关闭空气阀。

二、正常操作

1. 空气过剩系数的调节

燃料在燃烧室燃烧时，燃料完全燃烧所需的空气量叫理论空气量，为使燃烧完全和火焰稳定，燃烧过程中实际空气量应大于理论空气量。实际空气量与理论空气量的比值称为空气过剩系数，简称空气系数。

对于重油燃烧室，空气过剩系数为1.15～1.30；对于燃料气燃烧室，空气过剩系数为1.05～1.30。如果空气过剩系数太高，就会相应加热多余的空气而使能耗增加；反之，空气过剩系数太低，则燃烧不完全，而且火苗暗红并带黑烟。正常燃烧时，火焰明亮，没有烟。

压力和抽力的调节如下。

① 注视烟道气压力表指针的变化，调节挡板，使炉膛内的压力处于规定的负压范围内，炉膛处于正压。烟道气由耐火砖间隙或衬里间隙向外泄漏，会损坏炉壁。

② 抽力（或炉内负压值）过大，抽风量增大，空气过剩系数增加，会导致炉膛温度降低、烟气量增大、烟囱热损失加大和炉热效率及处理能力降低。

③ 分析燃料成分和烟气成分，计算适宜的空气过剩系数，调节挡板以确保实际的空气过剩系数接近计算值。

2. 火焰的调节

(1) 火焰状态的调整　对于油燃烧器可由雾化蒸气、一次空气及二次空气量进行调整；对于燃气燃烧器可由一次空气量及二次空气量进行调整，以使其燃烧完全，火焰稳定。

油燃烧器空气量不足时，火焰长且呈暗红色，炉膛发暗；反之，如果一次空气量过大，则火焰短而发白，略带紫色，前端冒火星，炉膛完全透明，而且还会产生微弱的爆炸声甚至将火焰熄灭；空气量适中，则火焰呈淡橙色，炉膛比较透明，烟气呈浅灰色。如果空气充分，雾化蒸汽适当时，仍出现长焰且烟多，或经常熄火，则属于燃烧器火嘴设计缺陷问题。

煤气燃烧器空气量不足时，火焰长且呈暗橙色，炉膛发暗并冒黑烟。随空气量的增大，火焰变短，前端发蓝，炉膛透明，烟气颜色变浅。

由于燃烧气较空气轻，浮力的作用使之在炉膛内上升。可采用烟囱闸板调节通过烟囱的流量，即如果开启闸板，炉内压力下降，空气自然吸入炉内，使过剩空气率增大，燃料消耗增加，热效率下降；反之，如果关闭闸板，炉内压力增大，可导致火焰从炉缝隙、窥视孔等处喷出。为维护炉内正常压力，保证安全生产和提高热效率，适当地调节烟囱闸板的开启程度也是十分必要的。

(2) 竭力避免火焰扑向耐火砖或衬里炉壁及舔管　调节炉温时，尽量将火焰调短，否则，火焰扑向炉壁，将会缩短耐火砖或衬里的使用寿命。火焰舔管，则出现局部过热现象，不仅会加速结焦，而且还严重损坏炉管外表面，需要加热炉超负荷运行。

(3) 在燃烧器的外围不得出现燃烧（或称后燃）。加热炉在实际负荷超过设计能力情况下，有时会出现上述现象。如果在此工况下继续维持操作，同样会损伤耐火砖、衬里、炉管及烟囱。

3. 温度的调节

(1) 用温度指示仪或记录仪经常检查炉膛温度　操作时，切勿使炉膛温度超过规定温度的上限，否则将导致耐火砖或衬里的熔融、炉管及吊架变形，增加维修费用。

(2) 必须用温度计作不定期检查，避免炉管局部过热而发生结焦现象　局部过热不仅使燃油分解、炉管结焦、热导率降低，同时增大加热炉的压力降，严重时加热炉必须紧急熄火。炉管过热、结焦还会使管内流速降低，从而使处理量大大低于设计生产能力。

三、日常维护检查

管式加热炉的维护检查不同于压力容器、配管等其他设备，它不能在操作运行中进行强度检查，而且其内部破坏造成的危害远比其他设备严重。

日常维护检查主要有炉内观察和炉外检查两项。

1. 炉内观察

(1) 管和管支持部件

① 观察整体和局部颜色的变化，根据实际操作经验，掌握炉管及管支持部件的正常颜色，一般来说，通常为红黑色，高温下为红色或红白色。如炉管及管支持部件表面氧化皮剥落，管子局部劣化或内壁结焦，会变成粉红色。

② 观察火焰是否与炉管及支持部件有直接接触。

③ 观察炉管及支持部件是否弯曲、膨胀和变形。

④ 观察炉管是否与支持部件脱开。

(2) 燃烧室

① 观察火焰的形状、宽度、长度、颜色的变化情况。

② 观察燃烧室衬砖的结焦情况。

③ 观察各燃烧室燃烧状态是否一致。

(3) 炉膛内壁　观察炉膛内红热部位是否出现裂纹、脱落和突出等现象。

2. 炉外检查

(1) 燃烧室、燃料系统

① 检查燃料总管压力、燃烧室入口压力及燃料控制阀的开启程度。必要时，为维持稳定燃烧需增减燃烧室的数量。

② 检查燃料管路的泄漏情况。

③ 检查气体燃料管内有无凝液。如有凝液，必须彻底排除。当使用液体燃料时，还需检查管内有无空气或气体积聚，如有也需排除。

(2) 通风装置

① 检查炉内压力是否保持负压。

② 用测氧仪检测空气过剩系数是否适当。如发现异常，需适当调节烟囱挡板和通风系统。

(3) 炉框、壳体

① 检查炉框、壳体有无变形或涂料剥落。

② 检查烟囱、连接部件等腐蚀情况。

(4) 工艺管路系统

① 检查工艺管路有无泄漏、振动。

② 检查压力及流量调节阀的开启度是否适当。

(5) 吹扫用蒸汽　点火之前，将炉内滞留的气体吹扫干净，并检查疏水器是否正常。

(6) 基础　检查基础是否有裂纹，地脚螺栓是否松动。

(7) 控制室

① 检查管壁温度和烟道气温度是否正常，有无波动情况。

② 检查管内流体流量和进出口温度是否正常。

四、定期维护检查

1. 大修时检查项目

停车大修时检查项目如表 2-7 所示。

表 2-7 管式加热炉定期检修项目

检查部位	检查项目
炉管	①管弯曲；②膨胀；③锈皮剥落；④色变程度；⑤裂缝；⑥管壁厚度；⑦如有可能，应检查管内情况
焊缝	①外观检查；②必要时检查开裂情况
管支持件	①接头接合情况；②表面状况；③热膨胀部位的适应性；④保护泥的损坏情况；⑤部件损伤情况
炉内壁(耐火材料)	①砖脱落情况；②裂纹；③砖松动；④剥落情况
炉框、壳体、烟囱	①外观检查；②必要时的壁厚检查
燃烧室	解体检查
压力检查	重新开车前，检查炉膛内压力是否在规定压力范围内

2. 清焦

清焦就是清除炉管（或称加热管）内的积炭。通常采用蒸汽清焦，即热法清焦。

清焦的方法是将蒸汽通入结焦的炉管内，同时管外壁在燃烧室加热，使管内结焦与蒸汽发生反应，并使散裂的结焦随蒸汽由管端吹除，少量的结焦可通入空气而除去。

操作程序如下。

① 燃烧室点火后，炉管温度达到 150℃时，以 90kg/（m^2・s）的管内速率通入蒸汽，并加热到规定的温度。一般情况下，燃烧室的燃气温度控制在 700～750℃范围内，蒸汽出口温度为 550～600℃。在清焦操作中要依据炉管材质、结焦程度确定其温度范围。

② 散裂的结焦随蒸汽排出，因其温度很高，故可采用水急冷法使之除去。如果清焦效果差，则可采取增减蒸汽量、改变蒸汽流向等方式，对结焦进行冲击来提高清焦效率。

③ 如果用蒸汽清焦基本无效，可将蒸汽量减至 1/3，慢慢通入空气，空气量约为蒸汽量的1/10。此时，需注意竭力避免因通入空气的流速过快发生氧化反应而损坏炉管。

④ 检测排放气中 CO_2 含量，当其达到 0.1%～1.0%时，则可认为清焦完成。

五、常见故障原因与对策

管式加热炉常见故障原因及对策见表 2-8。

表 2-8 管式加热炉常见故障原因及对策

序号	故障	故障原因	对　策
1	烧火嘴损坏	① 低负荷运行火焰不稳定； ② 加热温度过高或雾化蒸汽过热，积炭增加，使喷嘴堵塞； ③ 高温氧化； ④ 磨损、腐蚀、裂纹； ⑤ 安装错误	① 控制烧嘴的运行数量，使每个烧嘴的燃烧量在设计范围内； ② 避免低负荷运行，调节温度； ③ 控制温度或更换烧嘴； ④ 定期检查，不得有明显的腐蚀、磨损和裂纹，必要时更换烧嘴； ⑤ 重新安装，确保安装位置、烧嘴喷头开孔的方向正确

续表

序号	故障	故障原因	对　　策
2	加热管损坏	① 腐蚀； ② 磨损； ③ 裂纹； ④ 泄漏； ⑤ 蠕变断裂	①②③ 定期检查加热管的嘴蚀、磨损、裂纹情况，确保壁厚大于所要求的最小壁厚，必要时修复或更换； ④ 由泄漏试验，检查泄漏情况，修复或更换； ⑤ 从抽样管上切取切片进行高温短时间蠕变断裂试验，非破坏性检查推断剩余寿命或更换
3	炉内耐火绝缘材料损伤	① 施工不良； ② 裂纹； ③ 剥落； ④ 腐蚀	① 精心施工，由于耐火材料的支承物是与炉体钢构件相连，则其结构应考虑热膨胀问题； ② 当耐火绝热材料出现裂纹时，裂纹＜5mm 可不必修复；裂纹＞5mm 用陶瓷纤维填充；当出现周围裂缝而隆起，应去掉重新修补好； ③ 选择耐火强度高的材料时，材料最高使用温度相对燃烧气体温度要留有 10％余量；重新修复； ④ 定期检查腐蚀情况，必要时进行更换
4	加热炉爆炸	① 金属片、木片等引起堵塞，引爆或火灾； ② 其他易燃性液体、可燃性气体等引起爆炸或火灾	① 肉眼检查，炉内不得有引爆或火灾的物质，并及时排除； ② 加强气体检测
5	污染环境	① 喷嘴噪声； ② 烟气对大气污染	① 喷嘴四周加隔声罩，加强仪表室和休息室的隔音效果，使用低噪声燃烧器； ② 高烟囱排放，改进燃烧器，减少过剩空气，减少 NO_x 的生成量，燃料预先脱硫、烟气脱硫和脱氮

Chapter 03

第三章

工业萘的生产

萘是有机化学工业生产所用的的重要原料，是煤焦油中含量最多（占煤焦油的10%左右），提取价值极高的最重要组分。萘广泛应用于生产苯酐、α-萘酚、染料、橡胶助剂、润湿剂、表面活性剂、医药和农药中间体或产品的生产中。目前，中国生产的工业萘大部分用于气相催化氧化生产邻苯二甲酸酐（苯酐）。此外，煤焦油中还含有萘的同系物α-甲基萘和β-甲基萘等，用途也很广泛。

过去中国焦化厂主要从煤焦油中提取萘，生产压榨萘或精萘，不仅工艺落后，设备笨重复杂，操作条件差，污染环境，而且萘的资源得不到充分利用。为了扩大萘的资源利用，满足国民经济需要，加强环境保护，改善工人操作条件，提高萘的回收率，目前，除少数焦化厂还生产精萘外，大部分厂家均生产工业萘。因此，本章将对工业萘生产作重点介绍。

第一节　萘的性质和分布

一、萘的性质

萘（$C_{10}H_8$）是双环芳烃，结构式为，分子量128.17，煤焦油中萘含量为8%～12%。萘为白色结晶，易溶于苯类溶剂，难溶于甲醇，不溶于水，易升华成白色片状物或单斜晶体，有极强樟脑气味，具有麻醉性，对皮肤有刺激性。萘的主要物理性质见表3-1。萘在煤焦油油类和几种溶剂中的溶解度见表3-2。

萘在焦油油类中的理论溶解度也可按下式计算：

$$\ln x=\frac{L_f(T-T_A)}{4.575TT_A}$$

式中，x为萘的摩尔分数；T为过程温度，K；T_A为纯萘的熔点，K；L_f为萘的摩尔熔融热，19.36kJ/mol。

萘中含有杂质时，其结晶点（即结晶温度）下降。萘的结晶点与纯度的关系列于表3-3中。

表 3-1　萘的主要物理性质

性质	数据	性质	数据
沸点/℃	218	临界压力/MPa	4.2
熔点/℃	80.28	临界密度/(g/cm³)	0.314
固态密度/(g/cm³)	1.145	介电常数(85℃)	2.54
液态密度/(g/cm³)		溶解度参数 δ	9.9
85℃	0.9752	闪点(闭皿法)/℃	78.89
100℃	0.9623	自燃点/℃	526.11
折射率 n_D^{85}	1.5898	爆炸界限(体积分数)/%	
		上限	5.9
汽化热(167.7℃)/(kJ/mol)	46.42	下限	0.9
熔融热/(kJ/mol)	19.18	动力黏度/cP	
燃烧热/(kJ/mol)	5158.41	80.3℃	0.886
升华热/(kJ/mol)	66.52±1.671	90℃	0.864
临界温度/℃	478.5	150℃	0.490

注：1cP=1mPa·s，下同。

表 3-2　萘在一些溶剂中的溶解度　　g/100g

温度/℃	苯	甲苯	二甲苯	酚油	萘油	洗油	蒽油	10号轻柴油	甲醇	乙醇	四氯化碳	硝基苯
60	77.0	72.5	70.5	70.0	67.0	61.6	56.0	46.34	37.89	44.45		
50	66.0	61.0	58.0	56.5	52.5	48.5	42.0	34.24	23.37	27.01		
40	55.0	50.0	47.5	45.5	42.0	36.0	33.0	24.94	15.25	15.25		45.0
30	45.0	41.0	38.3	36.1	33.0	28.9	26.5①	16.34	10.71	11.82	31.0	34.5
20	37.0	33.0	30.0	28.0	25.6	20.0	20.0①	14.59	7.83	9.26	23.2	26.6
10	30.0	26.0	23.0	21.6	19.3	13.9	14.8①		5.30	7.06	16.2	20.0
0	20.3	20.0	17.8	16.0	14.2	9.6	10.8①		3.85	4.85	12.0	15.7

① 为计算值。

表 3-3　萘的结晶点与纯度的关系

萘的质量分数/%	结晶点/℃	萘的质量分数/%	结晶点/℃
81.00	70.5	90.80	75.5
81.95	71.0	91.80	76.0
82.85	71.5	92.85	76.5
83.80	72.0	93.85	77.0
84.75	72.5	94.95	77.5
85.70	73.0	96.05	78.0
86.70	73.5	97.20	78.5
87.70	74.0	98.40	79.0
88.70	74.5	99.30	79.5
89.75	75.0	100	80.3

二、萘的分布

在煤焦油蒸馏过程中萘分布在各种馏分中。萘在不同馏分中的集中度因工艺流程不同而不同，几种工艺流程的萘集中度见表 3-4。

表 3-4 几种工艺流程的萘集中度（常压下）

名　称	产率/%	馏分含萘的质量分数/%	馏分中萘占煤焦油量/%	萘的集中度/%
两塔式(切取窄馏分)				
轻油	0.9			
酚油馏分	2.3	12.70	0.292	3.20
萘油馏分	10.7	73.30	7.840	87.10
洗油馏分	6.4	6.50	0.416	4.60
一蒽油馏分	20.5	1.80	0.369	4.10
二蒽油馏分	5.1	1.50	0.077	0.90
小计	45.9		8.99	
一塔式(切取三混馏分)				
轻油	1.1			
酚萘洗三混馏分	18.7	52.13	9.75	96.5
一蒽油馏分	18.85	1.3	0.245	2.42
二蒽油馏分	5.65	2.1	0.119	1.17
小计	44.30		10.11	
两塔式(切取两混馏分)				
轻油	0.22			
酚油馏分	2.28	11.86	0.27	2.48
萘洗两混馏分	16.54	61.95	10.24	93.61
苊油馏分	2.87	6.56	0.188	1.73
一蒽油馏分	15.95	1.31	0.21	1.91
二蒽油馏分	4.1	0.68	0.028	0.26
小计	42		10.94	

三、提取萘的原料

焦化工业提取的萘是煤在炼焦过程中生成的。90%以上的萘存在于煤焦油中，少数的萘残存于经初冷器冷却后的煤气中；这部分萘在油洗萘或煤气最终冷却及洗苯过程中被回收下来。然后将终冷粗萘、加工粗苯所得的萘溶剂油和粗苯残渣油等混合到煤焦油中一起把萘提取出来。

煤焦油初步蒸馏所得含萘量高的馏分（萘油、萘洗两混馏分，酚萘洗三混馏分或中油馏分）即为提取萘的原料。不过，提取萘的各种原料馏分都是极为复杂的多组分液体混合物，都含有酸性（酚类）、中性及碱性（吡啶碱类）三类组分，每类组分又都含有多种单一组分，其质量及组成随煤焦油蒸馏时切取制度的不同而有很大差别。如某焦化厂经碱洗后的萘洗两混馏分中含有酸性组分 0.7%～1.0%；中性组分 95.5%；碱性组分 3%左右。对各类组分的色谱分析表明，其中各含有多种单一组分（表 3-5）。

为了脱除酚类需进行碱洗，为了脱除吡啶碱类需用硫酸进行酸洗。在实际生产中，是否进行酸洗，可根据具体情况而定。生产工业萘过程中，因用不经酸洗的含萘馏分进行精馏时，原料中的吡啶碱类多转入酚油和精馏残油（洗油）中，而工业萘产品中仅含有 0.1%左右，基本上不影响产品质量。此外，焦化厂所生产的工业萘，大部分用于制取邻苯二甲酸酐（苯酐）。随着苯酐生产的工艺改进，不需设置萘汽化器，直接把液体萘喷入高温氧化炉内，在与空气接触和催化剂的作用下，不饱和化合物立即氧化分解，不会形成煤焦油状聚合物，对苯酐产品质量及催化剂性能均无不良影响，所以也可不用硫酸洗涤。因此，现在许多焦化厂都用只经碱洗的原料馏分提取工业萘。

表 3-5 已洗萘洗两混馏分的组成

中性组分	含量/%	碱性组分	含量/%	酸性组分	含量/%
1,3,5-三甲苯	0.02	吡啶	—	酚	0.55
1,2,3-三甲苯	0.05	α-甲基吡啶	0.011	邻甲酚	4.38
1,2,4-三甲苯		2,6-二甲基吡啶	0.013	间、对甲酚	11.1
四甲苯	0.02	2-乙基吡啶	0.0089	2,4-二甲酚	33.8
二氢茚	0.48	β-甲基吡啶	—	2,5-二甲酚	
茚	0.29	γ-甲基吡啶		3,5-二甲酚	29.2
四氢萘	0.05	2,5-二甲基吡啶	0.14	3,4-二甲酚	9.96
苯甲腈	0.20	2,4-二甲基吡啶			
萘	63.13	2,4,6-三甲基吡啶	0.17		
硫茚	1.36	2,3-二甲基吡啶			
β-甲基萘	8.30	2,3,6-三甲基吡啶	—		
α-甲基萘	4.14	3,5-二甲基吡啶	—		
2,6-二甲基萘	2.18	萘胺	—		
2,7-二甲基萘		邻甲苯胺	0.35		
联苯	1.80	对甲苯胺	0.33		
1,6-二甲基萘	1.39	间甲苯胺	0.83		
2,3-二甲基萘	0.35	喹啉	47.07		
1,4-二甲基萘		2-甲基喹啉	8.50		
1,5-二甲基萘		异喹啉	7.14		
1,2-二甲基萘	0.26	3-甲基喹啉	1.97		
苊	5.97	7-甲基喹啉	8.32		
苊烯	0.23	6-甲基喹啉			
氧芴	2.19	2,6-二甲基喹啉	2.88		
芴	0.56	4-甲基喹啉	3.02		
		2,4-二甲基喹啉	2.42		

注：表中所列中性、碱性、酸性组分分别占已洗混合馏分总量的95.86%、2.99%、1.15%。

四、质量指标

目前中国各焦化厂生产的萘产品的品种主要有工业萘、精萘。脱酚后质量指标如下。

(1) 脱酚萘油（BMO） 含酚≤0.5%；

(2) 脱酚酚油（BCO） 含酚≤0.5%；

(3) BMO 酚盐 含酚 5%～20%，含游离碱 0～6%；

(4) 混合酚盐 含酚 5%～20%，含游离碱 0～6%；

(5) 净酚盐 含酚≥20%，含中性油≤0.5%；

(6) 工业萘 含萘≥95.13%；

(7) 工业萘酚油（CCO） 含萘≤10%。

工业萘的质量标准见表 3-6。

表 3-6 工业萘的质量标准

指标名称	优等品	一等品	合格品
外观	片状或粉末状晶体，白色，允许带微红或微黄		
结晶点/℃	78.3	78.0	77.5
不挥发物/%	0.04	0.06	0.08
灰分/%	0.01	0.01	0.02

五、萘的分离精制方法

由含萘馏分生产出成品萘的过程，主要是提高馏分含萘量至95%以上，这就要求除去萘馏分中所含的酸性组分，碱性组分、萘的同系物、含硫化合物和不饱和化合物等。萘的分离精制方法主要是利用萘与其他组分间的结晶温度、蒸馏时的沸点、在溶剂中的溶解能力及化学反应等物理化学性质的差别制定的。其主要方法有以下几种。

1. 洗涤法

洗涤包括碱洗和酸洗。碱洗可以把馏分中酸性组分酚类化合物分离出去，既回收了贵重的化工原料酚类产品，又使含萘馏分得到精制，有利于进一步分离。

酸洗主要用硫酸洗涤，又可分为稀酸洗和浓酸洗两种形式。稀酸洗可以提取重吡啶盐基，浓酸洗主要在于进一步精制净化馏分。在浓硫酸作用下，硫杂茚可以磺化，也能与不饱和化合物一起聚合为树脂状物质，故能降低硫杂茚和不饱和化合物含量。

但稀硫酸洗涤易引起设备腐蚀，如果生产工业萘，不进一步提取喹啉（喹啉在工业萘中含量又不高，对工业萘进一步加工生产苯酐也没有太大影响），可不酸洗。而浓硫酸洗涤时会造成萘的损失，酸渣又较难处理，故工业萘生产时已不再采用。对于生产精萘，过去多用浓硫酸洗涤，目前有的已被催化加氢等新工艺所取代。

2. 催化加氢法

催化加氢法是一种新的萘的分离精制方法。由于硫杂茚和萘的沸点接近，靠精馏法很难有效加以分离，精馏前用浓硫酸洗涤也不十分有效。而在催化加氢条件下硫杂茚、酚类以及不饱和化合物很容易被除去，其主要反应如下：

$$\text{硫杂茚} + 5H_2 \longrightarrow 2\ C_6H_5\text{—}C_2H_5 + 2H_2S$$

$$\text{茚} + H_2 \longrightarrow \text{二氢茚}$$

$$\text{二甲酚}\ (H_3C)_2C_6H_3OH + H_2 \longrightarrow \text{二甲基苯}\ H_3C\text{—}C_6H_4\text{—}CH_3 + H_2O$$

3. 冷却结晶法

在萘油馏分中，萘的结晶温度最高，其他杂质的结晶温度都比它低，所以在冷却结晶时，根据相平衡理论，结晶中的萘浓度明显高于液相中的萘浓度，而杂质分布却相反。分离结晶有以下几种形式。

（1）压榨分离　冷却结晶得到的是萘结晶的糊状物，用高压压榨把未结晶的油与萘结晶分开，这样得到的产品称为压榨萘，萘含量可达98%以上。硫杂茚与萘易形成混合结晶，压榨时大约有40%硫杂茚转入结晶。压榨分离是一种传统工艺，处理量小，劳动条件差，所以正趋于淘汰。

（2）结晶-熔融　如果原料中含萘量不高，单靠一次结晶过程不能达到所需要的纯度。结晶-熔融是把冷却得到的结晶再加热熔融，此时低结晶温度的杂质首先转入液相，结晶中萘含量就得到进一步浓缩。这样的操作可反复进行，直至合格为止。

（3）区域熔融　结晶-熔融相当于简单蒸馏，一次操作只有一次相平衡，而区域熔融则相当于精馏操作，它利用结晶和熔化的液相在结晶器内作相对运动，使结晶反复进行熔化和析出结晶，结晶的萘浓度在运动中不断增加。在结晶器一端得到高纯度萘，另一端得到含杂质的结晶油。此法用于生产精萘。

4. 精馏法

精馏法是根据萘和原料中其他杂质的沸点差，在精馏时将轻馏分（苯的同系物和茚等）和重馏分（甲基萘和二甲基萘等）分离而得到萘产品的方法。该法对原料质量要求不高，可以用萘油，也可用两混和三混馏分，需要设备少，处理量大，萘回收率高。此法适用于生产工业萘，是一种比较新的工艺，在中国已得到广泛的应用。由于萘和硫杂茚沸点相近，用精馏法不宜分离，故不能用此法生产精萘。

5. 萃取分离法

萘油冷却时加入一种溶剂（如甲醇），由于萘结晶在甲醇中溶解度很小，而含氮、硫、氧的有机化合物组分溶解度很高，所以冷却结晶一次就能达到较高程度。这里甲醇既是萃取剂又是稀释剂。此法设备简单，操作方便，不需要用压榨机和离心机。不过要使用有毒溶剂（甲醇），故未得到普遍推广。

6. 升华精制法

固体萘在远低于沸点温度下，就具有很大蒸气压，因而在加热时，固体萘能不经过液态直接转变为萘蒸气，这种现象称为升华；而萘蒸气在冷却时又不经过液态而直接转变成银白色的片状固体，这种现象称为凝华。利用萘易升华的这一特殊性质进行分离的方法，称为升华精制法。这种方法处理量较小，只适用于小批量生产。

为提取萘的产品也可用两种或两种以上的方法联合使用。目前国内大都采用对含萘馏分进行洗涤-精馏相结合的生产工业萘的方法（简称精馏法），也有些煤焦油加工厂采用结晶-熔融或区域熔融法生产精萘。

第二节　工业萘的生产

目前中国大部分焦化厂均采用精馏法生产工业萘，采用连续式精馏生产方式。

制取工业萘的原料为煤焦油蒸馏所得的含萘馏分。按照煤焦油蒸馏生产工艺及馏分的切取制度不同，含萘馏分分萘油馏分、萘洗两混馏分、酚萘洗三混馏分及中油馏分等。在这些馏分中均含有酚类、吡啶碱类及不饱和化合物等，其中有的沸点与萘的沸点相近，精馏时易混入工业萘中而影响产品质量。为提高工业萘的质量并提取这些产品，原料馏分在精馏前需进行洗涤，已洗含萘馏分即可用于制取工业萘。

一、洗涤脱酚工艺

（一）工艺原理

1. 碱洗脱酚

馏分洗涤过程，当馏分以10%～15%（质量分数）的氢氧化钠溶液洗涤时，酚类即与碱发生中和反应，所生成的酚钠溶于碱液中，由于密度略大而与油分离，其反应如下：

$$C_6H_5OH + NaOH \longrightarrow C_6H_5ONa + H_2O$$

$$C_6H_4CH_3OH + NaOH \longrightarrow C_6H_4CH_3ONa + H_2O$$

当馏分中同时存在盐基和酚时，则盐基与酚生成分子化合物，对碱洗不利，其反应式如酸洗脱吡啶工艺原理所述。

理论上每千克粗酚需要 100% NaOH 0.4kg，实际上生产中性酚钠只需 0.36kg。

碱洗过程中得到的中性酚钠，游离碱小于 1.5%，含酚 20%～25%。

2. 中性酚钠的分解

中性酚钠经过蒸吹除油后，用酸性物中和分解。采用的酸性物有硫酸和二氧化碳气体。二氧化碳气可利用高炉煤气（含 CO 为 26%，CO_2 为 13%）、焦炉烟道废气（含 CO_2 为 10%～17%）或石灰窑气（含 CO_2 为 30%）。

（1）硫酸分解法　用质量分数为 60%～75%的硫酸分解中性酚钠的反应为：

$$2\,C_6H_5ONa + H_2SO_4 \longrightarrow 2C_6H_5OH + Na_2SO_4$$

$$2\,C_6H_4CH_3ONa + H_2SO_4 \longrightarrow 2C_6H_4CH_3OH + Na_2SO_4$$

每千克粗酚需要 100%H_2SO_4 0.6kg。该法产生的硫酸钠废液，既污染水体又损失酚。

（2）二氧化碳分解法　用二氧化碳分解中性酚钠的反应为：

$$C_6H_5ONa + CO_2 + H_2O \xrightarrow{CO_2\text{过量}} C_6H_5OH + NaHCO_3$$

$$2\,C_6H_5ONa + CO_2 + H_2O \xrightarrow{CO_2\text{不足}} 2\,C_6H_5OH + Na_2CO_3$$

生成的 $NaHCO_3$ 溶液加热到 95℃，则全部转化为 Na_2CO_3：

$$2\,NaHCO_3 \xrightarrow{95℃} Na_2CO_3 + CO_2 + H_2O$$

将 Na_2CO_3 用石灰乳苛化后得到氢氧化钠：

$$Na_2CO_3 + CaO + H_2O \longrightarrow CaCO_3 + 2\,NaOH$$

经分离除去 $CaCO_3$ 渣可回收 NaOH 溶液，再用于脱酚，从而形成氢氧化钠的闭路循环。NaOH 回收率约为 75%。

（二）工艺流程

脱酚工艺流程见图 3-1。

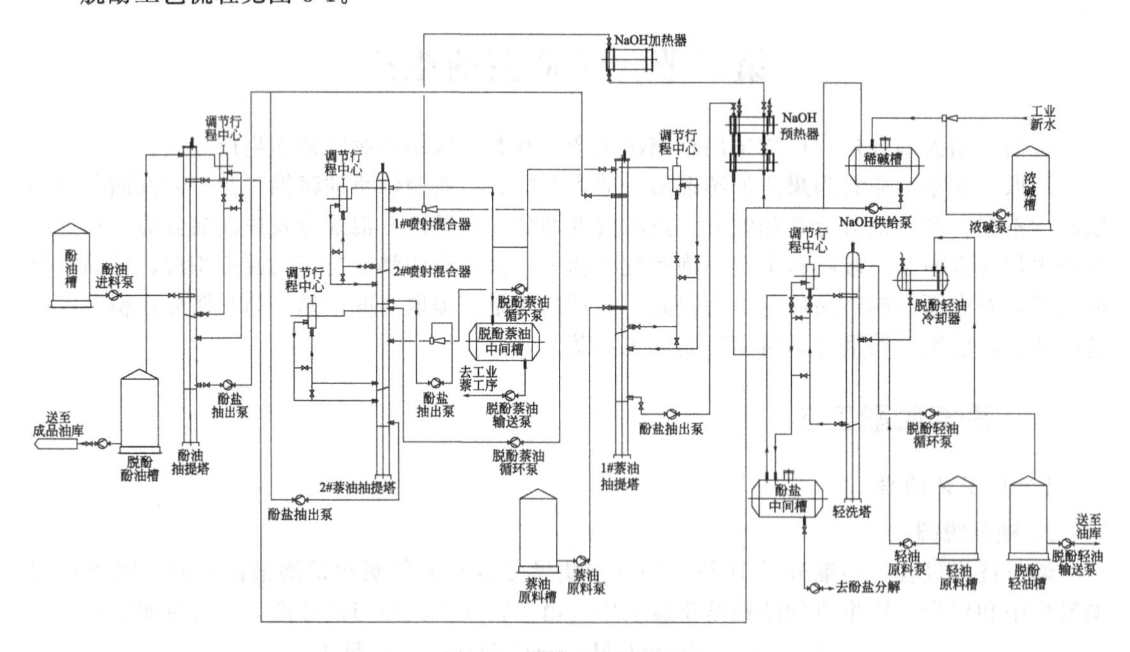

图 3-1　脱酚工艺流程图

1. 萘油抽提系统萘油的流程

（1）第一萘油抽提塔　萘油从萘油槽抽出经过萘油供给泵加压后，送入到第一萘油抽提塔的下部分散盘。

装入第一萘油抽提塔上部分散盘的是来自第二萘油抽提塔的酚盐，在塔内两液体对流接触，使萘油第1次脱酚。

从第一萘油抽提塔上部溢流出的脱酚萘油是用塔上部的液面指示调节计保持塔内一定液面而调节抽提量流入脱酚萘油循环泵的吸入侧。

(2) 第二萘油抽提塔　第二萘油抽提塔是全塔分成4室的空塔，上面二室是澄清器及酚盐接受小槽，下面二室也是澄清器及酚盐接受小槽。

从第一萘油抽提塔来的脱酚萘油经脱酚萘油循环泵升压，经过流量调节计装入喷射混合器。喷射混合器在构造上必须保持一定流量的脱酚萘油，因此从第一萘油抽提塔来的脱酚萘油加上从第二萘油抽提塔上部澄清器部分脱酚萘油使之循环。通过喷射混合器的脱酚萘油流量用流量调节计调节。

脱酚萘油在喷射混合器和从上段接受小槽供给的酚盐两液体接触混合后一起进入第二萘油抽提塔的下段澄清器，在澄清器内由于密度差两液体分离，上层为脱酚萘油，下层为酚盐。

脱酚萘油由澄清器液面调节计调节抽出流量，经脱酚萘油循环泵升压后经过流量计装入到喷射混合器。装入喷射混合器的流量与装入喷射混合器的流量大致相等，为5～7m^3/h，脱酚萘油在喷射混合器内和12%NaOH水溶液混合后，两液体一起进入上段澄清器。

在上段澄清器是由于密度差两液体分离，脱酚萘油分离在上层，从上部溢流口出来的脱酚萘油利用其压头流入脱酚萘油中间槽。

从第二萘油抽提塔的上部澄清器满流出来的脱酚萘油除一部分为保持喷射混合器的供给流量返入脱酚萘油循环泵外，其余连续流入脱酚萘油中间槽。

流入脱酚萘油中间槽的脱酚萘油用液面调节计保持槽内一定液面，调节流量、用脱酚萘油的移送泵连续抽送到附属装置槽区的脱酚萘油槽。

2. 萘油抽提系统的12%NaOH水溶液的流程

12%NaOH水溶液是从油库来的浓碱进入到浓碱槽通过浓碱泵打入到NaOH槽。通过NaOH供给泵分路供给萘油抽提系统和酚油抽提系统。

供给萘油抽提系统的12%NaOH的水溶液其流向与萘油逆向，其流程为：第二萘油抽提塔上段，第二萘油抽提塔下段，第一萘油抽提塔。

(1) 第二萘油抽提塔　12%NaOH水溶液用流量调节计对应于萘油的处理量及含酚量进行调节流量而供给。

最初在NaOH预热器里与从第一萘油抽提塔出来的酚盐热交换再经NaOH加热器加热，装入到喷射混合器。

加热器出口温度是调节蒸汽量，设定温度调节计在70～75℃。

从喷射混合器进入上段澄清器的NaOH水溶液（其中一部分与酚类反应生成酚盐）由于密度差两液分离，酚盐分离在下层。

为了维持澄清器内脱酚萘油和酚盐一定的界面，经界面调节器靠压头自流入酚盐接受小槽。

从上段酚盐接受小槽来的酚盐用液面调节计保持接受小槽一定液面，用酚盐抽出泵连续抽出装入到下段澄清器用的喷射混合器，在下段澄清器里酚盐的流向也完全相同，即在澄清器里分离在下层的酚盐经界面调节器靠压头流入下段接受小槽，再用液面调节计保持接受小槽一定液面，调节流量，用酚盐抽出泵连续抽送到第一萘油抽提塔的上部。

(2) 第一萘油抽提塔　装入第一萘油抽提塔上部分散盘的酚盐在抽提塔内靠重力下降与

从塔下部分散盘装入的萘油对流接触后分离在下层。

酚盐经界面调节器靠压头自流入酚盐接受小槽，流入接受小槽的酚盐用液面调节计保持接受小槽一定液面，调节流量，用酚盐抽出泵抽出，在 NaOH 预热器内与所装入的 12%NaOH 水溶液进行热交换后，和酚油抽提塔出来的酚盐一起装入轻洗塔或酚盐中间槽。

3. 酚油抽提系统

(1) 从焦油装置来的酚油及从萘蒸馏装置来的工业萘酚油一起装入在酚油槽，经酚油抽出泵抽出升压后，用酚油装入流量调节计按要求调节装入量，装入到酚油抽提塔的下部分散盘。

酚油在塔内和从塔上部分散盘装入的 12%NaOH 水溶液对流接触脱除酚类后得到脱酚酚油，脱酚酚油从上部溢流口靠压头流入装置内槽区的脱酚酚油槽。

(2) 12%NaOH 水溶液在 NaOH 供给泵的出口侧与去萘油抽提系统 NaOH 分路，用 NaOH 装入流量调节计平衡酚油的处理量及含酚量调节流量装入酚油抽提塔上部分散盘。

NaOH 在塔内下降过程中与酚油对流接触生成的粗制酚盐到达塔的下部，为了保持塔内脱酚酚油与酚盐一定的界面，酚盐经由界面调节器靠压头自流入接受小槽，流入接受小槽的酚盐抽出泵抽出与萘油抽提塔出来的酚盐一起装入到轻洗塔上部分散盘。

4. 轻油洗净系统

(1) 轻油从轻油槽出来用轻油供给泵升压后，经流量计平衡从焦油蒸馏装置的馏出量装入到轻洗塔（2K-7301）的下部分散盘。

从塔上部分散盘装入的从萘油抽提系统与酚油抽提系统来的酚盐在塔内与轻油对流接触，轻油就成为脱酚轻油，为了提高洗净除去酚盐部分所含有的中性油分的效果，在轻洗塔内增加脱酚轻油和酚盐的接触量，进行脱酚轻油的循环，塔上部的脱酚轻油用循环泵抽出，用流量计调节流量在 5～7m^3/h，经由脱酚轻油冷却器循环入轻油塔下部，平衡装入轻油后，脱酚轻油的增量用塔上部液面调节计保持一定液面调节排出量，从而循环连续地抽送到附属装置槽区的脱酚轻油槽。

(2) 从萘油抽提系统及酚油抽提系统来的酚盐进入塔上部分散盘，与轻油对流接触，到达塔下部，其间酚盐中所含有的中性油分被轻油洗净除去。

为了保持塔内脱酚轻油和酚盐一定的界面，酚盐经界面调节器靠压头自流入酚盐中间槽，酚盐中间槽的酚盐用液面调节计保持中间槽一定液面，调节流量，用酚盐输送泵连续输送到酚盐分解装置。

5. 酚盐分解

(1) 中性酚盐的蒸吹　酚钠蒸吹工艺流程见图 3-2。

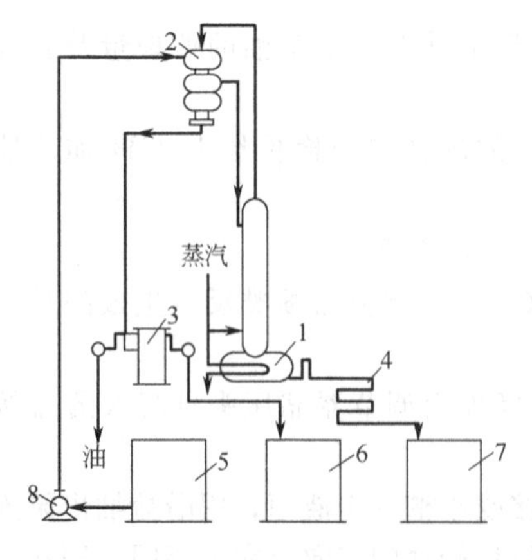

图 3-2　酚钠蒸吹工艺流程

1—酚钠蒸吹釜和蒸吹柱；2—冷凝冷却器；3—油水分离；4—酚钠冷却器；5—中性酚钠槽；6—酚水槽；7—净酚钠槽；8—油泵

中性酚钠分解前，必须吹除其中的油类杂质，使其成为净酚钠。粗酚钠于中性酚钠槽 5 内精制分离出一部分中性油后，用泵 8 送入冷凝冷却器 2 的上段，与蒸吹柱 1 顶蒸出的 103～108℃的油水混合气换热至 90～95℃后进入酚钠蒸吹柱 1 上部，用喷嘴喷淋于蒸吹柱 1 的填料上。蒸吹釜 1 内以间接蒸汽加热，同时用直接蒸汽蒸吹。直接蒸汽由釜底进入填料层，与向下流动的粗酚钠接触，将其中的油类等杂质蒸吹出来。釜内温度为105～110℃的净化酚钠经油封进入冷却器 4，冷却至 40～50℃后进入净酚钠槽 7。温度为105℃左右的水蒸气和油气经冷凝冷却和油水分离后，水排至酚水槽 6。含酚 7～12g/L 的酚水送污水处理设备处理。净化后的酚钠中的中性油含量小于 0.05%，含酚类组分 26%～28%。中性油流入放空油槽后，打入到工业萘萘油原料槽。

(2) 酚盐分解装置　国内酚盐分解采用两种流程：间歇式和连续式硫酸分解酚钠工艺流程。

① 酸法间歇操作工艺流程：净酚钠由净酚钠泵抽送到分解器，应避免产生磺化反应引起产品损失，分解采用 93%以上的浓硫酸时，硫酸自酸高位槽定量加入分解器，同时进行搅拌。酸要缓慢加入，分解过程中产生的热量，用间接冷却水移出，分解反应完成后，停止搅拌，静置分离 4～5h。下层硫酸钠废水放入硫酸钠槽，由硫酸钠泵定时送往油库酚水槽。上层粗酚放入粗酚槽，由粗酚泵送往油库储存。93%浓硫酸自油库送入浓硫酸槽及酸高位槽。

② 连续式硫酸分解酚钠工艺流程如图 3-3 所示。

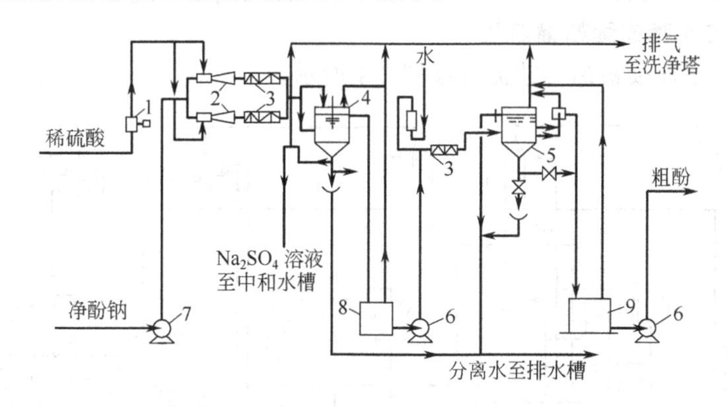

图 3-3　连续式硫酸分解酚钠工艺流程

1—稀酸泵；2—喷射混合器；3—管道混合器；4—Ⅰ号分离槽；5—Ⅱ号分离槽；6—粗酚泵；7—净酚钠泵；8—粗酚中间槽；9—粗酚储槽

将净化后的酚钠和质量分数为 60%的硫酸，按一定比例进入喷射混合器 2（控制 pH 1～2），再经管道混合器 3 自流入Ⅰ号分离槽 4，反应得到的粗酚从槽上部排出，底部排出硫酸钠溶液。将粗酚及占粗酚量 30%的水经管道混合器混合后流入Ⅱ号分离槽 5，洗去粗酚中的游离酸。含酚 0.4%～0.6%的分离水从槽上部排出，粗酚由槽底部经液位调节器排入粗酚储槽。所得粗酚含硫酸钠 10～20mg/kg。

(3) 排气洗净系统　本装置设两套排气洗净系统，分别处理油类储槽和酚类储槽的放散气。

油类储槽的放散管集中接到排气洗净塔，塔顶用洗油喷洒，洗油由洗油循环泵送入塔顶喷洒，循环使用，废洗油定期送至油库的焦油槽，并补充新洗油。

酚类储槽及洗涤器、分解器的放散管，均接到排气洗净塔，以 12%的氢氧化钠溶液洗净后排放，减少污染。

6. 脱酚系统操作事项

① 开启各抽提塔的采样阀，抽液检查确认油和酚盐界面层情况。

② 定期、定点采取原料油及中间产品试样，供分析使用。

③ 根据各自的分析结果，适当调节各自所供给的 12%NOH 水溶液。

（1）AMO萘油抽提系统

$$\text{NaOH 装入量}=\frac{\text{AMO 装入量}(m^3/h)\times 0.4\times \text{含酚浓度}(\%)}{\text{NaOH 浓度}(\%)}$$

（2）ACO酚油抽提系统系统

$$\text{NaOH 装入量}=\frac{\text{ACO 装入量}(m^3/h)\times 0.4\times \text{含酚浓度}(\%)}{\text{NaOH 浓度}(\%)}$$

二、工业萘蒸馏

在焦油加工较大的装置中，工业萘生产均采用管式炉加热的连续精馏工艺流程。管式炉加热的连续精馏流程又可分为双炉双塔连续精馏、单炉单塔连续精馏流程和单炉双塔加压连续精馏流程。

在工业萘生产中，萘的精制率是衡量工业萘生产工艺、装备和操作水平的重要指标之一，其定义为：

萘的精制率(%)＝工业萘的质量/原料中萘的质量×100%

1. 双炉双塔工业萘连续精馏流程

双炉双塔工业萘连续精馏工艺流程如图3-4所示。

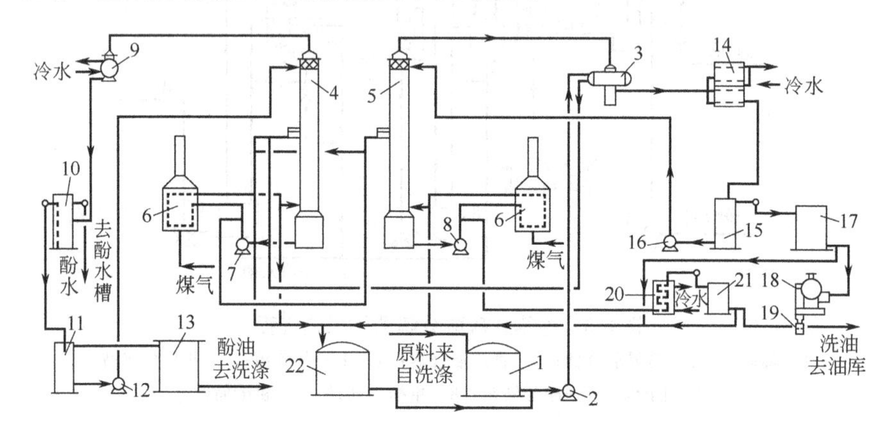

图3-4 双炉双塔工业萘连续精馏工艺流程

1—原料槽；2—原料泵；3—原料与工业萘换热器；4—初馏塔；5—精馏塔；6—管式炉；7—初馏塔热油循环泵；8—精馏塔热油循环泵；9—酚油冷凝冷却器；10—油水分离器；11—酚油回流槽；12—酚油回流泵；13—酚油槽；14—工业萘汽化冷凝冷却器；15—工业萘回流槽；16—工业萘回流泵；17—工业萘储槽；18—转鼓结晶机；19—工业萘装袋自动称量装置；20—洗油冷却器；21—洗油计量槽；22—中间槽

原料是由脱酚装置来的脱酚萘油，用原料泵2送至工业萘换热器3，与从精馏塔5顶部来的萘蒸气进行热交换使温度升至200℃左右，进入初馏塔4。在初馏塔4中，原料经过分馏，其中所含的酚油以气态从初馏塔顶部逸出，进入酚油冷凝冷却器9被水冷凝冷却后，再进入酚油油水分离器10。冷凝液中的分离水从分离器上部排入酚水槽，以待脱酚。冷凝液中的酚油则从分离器下部经倒U形管流入酚油回流槽11，由回流泵12抽出，打入初馏塔4的顶部，作为回流液，其余酚油从回流槽11上部满流入酚油槽13，送洗涤回收加工。

脱出酚油后的液体流入初馏塔底储槽，由循环油泵7抽出，一部分打入初馏塔管式炉6，被加热且部分汽化后，再回到初馏塔下部，作为初馏塔的热源；另一部分则作为精馏塔进料打入精馏塔5中部。

精馏塔5中的进料经过分馏，其中的萘以气态从精馏塔顶部逸出，经换热器3进行热交换后，再入工业萘冷凝冷却器14被水冷却至100～110℃，以液态进入工业萘回流槽15，部分工业萘由回流槽底被工业萘回流泵16抽出，打入萘精馏塔5的顶部，作为回流；其余工业萘从回流槽15上部满流入工业萘储槽17，再放入转鼓结晶机18，便得到含萘95%的工业萘。

流入精馏塔底储槽的残油被精馏塔热油循环泵8抽出，一部分打入精馏塔管式炉6，被燃料加热且部分汽化后，又回入精馏塔下部，作为精馏的热源。另一部分残油则打入洗油冷却器20，被水冷却后的洗油放入油库。

尽管都是双炉双塔工业萘连续精馏流程，采用的原料不同，上述各加热与冷却的某些温度指标是不同的。双炉双塔工业萘生产操作指标见表3-7。

表3-7　双炉双塔工业萘生产操作指标

项　　目	已洗酚萘洗混合分	已洗萘洗混合分	已洗萘油馏分
原料含萘量/%	48～52	60～65	>70
原料槽油温/℃	70～95	70～95	70～95
原料预热或换热温度/℃	212	199	203
管式炉油出口温度/℃			
初馏	269	275	253
精馏	301	289	274
塔顶温度/℃			
初馏	185	194	188
精馏	221	219	220
塔底温度/℃			
初馏	250	248	237
精馏	280	268	258
冷凝冷却器出口温度/℃			
酚油	90	85	60～70
工业萘	100	104	100～110
回流比(对产品)			
初馏	15	30	20
精馏	2	3	3.5
热油循环比(对原料)			
初馏	18～28	26～40	15～22
精馏	18～28	26～40	15～22

为了稳定管式炉的操作和工业萘的质量，还须注意以下几点。

① 进料量要均匀稳定。

② 原料水分稳定并小于0.5%（为了减少水分，操作中尽量避免停泵换槽）。

③ 精馏塔残液应连续排放，排放量一般为原料量中洗油部分的含量（保证物料平衡，维持塔底液面稳定）。

④ 严格控制初馏塔温度。若塔顶、塔底温度偏低，则酚油切割不尽，影响精馏塔操作，若塔顶、塔底温度偏高，则酚油中含萘量增加，既降低了萘的精制率，又容易堵塞酚油管道，一般按初馏塔切割的酚油含萘量应小于10%。

⑤ 严格控制精馏塔温度。从塔顶切割工业萘中萘含量应大于95%，从塔底侧线切割而得低萘洗油中含萘量应小于5%，从塔底排出的残油含萘量应小于2%。

该流程具有以下特点：从初馏塔切取酚油，从精馏塔切取含萘 95%的工业萘及低萘洗油，萘的精制率达 90%以上，热效率高，操作费用和生产成本较低，而且操作稳定。

2. 单炉单塔生产工业萘精馏流程

生产工业萘的单炉单塔生产工业萘精馏流程如图 3-5 所示。该流程中只有一台管式炉，一座精馏塔，从塔顶馏出酚油，从精馏侧线采取工业萘，从热油循环泵压出管采出洗油。

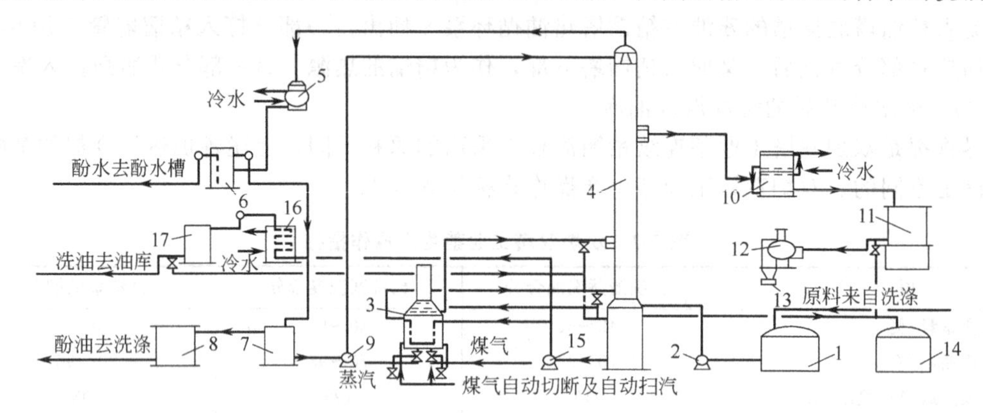

图 3-5　单炉单塔生产工业萘精馏流程

1—原料槽；2—原料泵；3—管式炉；4—工业萘精馏塔；5—馏分冷凝冷却器；6—油水分离器；7—酚油回流槽；8—酚油槽；9—酚油回流泵；10—工业萘汽化冷凝冷却器；11—工业萘储槽；12—转鼓结晶机；13—工业萘装袋自动称量装置；14—中间槽；15—热油循环泵；16—洗油冷却器；17—洗油计量槽

混合分在原料槽 1 中间接加热，静置脱水脱盐后，用原料泵 2 抽出送入管式炉 3 的对流段炉管中预热，进入精馏塔 4。塔顶逸出的酚油气经酚油冷凝冷却器 5 冷凝冷却后进入油水分离器 6，与水分离后的酚油进入回流槽 7，由此，一部分酚油从回流槽底部用酚油回流泵 9 送塔顶回流，其余部分采出，定期送往洗涤工段。

从油水分离器 6 的底部间歇排出少量的酚油和水至酚油槽 8，酚油槽中积累的油水混合物用倒油泵倒入洗涤器脱水后，既得酚油，再将其与煤焦油蒸馏所得的酚油混合脱酚，脱酚后的净酚油送往油库酚油成品槽。

塔底的洗油用热油循环泵 15 抽出，经管式炉 3 的辐射段炉管加热后返回塔底，供给精馏塔热量。从热油循环泵 15 的出口分出一部分洗油，经冷却器 16 冷却后通过计量槽 17 流入洗油油库。成品洗油含萘量应小于 10%，供粗苯工段中煤气洗苯用。

从萘精馏塔 4 的侧线采出含萘大于 95%的液体工业萘，经汽化冷凝冷却器 10 冷却后，流入工业萘储槽 11，再经转鼓结晶机 12 冷却结晶，或直接加工。

单炉单塔生产工业萘时操作指标见表 3-8。

表 3-8　单炉单塔工业萘生产操作指标

项　　目	已洗酚萘洗混合分	已洗萘洗混合分	已洗萘油馏分
原料含萘量/%	48～52	60～65	＞70
原料槽油温/℃	70～95	70～95	70～95
原料预热或换热温度/℃		250～260	190～200
管式炉油出口温度/℃	303(辐)	310～315(辐)	280(辐)
	255(对)	230～240(对)	245～250(对)

续表

项 目	已洗酚萘洗混合分	已洗萘洗混合分	已洗萘油馏分
塔顶温度/℃	195	194～198	210～220
塔底温度/℃	281	272～278	260～270
工业萘侧线采出温度/℃	222	219	220～230
冷凝冷却器出口温度/℃			
酚油	79	82	68～70
工业萘	114	110	85～95
回流比(对产品)			
精馏	5	3～5	2.4
热油循环比(对原料)	23～32	18～46	21～45

除了以上操作指标外，还须控制如下几点。

① 在精馏塔操作中应将温度控制在197～201℃，使塔顶采出的酚油中含萘量保持在26%～30%。若塔顶温度过低，则酚油含萘量可降至26%以下，这样有可能导致工业萘质量不合格；若塔顶温度过高，则酚油含萘量将有可能上升，这样有可能使工业萘的产量有所下降。塔顶温度可用酚油的回流量来进行调节。

② 在精馏塔操作中，应将塔底温度控制在268～272℃，使塔底采出的洗油中含萘量保持在3%～8%。若塔底温度过低，则洗油含萘将大幅上升；若塔底温度过高则工业萘质量也会不合格，塔底温度可用控制循环油槽的液面高度来进行调节。

③ 单塔生产时，因是同时连续地采出酚油、工业萘和洗油三种产品，因此，按原料组成中各产品的含量比例采出，以稳定生产，保持萘塔操作的稳定和较高的萘精制率。

④ 精馏塔在稳定状态下，塔顶、塔底和侧线各处温度波动范围不大，由塔底至塔顶70层浮阀塔盘的温度降为75～78℃，即每块塔盘的温度降平均在1℃左右，塔底或塔顶的温度波动会影响全塔温度梯度的变化。因此，在操作中调节单一因素要考虑全塔温度的影响，切勿单项大幅度调节，而应精心细调，仔细观察全塔的变化情况。

该工艺流程的特点是采用萘油或混合分为原料，在设有管式炉的精馏塔设备系统中进行精馏，从精馏塔中切取酚油、含萘95%的工业萘和低萘洗油。它与双炉双塔工艺相比，简化了流程，降低了动力消耗，减少了设备，但操作稳定性略差一些，同时操作控制的难度较大。

3. 单炉双塔加压连续精馏

以萘油为原料的单炉双塔加压连续精馏工艺流程如图3-6所示。

脱酚后的萘油经换热后进入初馏塔1。由塔顶逸出的酚油气经第一凝缩器5，将热量传递给锅炉给水使其产生蒸汽。冷凝液再经第二凝缩器6而进入回流槽2。在此，大部分作为回流返回初馏塔1的塔顶，少部分经冷却后作脱酚的原料。初馏塔1底部液体被分成两路，一部分用泵送入萘塔12，另一部分用循环油泵11送入再沸器8，与萘塔12顶部逸出的蒸气换热后返回初馏塔1，以供初馏塔1热量。为了利用萘塔12顶部萘蒸气的热量，萘塔12采用加压操作。压力是靠调节阀自动调节加入系统内的氮气量和向系统外排出的气量而实现的。从萘塔12顶部逸出的萘蒸气经初馏塔再沸器8，冷凝后入萘塔回流槽17。在此，一部分送到萘塔顶作回流，另一部分送入第二换热器4和冷却器冷却后作为产品排入储槽。回流槽17的未凝气体排入排汽冷却器16冷却后，用压力调节阀减压至接近大气压，再经安全阀

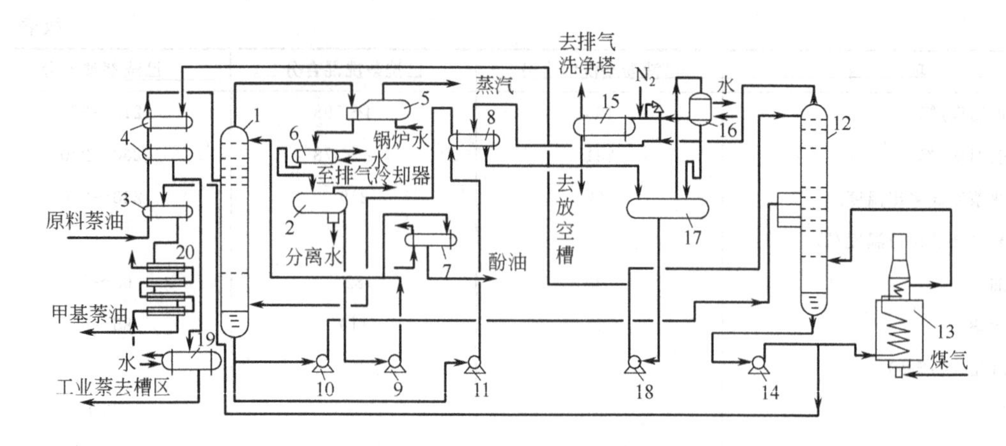

图 3-6 单炉双塔加压连续精馏工艺流程

1—初馏塔；2—初馏塔回流液槽；3—第一换热器；4—第二换热器；5—初馏塔第一凝缩器；6—初馏塔第二凝缩器；7—冷凝器；8—再沸器；9—初流塔回流泵；10—初馏塔底抽出泵；11—初馏塔再沸器循环泵；12—萘塔；13—加热炉；14—萘塔底液抽出泵；15—安全阀喷出气凝缩器；16—萘塔排气冷却器；17—萘塔回流液槽；18—萘塔回流泵；19—工业萘冷却器；20—甲基萘油冷却器

喷出气凝缩器 15 而进入排汽洗净塔。在排气冷却器冷凝的萘液流入回流槽，萘塔底的甲基萘油，一部分与初馏原料换热，再经冷却排入储槽；另外大部分通过加热炉加热后返回萘塔，供给精馏塔所必须的热量。

该工艺操作指标见表 3-9。

表 3-9 单炉双塔加压连续精馏制工业萘工艺操作指标

初馏系统		精馏系统	
第一换热器萘油温度/℃	125	萘塔顶部表压/Pa	225
第二换热器萘油温度/℃	190	萘塔顶温度/℃	276
初馏塔顶温度/℃	198	第二换热器工业萘温度/℃	193
初馏塔再沸器出口温度/℃	255	冷却器出口工业萘温度/ ℃	90
第一凝缩器酚油温度/℃	169	加热炉出口温度/℃	301
第二凝缩器酚油温度/℃	130	循环冷却水温度/℃	80

注：釜内压力为表压，所列表压及温度指标，适用于中国东部地区。若在大气压力低的地区，则需修正。

对于不同的原料，萘精制率略有不同，采用萘油馏分时，萘精制率可达 97%以上，采用萘洗二混馏分的萘精制率为 96%～97%，以酚萘洗三混馏分为原料时，一般为 94%～95%。同理，采用不同的原料及不同的工艺流程，单位工业萘的能耗、占地面积、投资等也不相同。

三、主要设备结构及操作

1. 生产工业萘的主要设备

(1) 精馏塔 连续精馏的工业萘初馏和精馏塔一般采用浮阀塔，塔板数为 50～70 层，塔径按处理量的大小一般为 800～1200mm。塔体和塔板材质为碳钢，浮阀为不锈钢。塔底循环油进口设缓冲板，防止对塔壁直接冲刷。

有的化工厂也采用了结构简单的填料塔，其高为22870mm，直径为1400mm，填料是25mm×25mm×3mm的C瓷圈，在塔内分五段填装，每段均有液体再分布装置。若采用内回流的方式，则冷凝冷却器在塔顶，并配有回流分配器。

(2) 冷凝冷却器　冷凝冷却器是一个列管式换热器，生产时冷却水走管内，酚油蒸气从器顶进入管间，换热达到规定的温度指标，从器底呈液态流出。冷却水从底进入，由冷凝冷却器上部流出，出口温度由所用冷却水水质（防止结垢）确定，一般≤45℃。

(3) 转鼓结晶机　其结构示意如图3-7所示。

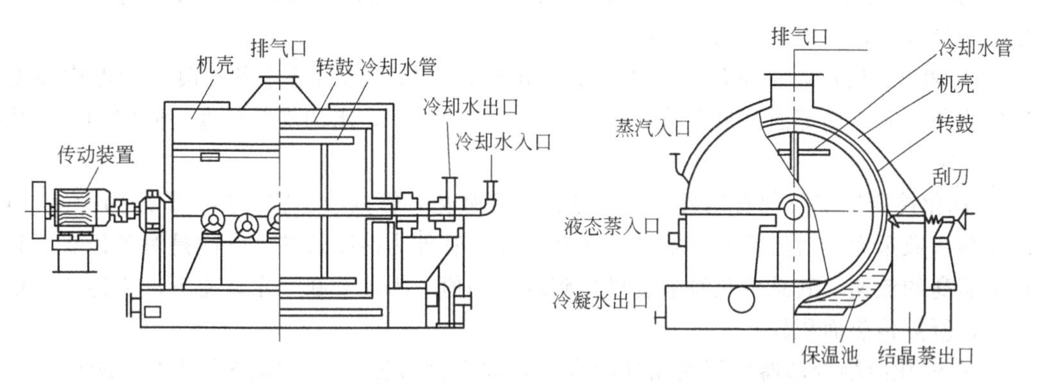

图3-7　转鼓结晶机结构示意图

转鼓结晶机是将熔融状态萘连续冷却成固态散状萘的机器。转鼓结晶机由机壳、保温池、转鼓、刮刀、冷却水管和传动装置组成。刮刀材料为铸铝青铜合金（以防摩擦产生火花）。钢转鼓应在鼓面上镀硬质铬。转鼓空心轴内装有冷却水管，并与装在鼓内顶部且与鼓面平行的数根喷水管连接。冷却水喷向转鼓内壁的上部以冷却鼓壁。

将合格的液态工业萘放入通间接蒸汽的保温池内，转鼓下表面浸入液态萘中，随着转鼓的转动，萘被鼓内的水冷却而结晶，附着在转鼓的外壁上，凝固在转鼓面上的物料由刮刀成片状刮下漏入漏斗。刮刀通过弹簧由手轮压紧。为改善萘升华损失及操作环境，当连续放入热料时，可停止供蒸汽或少供蒸汽。

转鼓的转速可由三组皮带轮更换选用，分别为5r/min、10r/min、15r/min。

转鼓结晶机有直径1200mm、长1200mm、生产能力为1.2～1.6t/h及直径800mm、长800mm、生产能力为0.5t/h两种型号。

(4) 工业萘汽化冷凝冷却器　汽化冷凝冷却器由上、下两部分直立冷凝冷却器组成。下部用于萘蒸气的冷凝和冷却；上部用于水蒸气的冷凝和冷却。上、下两部分间由管路连接，作为水蒸气上升、冷凝器下降的通道。其结构如图3-8所示。

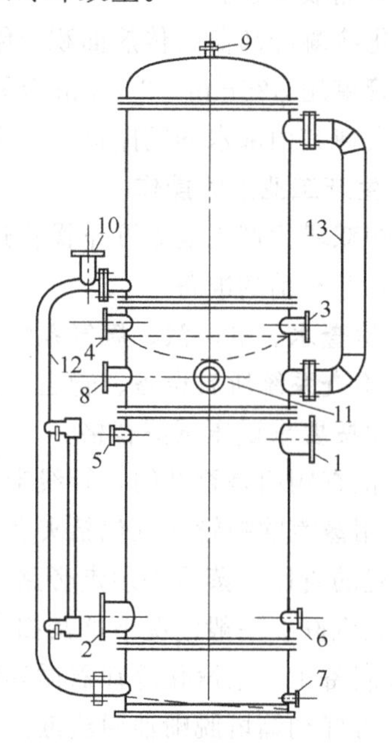

图3-8　工业萘汽化冷凝冷却器

1—萘蒸气入口；2—液萘出口；3—冷却水入口；4—冷凝水出口；5，9—放气口；6—蒸汽清扫口；7—放空口；8—安全阀接口；10—放散口；11—补充水入口；12，13—外部导管

经换热器冷却后的工业萘蒸气和液体混合物，由管口1进入下部列管管间，冷凝并冷却至100～105℃的液体工业萘由底部的管口2排出。在下部

列管中存有约2/3（管高）的水作为冷却介质，管间工业萘蒸气和热液体的混合物放出热量，得以冷凝冷却。管内的水受热而汽化。所产生的水蒸气由外部导管13上升进入汽化冷凝冷却器上部的管间冷凝和冷却后经外部导管自动流回设备下部。这样，水在下部被加热汽化，在上部被冷凝冷却，构成了水与蒸汽的闭路循环。冷却水从管口3进入，从管口4流出。

上述汽化-冷凝循环法采用去离子水或软化水使工业萘冷凝冷却，有如下优点。

① 水的汽化潜热远远大于其比热容。因此，吸收工业萘冷凝冷却所放出的热量，所需汽化的水量较少，因而循环的水量就少。

② 如表3-6所示，工业萘的结晶温度不低于77.5℃。这就要求其冷凝冷却器内温度分布比较均匀，防止局部温度过低造成堵塞。在一定压力下，水的沸腾温度是固定的，恰能满足这一要求。

③ 汽化冷凝冷却下部管内外的传热过程得到强化，管内为沸腾传热，管外为冷凝传热，其总传热系数远大于对流传热系数；而在其上部，管外为冷凝传热，管内是对流传热，只要保证足够高的流速，其总传热系数也可达到较高的值。因此，在一定温差下，为传递一定量的热量，所需传热面积较小。

④ 在汽化冷凝冷却器中闭路循环的水，基本上没有损失，不需经常补充，所用的水是去离子水或软化水，不会产生水垢；在上部管内流过的冷却水，只要按其水质情况控制其出口温度，也可减轻水垢造成的危害（如热阻增大、垢下腐蚀、堵塞等）。

⑤ 处在汽化-冷凝闭路循环的水，完全靠自身重量变化实现循环，无需外加动力等。

如上所述，为实现汽化冷凝冷却器上部冷却水在较高流速下流过管内，在顶盖内用隔板将管程分隔成4程。

汽化冷凝冷却器的传热面积及结构尺寸，随工业萘装置的规模（热负荷）大小而异，其中列管管束用ϕ25mm×2.5mm金属管构成。

为实现其内部水的闭路循环，下部外壳及外部导管13均应保温。

2. 生产工业萘的操作

双炉双塔生产工业萘开车操作过程如下。

（1）开车前的准备

① 检查水、电、汽、煤气系统是否符合开车的条件和要求。

② 检查系统所属设备、管道、仪表、安全设备是否齐全完好，对停车检修设备、管道、阀门必须按要求试压试漏合格。

③ 检查阀门是否开闭，管线走向是否正确。

④ 用蒸汽吹扫管线（包括夹套，伴管），保证畅通，无泄漏。扫汽时要注意窥镜和流量检查装置的管路，蒸汽必须走旁路；凡需过泵扫汽的管路，过泵时间不宜过长，扫通后应立即关闭蒸汽阀；一般情况下严禁扫汽入塔。

⑤ 制备工业萘汽化冷却器循环软水，并保持一定水温。

⑥ 备好初馏塔脱酚油回流液。

⑦ 做好前后工序联系工作，平衡好原料的来源、供应及产品的储存、输送工作。

⑧ 生产用原料油加热至规定温度取样分析。

（2）开车操作

① 通知泵工用热油泵装塔，塔底液面比正常操作液面高300mm，然后两塔进行热油

循环。

② 通知并协助炉工点火升温。塔顶有油气后，关闭放散小阀门。冷凝冷却器要适时适量供水。

③ 初馏塔顶温度升至 190℃时，开始打回流。精馏塔顶温度升至 210℃时，开始打回流。

④ 调节炉温，使两塔顶回流量增加到规定的范围内，单塔进行运转的时间一般情况下，要保证使产品接近或达到合格。

⑤ 初馏塔底液面高度低于操作液面下限时，初馏塔进料。

⑥ 精馏塔底液面低于下限，初馏塔底温度达 245℃时，精馏塔进料。

⑦ 精馏塔液面高度高于正常操作液面，温度高于 275℃时，开始排残油。

⑧ 有关仪表在适当的时候投入运转。

⑨ 根据取样分析结果，按照技术指标的要求，调整各部分操作，使生产操作正常稳定。

⑩ 正常操作过程中，经常检查冷凝冷却器的温度，及时调节供水量。发现仪表有问题，及时与仪表工联系修理。操作状况如需改变，事先与有关岗位联系。

双炉双塔生产工业萘停车操作过程如下。

(1) 正常停车

① 通知泵工停原料泵，通知炉工降温灭火。

② 工业萘不合格时，及时通入原料槽。

③ 逐步减少塔顶回流，停止精馏塔进料。

④ 残油不合格时，及时通入原料槽，一般是先停进料后停排残油。

⑤ 逐渐减少冷凝冷却器的给水量。

⑥ 初馏塔顶温度降至 150℃，精馏塔顶温度降至 200℃时，停两塔回流。当塔底温度降至 200℃时，打开塔顶放散小门。

⑦ 停两塔热油循环泵。把初馏塔底油经 3 号热油泵倒入原料槽。精馏塔底的油（含萘量不高）存于塔中。

⑧ 各冷凝冷却器停止供水，油要放空。各工艺管道，用蒸汽清扫畅通。各夹套管、伴热管停止供蒸汽。

⑨ 停工过程中，自动调节仪表要改为手动，停工后仪表停空气、停电。

⑩ 各设备要处于停工状态。

(2) 紧急停车，暂时停车

① 紧急停车。停电或加热炉炉管泄漏，或设备严重泄漏，管式炉应立即熄灭，用蒸汽清扫初馏塔、精馏炉炉管（扫气要密切观察管路压力缓慢递增），其他按正常停车处理。

② 系统停水、停汽、停煤气可作暂时停车，待恢复供汽、供水、供煤气后再复原，操作按正常停、开车程序进行。

双炉双塔生产工业萘正常操作过程如下。

① 按照操作技术规程控制好温度、压力、流量、液位等指标；

② 保证系统物料平衡，操作要维持稳定；

③ 每小时进行一次工业萘流样测定（结晶点）；

④ 每小时按规定做好各岗位的原始记录。

双炉双塔工业萘生产过程中不正常现象及其处理方法如表 3-10 所示。

表 3-10 双炉双塔工业萘生产过程中不正常现象及其处理方法

故障现象		故障产生的原因	处理措施
初馏精馏系统	塔温升高	① 突然停水； ② 原料供给不足	① 降低炉温，加大回流量。使塔顶无馏出后停回流泵，清扫回流管路，供水恢复后系统还原； ② 原料供给量加大
	塔液泛	进料量太大	适当降温，增大回流量，减少处理量，液泛消除后，根据产品质量按工艺标准重新调整控制指标
	塔压升高	① 加热系统供热过多； ② 回流带水或原料水分增加； ③ 供水系统水不足； ④ 冷凝器或相关管路，放散堵塞	① 加热系统适当降温； ② 及时脱水； ③ 降负荷处理； ④ 及时清理疏通，若情况严重做暂时停车处理
管式炉操作系统	炉温突变	突然停电停水	打开烟囱翻版，向炉膛通入消火蒸汽降温，并对炉管清扫
	炉膛内火大，油流量变小	油管漏油	迅速关闭煤气阀熄火，用蒸汽清扫炉膛，避免事态扩大
	炉温突然升高	① 热油循环泵出现故障； ② 仪表失灵； ③ 泵用电动机断电	① 换备用泵，及时修复，备用泵也无法使用时，紧急停车，不得延误； ② 检查原因及时处理； ③ 重新送电

Chapter 04

第四章

粗酚的精制

酚类化合物是指芳香烃中苯环上的氢原子被羟基取代所生成的化合物，根据其分子所含的羟基数目可分为一元酚和多元酚。最简单的酚为苯酚。

粗酚是煤焦油中提取的主要产品之一，在焦油中的含量为1%～2%，是加工苯酚、邻甲酚、间甲酚等产品的原料。

第一节　酚类化合物的性质和分布

煤焦油中所含酚类的组成相当复杂，根据沸点不同，可将其分为低级酚和高级酚。低级酚指苯酚、甲酚、二甲酚，高级酚指三甲酚、乙基酚、丙基酚、丁基酚、苯二酚、萘酚、菲酚及蒽酚等。高级酚含量低，组成复杂，很难提取分离。也可按能否与水共沸并和水蒸气一起挥发而分为挥发酚和不挥发酚。苯酚、甲酚和二甲酚均属挥发酚，二元酚和多元酚属不挥发酚。

酚类化合物都具有特殊的芳香气味，均呈弱酸性，在环境中易被氧化。酚类与水部分互溶，其溶解度随温度升高而增大，随分子量增大而减小。酚类具有臭味，有毒，对皮肤有强烈腐蚀作用。

苯酚又名石炭酸，是重要的基本有机化工原料。主要用于生产酚醛树脂、己内酰胺、双酚A、己二酸、烷基酚、苯胺、环氧树脂、聚碳酸酯、聚砜等，也可作为生产农药、医药、有机化工中间体和精细化学品等的原料。

邻甲酚用于生产农药除草剂二甲四氯、塑料加工的增塑剂、黏胶纤维的增塑剂和防腐剂等，还可用于生产树脂、抗氧剂、阻聚剂等。

间甲酚是合成农药、染料、橡胶塑料抗氧剂、医药感光材料、维生素E及香料等产品的重要精细化工中间体。

部分酚类化合物的理化性质见表4-1。

表 4-1 酚类化合物的理化性质

化合物	分子量	相对密度	沸点/℃	熔点/℃	外观
苯酚	94.11	1.0708(25℃)	182.2	40.8	针状晶体
邻甲酚	108.14	1.0465(20℃)	191.0	32.0	晶体
间甲酚	108.14	1.0338	202.7	10.8	液体
对甲酚	108.14	1.0341	202.5	36.5	菱形晶体
2,6-二甲酚	122.17	—	201.0	45.0	针状晶体
2,4-二甲酚	122.17	1.0276(14℃)	211.0	26.0	针状晶体
2,5-二甲酚	122.17	1.1690(15℃)	211.2	75.0	针状晶体
3,4-二甲酚	122.17	1.0230(17℃)	227.0	65.0	针状晶体

焦油酚类化合物与水部分互溶，其在焦油和氨水之间的分布，在很大程度上取决于冷凝的工艺条件和氨水生成量。一般有13%～37%转入氨水中，其余转入焦油中。低沸点酚易溶于水，所以从氨水中提取的酚类化合物中低沸点酚占80%以上，一般用萃取法回收。

以鞍钢化工总厂为例，酚类化合物在煤焦油各馏分中的分布见表4-2。

表 4-2 酚类化合物在煤焦油各馏分中的分布

馏分名称	馏分产率(对无水焦油)/%	含酚量/%		
		占馏分量	占焦油量	占焦油中酚量
轻油	0.42	2.5	0.011	0.85
酚油	1.84	23.7	0.436	35.1
萘油	16.23	2.9	0.479	38.6
洗油	6.7	2.4	0.161	13.0
一蒽油	22.0	0.6	0.141	11.3
二蒽油	3.23	0.4	0.013	1.04
合计	50.42	32.5	1.24	100

由表4-2中数据可见，酚类化合物主要存在于酚油、萘油和洗油馏分中。酚油馏分主要含有苯酚和甲酚，萘油馏分主要含有甲酚和二甲酚，洗油馏分中高沸点酚占一半以上，一蒽油中主要是高沸点酚。根据馏分产率和低沸点酚含量，采取从酚油、萘油和洗油馏分中提取酚类化合物。

第二节　酚类化合物的提取

酚类均具有弱酸性，其酸性随分子量增大而降低，故能与碱反应生成盐，且能被碳酸和其他强酸所分解。提取酚类化合物的工艺原理见第三章第二节中洗涤脱酚工艺的工艺原理。

一、工艺流程

如上所述，为从馏分中回收酚类化合物，可采用碱洗的方法。但在所处理的馏分中还含有吡啶碱类物质，从中回收碱类物质的有效方法是采用硫酸洗涤。因此，在实际生产中常将碱洗脱酚与硫酸洗涤脱除吡啶碱类物质串联起来。特别是碱性的吡啶与酸性的酚可形成缔合物，若将碱洗与酸洗串联起来，对酚类和吡啶碱类的脱除回收均有好处。下面介绍的两种工艺流程就是包括碱洗和酸洗的流程。

1. 碱洗脱酚流程

(1) 泵前混合式连续洗涤工艺流程 由于煤焦油馏分中酚含量一般高于盐基含量，所以采用先碱洗脱酚再酸洗脱盐基的工艺，其流程如图 4-1 所示。下面以酚萘洗混合馏分的连续洗涤为例说明。

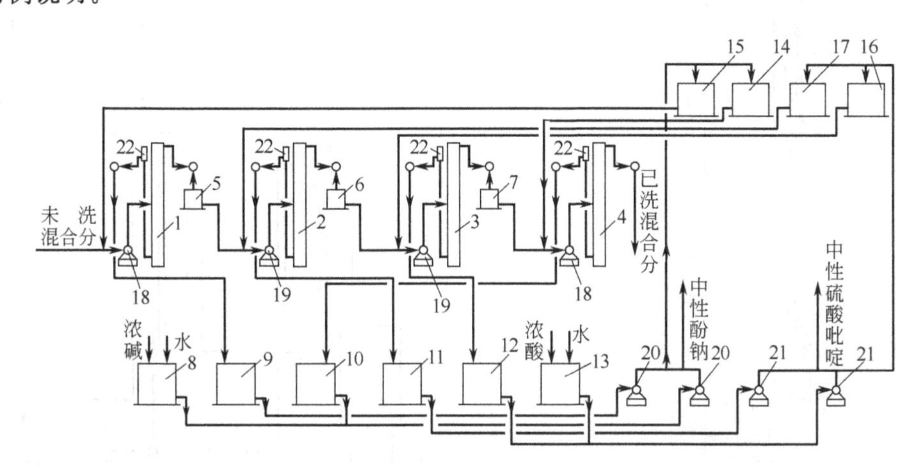

图 4-1 泵前混合式连续洗涤工艺流程

1——一次脱酚分离器；2——一次脱盐基分离器；3—二次脱盐基分离器；4—二次脱酚分离器；5——一次脱酚缓冲槽；6——一次脱盐基缓冲槽；7—二次脱盐基缓冲槽；8—稀碱槽；9—中性酚钠槽；10—碱性酚盐槽；11—中性硫酸吡啶槽；12—酸性硫酸吡啶槽；13—稀酸槽；14—稀碱高位槽；15—碱性酚钠高位槽；16—稀酸高位槽；17—酸性硫酸盐基高位槽；18—连洗用碱泵；19—连洗用酸泵；20—碱泵；21—酸泵；22—液面调节器

首先将含酚 6%～8%、含吡啶碱 3%～4%、温度为 75～78℃的混合馏分与含游离碱 6%～8%的碱性酚盐在泵 18 前管道内混合，经泵搅拌后打入一次脱酚分离器 1（连续塔），将酚脱至 3%左右的油分与生成的中性酚钠澄清分离。中性酚盐由分离器 1 底部排出，经液位调节器流入接受槽 9。

自一次脱酚分离器 1 顶部排出的混合分经缓冲槽 5 再与自酸性硫酸盐基高位槽 17 过来的含游离酸 5%～6%的酸性硫酸吡啶于泵前管道内混合，经泵搅拌后打入一次脱盐基分离器 2，将油分内吡啶碱含量脱至 2%。所生成的中性硫酸吡啶由分离器底部排出，经液位调节器流入接受槽 11。

自一次酸洗分离器 2 顶部出来的混合分，经缓冲槽 6 与自稀酸高位槽 16 过来的浓度为 15%～17%的稀硫酸在二次酸洗泵前混合，经泵搅拌后打入二次脱盐基分离器 3，将吡啶碱脱至低于 1%，生成的酸性硫酸吡啶由分离器底部排出，经液位调节器流入接受槽 12。

二次酸洗后的混合分最后用自高位槽 14 下来的新鲜稀碱液进行二次碱洗，将混合分含酚量脱至 0.5%以下。生成的碱性酚钠由分离器底部经液位调节器排至接受槽 10，已洗混合分由分离器顶部排出，作为生产工业萘的原料。

物料在每一分离器内的反应油类澄清时间不低于 3.5h，反应温度一般为 80～85℃。连洗塔一般是空塔，是一个中空的直立圆桶形设备，高 9500mm，直径依处理能力而定。脱吡啶设备内壁有两层辉绿岩铸石的耐酸内衬，油与试剂的混合物由设于塔中部的入口管进入塔内，并由喷头喷出后，在塔内进行反应并澄清分离。

这种连续洗涤装置，也可用于萘油、洗油的洗涤，但入塔油温有所不同。

连洗塔结构示意如图 4-2 所示。

(2) 对喷式连续洗涤工艺流程　对喷式连续洗涤工艺流程（以萘油为原料）如图 4-3 所示。

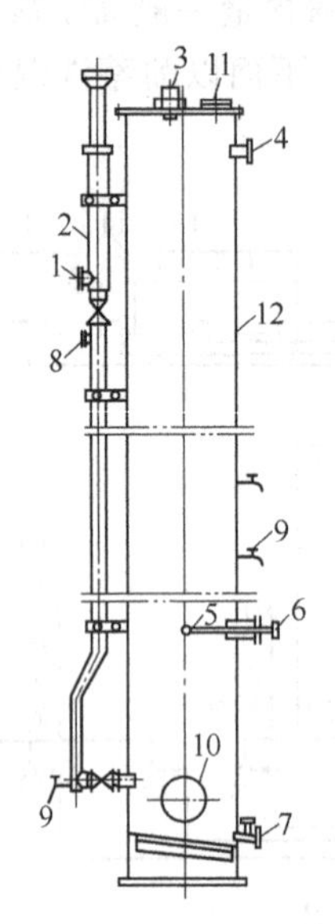

图 4-2　连洗塔结构示意图

1—盐类出口；2—液面调节器；3—放散管；
4—洗后油分出口；5—混合后油及试剂的喷头；
6—混合后油及试剂的入口；7—防空管；
8—扫汽管；9—取样管；10—人孔；
11—检查孔；12—塔体

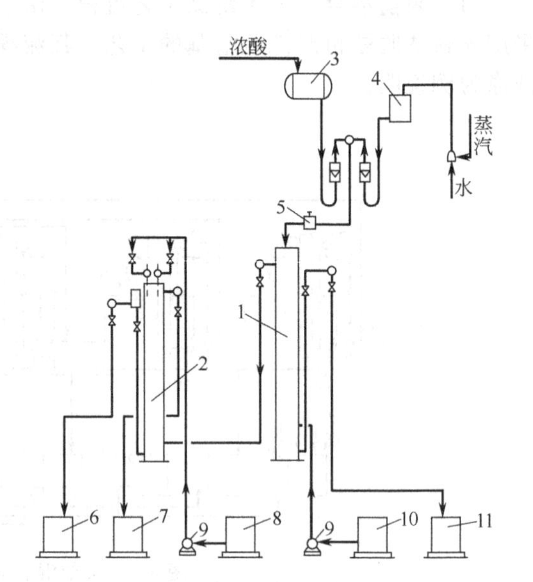

图 4-3　对喷式连续洗涤工艺流程

1—脱盐基塔；2—脱酚塔；3—浓酸高位槽；
4—水高位槽；5—混合器；6—中性酚钠槽；
7—净萘油槽；8—碱（或碱性）酚钠槽；
9—泵；10—原料萘油槽；
11—中性硫酸盐基槽

用泵 9 将原料萘油槽 10 中的馏分送入脱盐基塔 1 的下部，用喷嘴上喷，稀硫酸自塔顶注入塔内。反应后得到的硫酸盐基由塔底经液位调节器排入中性硫酸盐基槽 11。脱除了盐基的馏分从塔上部排出而进入脱酚塔 2 的下部。自碱性酚钠槽 8 出来的新碱液或碱性酚钠，用泵 9 送至脱酚塔顶部，经视镜流入塔内，馏分和碱液在塔的脉冲区内充分接触反应，中性酚钠由塔底部经液位调节器排至中性酚钠槽 6，净馏分由塔顶排入净萘油槽 7。

应当指出，除以上两种脱酚脱吡啶工艺流程外，还有其他脱酚工艺（如轻油脱酚、酚油脱酚、萘油脱酚等工艺）流程。

2. 酚钠的精制

在碱洗脱酚过程中得到的中性酚盐尚含 1%～3%的中性油、萘和吡啶碱等杂质，在用酸性物质分解中性酚盐之前必须除去，以免影响粗酚精制的产品质量。酚盐的净化工艺有蒸吹法和轻油洗净法。

(1) 蒸吹法　目前，国内常用两种工艺流程，其流程如图 3-2、图 4-4 所示。

主体设备蒸吹塔为内充 25mm×25mm 瓷环的填料塔，塔高 7000mm，直径因处理量、蒸吹汽量和汽速而异。

在图 4-4 中，中性酚钠依次与脱油塔 4 底部约 110℃的净酚钠和塔顶约 100℃的馏出物换热至 90℃进入第一层淋降板，经过汽提从塔底得到净酚钠。经与中性酚钠换热后的塔顶馏出物入冷凝器 6，冷凝液流入油水分离器 8 分离。脱油塔所需热量由再沸器循环加热塔底油供给，热源为蒸汽。

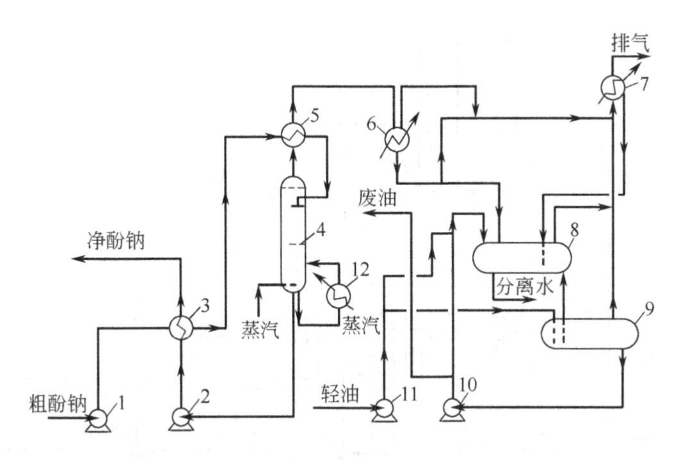

图 4-4　粗酚钠脱油工艺流程

1—粗酚钠泵；2—塔底油泵；3—塔底换热器；4—脱油塔；5—塔顶换热器；6—塔顶冷凝器；7—排气冷却器；8—脱出油分离器；9—脱出油槽；10—油泵；11—轻油装入泵；12—再沸器

为提高脱出油分离槽的油水分离效果，可将密度较小的煤焦油轻油加入脱出油中，并用泵进行由脱出油槽到脱出油分离槽的循环。若分离效果恶化，可直接向脱出油分离槽加入新轻油，以改善油水分离效果。

塔底净酚钠与原料粗酚钠换热后，温度为 70℃，用泵送至净酚钠槽，作为酚钠分解的原料。

(2) 轻油洗净法　轻油洗净工艺流程如图 4-5 所示。

一般轻油采用粗苯馏分，由高位槽流入填料塔，并从塔顶溢流排出。粗酚钠用泵打入塔顶，在塔内与轻油充分接触而洗净，在塔底经液面调节器排出，一部分向塔顶循环。

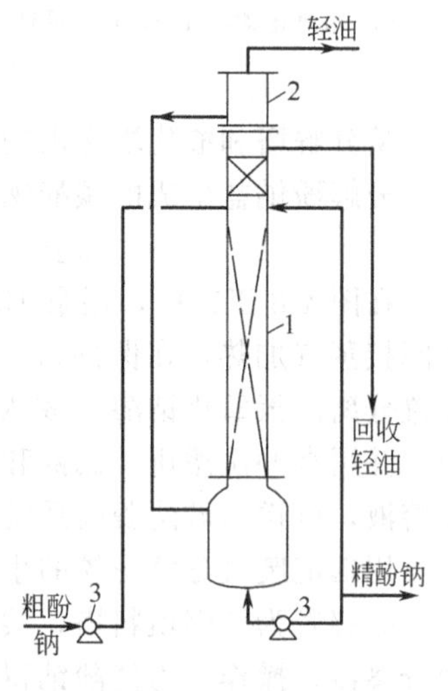

图 4-5　轻油洗净工艺流程

1—轻油洗净塔；2—高位槽；3—泵

3. 净酚钠的分解

(1) 硫酸分解法　连续式硫酸分解酚钠工艺流程如图 3-3 所示。

(2) 二氧化碳分解法　用烟道气分解酚钠的工艺流程如图 4-6 所示。

由图 4-6 可见，从焦炉送来的 200～300℃ 的烟道废气，经除尘器除尘后进入直接冷却塔 2 冷却至 40℃左右。由鼓风机 3 压送至分解塔 4 的上段、下段及酸化塔 8 的底部。

酚钠储槽 10 内的净酚钠用泵 11 输送经加热套管加热至 65℃压送到分解塔 4 由顶部喷淋而下，与上升的烟道气逆流接触，进行第一次分解，然后流入下段，用烟道气进行第二次分解，保持反应温度为 55℃左右。生成的粗酚初次产物在分离器内与 Na_2CO_3 水溶液分离。浓度为 10%～15%的 Na_2CO_3 溶液从分离器下部排出流入碱液槽，粗酚从上部排出流入中间槽。

经过两次分解得到的粗酚初次产物中，尚有一部分高沸点的酚盐未能完全分解，故将粗酚中间槽 14 内的粗酚用泵 15 送至酸化塔 8 内进行第三次分解。由塔顶喷淋下来的粗酚初次产物，与塔底进入的烟道废气逆流接触，经第三次反应后，酚钠盐分解率达 99.5%。在塔底得到的粗酚和碳酸钠溶液经分离器 9 分离，将碱液分离也排至碱液槽 12，而粗酚流入粗酚储槽 20，作为精制酚的原料。酸化塔 8 内反应温度保持在 55℃左右。

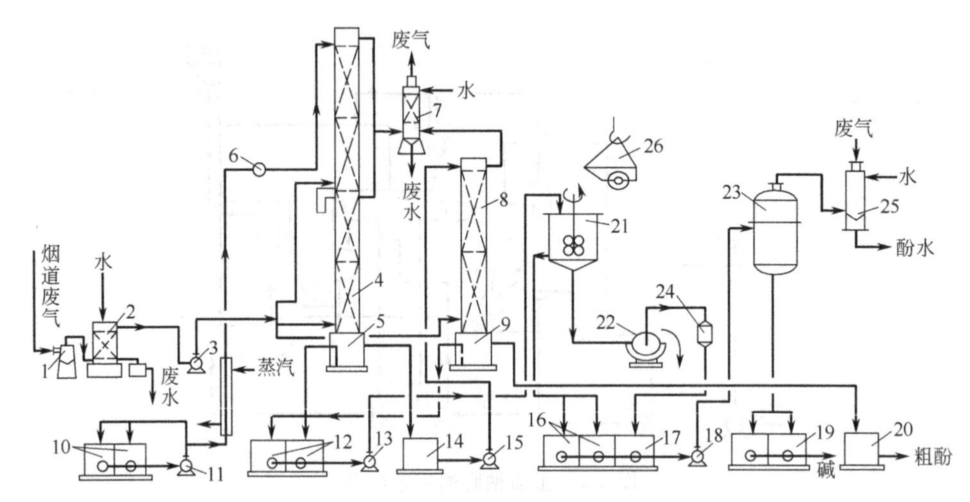

图 4-6 烟道废气分解酚钠工艺流程

1—除尘器；2—直接冷却塔；3—罗茨鼓风机；4—分解塔；5，9—分离器；6—冲塞式流量计；7—酚液捕集器；8—酸化塔；10—酚钠储槽；11，15—齿轮泵；12—碳酸钠溶液槽；13，18—离心泵；14—粗酚中间槽；16—氢氧化钠溶液槽；17—稀碱槽；19—浓氢氧化钠溶液槽；20—粗酚储槽；21—苛化器；22—真空过滤机；23—蒸发器；24—真空稳压罐；25—冷凝器；26—抓斗

从分解塔和酸化塔逸出的废气经酚液捕集器捕集酚液后放散。

分解酚钠盐生成的碳酸钠溶液，可用石灰将其苛化，反应如下。

$$Na_2CO_3+CaO+H_2O \xlongequal{} CaCO_3\downarrow+2NaOH$$

在图 4-8 工艺中，用泵 13 将碳酸钠溶液送至苛化器 21，在机械搅拌下，加入石灰，并用间接蒸汽加热，在保持 95℃条件下进行苛化反应，直至溶液中 Na_2CO_3 含量低于 1.5%后静置分离。氢氧化钠溶液放入接受槽 16；沉在苛化器底部的碳酸钙放入真空过滤机 22 过滤，并用水冲洗滤饼。滤液和氢氧化钠溶液一起送蒸发器浓缩，得到含量为 10%的氢氧化钠溶液，可送回碱洗脱酚系统使用。过滤机滤饼干燥即为碳酸钙产品。

用烟道废气分解酚钠的生产工艺中的主要设备有分解塔和酸化塔。

分解塔为瓷圈填料塔，共分上下两段填料，填料规格为 25mm×25mm×3mm，塔底部为分离器。操作中为使酚钠得到完全分解需供入过量的 CO_2，一般 CO_2 过剩率为 200%～300%，酚钠的分解率可达 99%。

酸化塔也是瓷圈填料塔，瓷圈填料规格与分解塔相同，塔底部也设有分离器。酸化塔内 CO_2 的耗用量很少，但为了使酚钠更充分分解，控制塔内 CO_2 过剩率为 1000%左右。生产实践表明，粗酚初次产物经酸化塔内进一步分解后，粗酚的黏度显著降低，有利于粗酚精馏操作，分解率可达 99.5%。

两塔的反应温度要严格控制在 55℃左右，因在此温度下能生成最大量的 Na_2CO_3 及最少量的 $NaHCO_3$。

分解过程可按 Na_2CO_3 溶液的质量进行调节。如果溶液中 $NaHCO_3$ 含量高于 1.5%，表明 CO_2 气体过多；如含酚量高于 2.5%，则为 CO_2 通入量不足或气体内 CO_2 含量降低所致。

分解后得到的 Na_2CO_3 溶液的质量规格见表 4-3。

表 4-3 分解后 Na_2CO_3 溶液的质量规格

密度/(g/cm³)	Na_2CO_3 含量/%	$NaHCO_3$ 含量/%	含酚/%
1.14～1.15	14～15	0.5～1.0	2.0～2.5

某厂采用同一原料，当用 H_2SO_4 分解法制取的粗酚精制时，酚类产品产率为 17.84%；而用 CO_2 分解法制取的粗酚精制时，酚类产品的产率达到了 19.4%。可见，采用 CO_2 分解法生产粗酚可以提高酚类产品的产率。

经分解后所得粗酚，均应满足以下质量指标：

酚及其同系物的质量分数(无水基)/%	≥83	吡啶碱的质量分数/%	≤0.5
馏分（无水基）		pH 值	5～6
210℃前馏出量（体积分数）/%	≥60	灼烧残渣的质量分数/%	≤0.4
230℃前馏出量（体积分数）/%	≥85	水分/%	≤10
中性油的质量分数/%	≤0.8		

二、提取酚类化合物的操作方法

硫酸分解法提取酚类化合物的操作方法如下：

1. 碱液的配制

① 检查碱液配制槽内是否空槽，有料必须放净。

② 加入一定数量的碱液后，加入水进行稀释，最后把稀碱溶液的质量分数配至 12%～14%。

③ 配制后取样送分析，合格后备用。

2. 蒸吹过程的操作

(1) 开工

① 扫塔阶段，打开入塔的直接蒸汽，扫塔 0.5～1.0h，并确认各管线畅通，关闭（或开少许）直接蒸汽。

② 通知泵工开启中性酚钠槽出口阀，启动泵并调节回流阀、开釜底出口阀。

③ 开净酚钠冷却器和混合油气冷却水。

④ 待温度正常后取样分析，不合格入中性酚钠槽；质量合格后关闭釜底阀门放入净酚钠槽。

(2) 停车

① 停蒸吹泵，将蒸吹釜内料液放入中性酚钠槽。

② 关所有冷却水阀门

③ 待液位降到零时，用直接蒸汽扫塔半小时左右。

(3) 不正常现象及其处理方法

① 酚钠浓度高或因为含油量高，可以加入一部分水予以稀释，同时可开大直接蒸汽，但一定要注意避免因蒸汽量过大而产生液泛现象。

② 如出现取样油分不合格，检查各点温度是否正常，如属处理量过大，可用泵出口回流阀调节，且应打回流，产品入中性酚钠储槽。

③ 如因原料槽用空，在系统中带入较多的油分时，必须将塔、釜内的料液放空，用蒸汽冲洗，清理完毕后方可向塔内送料，并在正常生产时随时取样分析产品。

3. 洗涤分解过程的操作

(1) 洗涤过程　通知泵工分别进料至两个洗涤器内，进料量约 20t 原料/釜，然后打开碱性酚钠阀门，加入 10t 左右（或打原料 22t 左右，加 6t 左右稀碱，依情况而定），保持温度 65～75℃，开启空气管鼓泡搅拌 1.5h，静置 2.5h，洗涤后取样分析含酚小于 0.8%，已洗馏分送至工业萘原料槽，酚钠盐含游离碱大于 1.5%放入碱钠槽，小于 1.5%则放入中性酚钠槽。如含酚大于 0.8%，加碱液继续洗，方法同上。

(2) 净酚钠分解　通知泵工用净酚钠泵将净酚钠打入分解器内约 11t，静置 2～3h，然后从高位槽缓慢注入浓硫酸，同时用空气鼓泡搅拌 1.5h，反应终了后静置 3～4h，分解生成的粗酚浮于上层，硫酸钠沉于底部。测 pH 值合格后，打开分解器底部阀门，经视镜观察将废水放入酚水槽，将粗酚放入粗酚槽（注意关闭冷却水，自然冷却）。

(3) 不正常现象及其处理方法

① 鼓泡量大，不均匀，检查鼓泡管是否烂坏，如果烂坏要调换。

② 取样不合格，重新进行洗涤或分解。

③ 粗酚颜色深及稠度高，硫酸浓度过高，加入量过大，引起磺化，注意调整硫酸浓度和加入量大小。

④ 视镜破裂，可能温度高或有压力，或视镜质量差引起，要分别检查处理。

⑤ 管道不畅通，用蒸汽吹扫、清通。

⑥ 垫片渗漏及时更换，以防腐蚀设备。

第三节　粗酚的精制

为了脱除粗酚中的水分、油分、树脂状物质和硫酸钠等杂质，并提取苯酚、甲酚及工业二甲酚等产品，粗酚必须进行精制。粗酚精制是利用酚类化合物沸点（挥发度）差异采用精馏法进行加工的分离过程。粗酚的组成见表 4-4。

表 4-4　粗酚的组成　%

工厂	苯酚	邻甲酚	间、对甲酚	2,6-二甲酚	乙基酚	2,4-二甲酚 2,5-二甲酚	2,3-二甲酚	3,5-二甲酚	3,4-二甲酚	高沸点酚	沥青
A厂	37.2～43.2	7.62～10.35	31.9～37.8	0.76～2.54		4.88～6.2	7.27～8.92		0.74～2.45		
B厂	36.23～37.11	12.16～12.24	31.98～34.46	0.35～0.4		8.05～8.94	7.3～8.15				
C厂	57.46	7.45	23.59	0.14	0.1	2.15	0.05	3.4	0.36	0.13	5.17

由表 4-4 中数据可知，粗酚精制的主要产品有苯酚，工业酚，邻甲酚，工业邻甲酚，间、对混合甲酚，三混甲酚和二甲酚等。

由于酚类沸点较高，高温下易发生聚合反应，精馏宜在减压下进行。粗酚精制工艺流程有减压间歇精馏和减压连续精馏操作。

一、减压间歇精馏

减压间歇精馏工艺有脱水、脱渣和精馏三部分组成。

1. 粗酚的预处理——脱水和脱渣

为了缩短精馏时间和避免树脂状物质热聚合，先将粗酚脱水和脱渣。粗酚脱水、脱渣工艺流程如图 4-7 所示。

粗酚在脱水釜 1 内用蒸汽间接加热脱水 4～6h，脱出的酚水和少量轻馏分经冷凝冷却和油水分离后，轻馏分送回粗酚中，含酚 3%～4%的酚水用于配制脱酚用的碱液。当脱水填料柱 2 温度达到 140～150℃时，脱水结束。脱水后启动真空系统，当釜底真空度达 70kPa 和釜顶上升管温度达到 165～170℃时，脱渣结束。馏出的全馏分作为精馏原料。

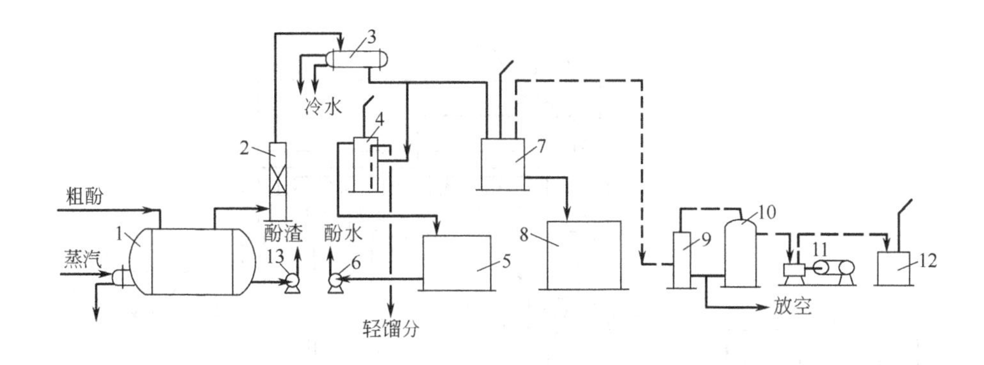

图 4-7 粗酚脱水、脱渣工艺流程

1—脱水釜；2—脱水填料柱；3—冷凝冷却器；4—油水分离器；5—酚水槽；6—酚水泵；7—馏分接受槽；8—全馏分储槽；9—真空捕集器；10—真空罐；11—真空泵；12—真空排气罐；13—酚渣泵

减压间歇蒸馏，也可不脱渣。在脱水结束后，启动真空系统，转入真空蒸馏操作。

间歇脱水脱渣中的操作的注意事项如下。

① 用泵装料或用真空系统装料，装料量不应超过釜容积的 80%～90%。

② 有馏出物后，经常检查油水分离器窥视镜内的流出情况，不得使水呈白色。

③ 釜的油气上升管温度或脱水柱顶温度达到 140～150℃时，脱水终止。

④ 常压脱水的釜压不得超过 50kPa（表压）。

⑤ 转入脱渣操作时，首先暂停加热，切换馏出物至全馏分接受槽，同时启动真空系统，调节真空度以保持规定的流出速度。如真空度已达最大而流出速度低于规定，重新调节加热以保持流速，当釜上真空度为 67kPa，上升管温度达到 165～170℃时，全馏分几乎全部馏出，则脱渣结束，停釜。全馏分含水应在 3%以下。

2. 全馏分精馏

粗酚经脱水脱渣后，根据苯酚及其同系物的沸点不同，进一步分离精制，得到不同的产品。

苯酚的沸点为 181.8℃，邻甲酚的沸点为 191℃，沸点差近 9℃。间甲酚的沸点为 202.23℃，对甲酚的沸点为 201.94℃，邻甲酚与间甲酚或对甲酚的沸点差超过 11℃，故用精馏法可以分离，而间甲酚与对甲酚的沸点几乎相同，用常规精馏法不能分开，必须借助其他方法进行分离。二甲酚的异构体多，含量低，而且大多数异构体沸点接近，分离比较困难，一般先只生产混合馏分，再采用其他方法进一步分离。可见，通过对粗酚精馏，可以得到苯酚，邻甲酚，间、对混合甲酚和二甲酚混合馏分。

脱水粗酚或全馏分减压间歇精馏工艺流程如图 4-8 所示。

脱水粗酚或全馏分的间歇精馏在减压条件下进行。蒸馏釜热源为中压蒸汽或高温热载体，间接加热，按所选择的切取制度进行操作：

① 由全馏分生产工业酚不提取邻甲酚，操作制度见表 4-5；

② 由全馏分切取工业酚并提取邻甲酚，操作制度见表 4-6；

③ 由脱水粗酚提取苯酚和邻甲酚的混合馏分（供再精馏生产苯酚和邻甲酚）、二混甲酚和二甲酚，操作制度见表 4-7 和表 4-8；

④ 由脱水粗酚提取前混合馏分（苯酚和邻甲酚）和后混合馏分（邻甲酚、间甲酚和二甲酚）。

由真空泵抽出来的气体通过真空捕集器的碱液层，脱除酚后经真空罐排入大气。

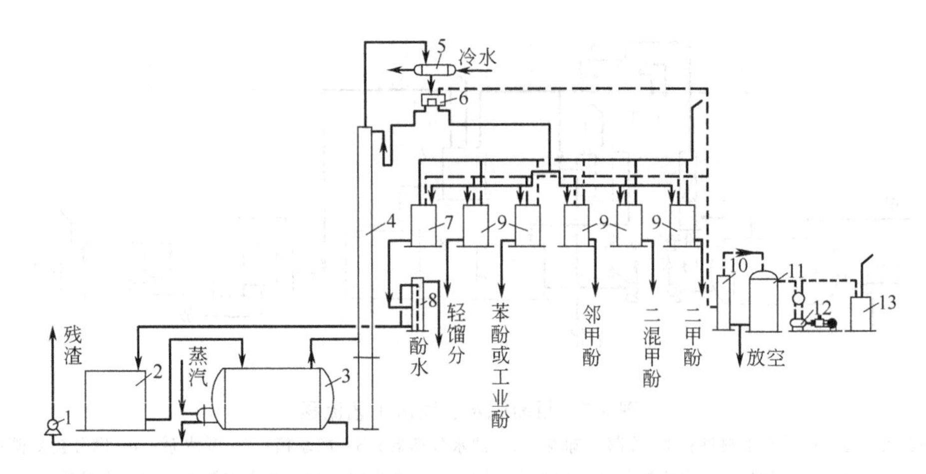

图 4-8　脱水粗酚或全馏分减压间歇精馏工艺流程

1—油渣泵；2—脱水粗酚槽；3—蒸馏釜；4—精馏塔；5—冷凝冷却器；6—回流分配器；7—酚水接受槽；8—油水分离器；9—馏分或产品接受槽；10—真空捕集器；11—真空罐；12—真空泵；13—真空排气罐

表 4-5　由全馏分生产工业酚和三混甲酚的操作制度

馏分或产品	回流比	塔顶真空度/kPa	馏分切换条件	
			开始	终了
轻馏分	3	78～85		结晶点达到 10～15℃
工业酚	8	78～85	结晶点 10～15℃	结晶点上升后又下降至 27～28℃
三混甲酚	3～5	78～85	结晶点下降至 27～28℃	干点 216～217℃
二甲酚	0.5	＞85	干点 216～217℃	225℃前馏出量＜80％

表 4-6　由全馏分生产工业酚并切取邻位甲酚的操作制度

馏分或产品	回流比	塔顶真空度/kPa	馏分切换条件	
			开始	终了
轻馏分	3	78～85		结晶点达到 10～15℃
工业酚	8	78～85	结晶点 10～15℃	结晶点上升后又下降至 30℃
中间馏分Ⅰ	8	78～85	结晶点下降至 30℃	185℃前馏出量＜20％
邻甲酚馏分	8	78～85	185℃前馏出量＜20％	195℃前馏出量＜20％
中间馏分Ⅱ	12	78～85	195℃前馏出量＜20％	195～205℃间馏出量＞95％
二混甲酚	12	78～85	195～205℃间馏出量＞95％	195～205℃间馏出量＜95％
中间馏分Ⅲ	3～5	78～85	195～205℃间馏出量＜95％	干点 216～217℃
二甲酚	0.5	＞85	干点 216～217℃	225℃前馏出量＜80％

表 4-7　由脱水粗酚提取混合馏分和二混甲酚的切取制度

产品和馏分	回流比	塔顶真空度/kPa	馏分切换条件	
			开始	终了
水与轻馏分 混合馏分	1～5 1～3	88 88	塔顶温度 120℃	塔顶温度达 120℃ 初馏点 182～183℃ 干点 190～191℃

续表

产品和馏分	回流比	塔顶真空度/kPa	馏分切换条件	
			开始	终了
邻甲酚馏分	3	88	初馏点 182～183℃ 干点 190～191℃	初馏点 190～191℃ 干点 198～199℃
二混馏分	2	88	初馏点 190～191℃ 干点 198～199℃	初馏点 202～203℃ 干点 208～209℃
二甲酚	0	最大	初馏点 202～203℃ 干点 208～209℃	馏出完毕

表 4-8　混合馏分二次精馏的切换制度

产品和馏分	回流比	塔顶真空度/kPa	馏分切换条件	
			开始	终了
轻馏分	1～3	88		结晶点 38.7℃
苯酚	4～6	88	结晶点 38.7℃	结晶点上升后又降至 38.7℃
中间馏分	2～3	88	结晶点下降至 38.7℃	初馏点 182～183℃ 干点 190～191℃
邻甲酚馏分	3～4	88	初馏点 182～183℃ 干点 190～191℃	初馏点 190～191℃ 干点 198～199℃

二、减压连续精馏

粗酚减压连续精馏工艺流程如图 4-9 所示。

粗酚在预热器 2 中用低压蒸汽预热至 55℃进入脱水塔 3。脱水塔 3 顶部压力为 29.3kPa（绝对压力，以下塔顶、塔底压力均为绝对压力），温度为 68℃。塔底由再沸器 5 供热。温度为 141℃。脱水塔 3 顶部逸出的水汽经冷凝器 6 冷凝成酚水流入回流槽 7，部分作为塔顶

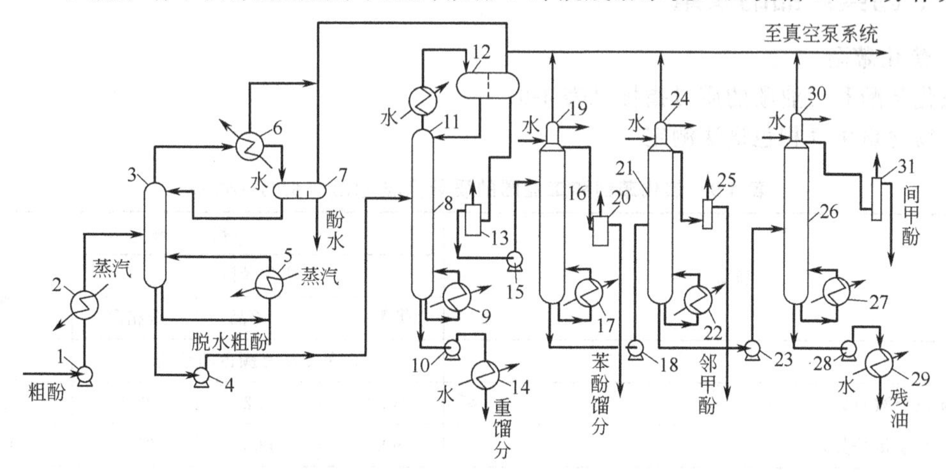

图 4-9　粗酚减压连续精馏工艺流程

1—粗酚泵；2—预热器；3—脱水塔；4—初馏塔进料泵；5，9，17，22，27—再沸器；6，11，19，24，30—冷凝器；7，12—回流槽；8—初馏塔；10—初馏塔底泵；13，20，25，31—液封罐；14，29—冷却器；15—苯酚馏分塔进料泵；16—苯酚馏分塔；18—邻甲酚塔进料泵；21—邻甲酚塔；23—间甲酚塔进料泵；26—间甲酚塔；28—残油泵

回流，其余部分经隔板满流入液封罐 13 排出。

脱水粗酚从塔底送入初馏塔 8，在初馏塔 8 中分馏为两种馏分，即甲酚以前的轻馏分与二甲酚以后的重馏分。初馏塔 8 顶部压力为 10.6kPa，温度为 124℃，塔底压力为 23.3kPa，温度为 178℃。由初馏塔 8 顶部排出的轻馏分蒸汽经冷凝器 11 进入回流槽 12，部分回流入初馏塔 8 顶部，其余经液封罐 13 送入苯酚馏分塔 16。初馏塔 8 塔底残液一部分经再沸器向初馏塔提供热量；另一部分经冷凝器作为重馏分排出。

在苯酚馏分塔 16 中将轻馏分分馏为苯酚馏分和甲酚馏分。苯酚馏分塔 16 顶部压力为 10.6kPa，温度为 115℃，塔底压力为 43.9kPa，温度为 170℃。由苯酚馏分塔 16 顶部逸出的苯酚馏分蒸气经冷凝器 19，一部分冷凝液作塔顶回流，其余经液封罐 20 流入接受槽。而塔底的甲酚馏分一部分经再沸器 17 循环供热，另一部分由塔底送入邻甲酚塔 21。

邻甲酚塔 21 顶部压力为 10.6kPa，温度为 122℃；塔底压力为 33kPa，温度为 167℃。邻甲酚塔 21 顶部采出邻甲酚产品，塔底残油送入间甲酚塔 26。

间甲酚塔顶压力为 10.6kPa，温度为 135℃；塔底压力为 30.6kPa，温度为 169℃。间甲酚塔顶采出间甲酚产品，塔底排出残油。

各塔塔底均设虹吸式再沸器，用间接蒸汽加热。塔底一部分残油通过虹吸式再沸器循环向塔内供热。

初馏塔 8 底部所得的重馏分和间甲酚塔底残油中，主要是二甲酚以后的高沸点酚，可以通过减压间歇精馏装置生产二甲酚。

由于脱水塔 3 塔底压力与其他各塔塔顶压力不同，且脱出大量酚水蒸气，故单独用一套真空系统。

另外，粗酚中所含水内同样有少量盐类（如 Na_2SO_4），随着脱水过程的进行，所含盐类会在再沸器和塔内形成结晶，影响正常生产。因此，在再沸器循环管底部都设有一排液罐，适当排出塔底少量液体（送回酚钠盐分解系统），以减轻结晶产生的危害，延长操作周期。

三、酚类产品的质量

1. 焦化苯酚

焦化苯酚和工业酚的质量指标见表 4-9。

苯酚含量由气相色谱法测定。

表 4-9 焦化苯酚和工业酚的质量标准（GB/T 6705—2008）

项目			指标			
			焦化苯酚			工业酚
			优等品	一等品	合格品	
外观			白色或略有颜色的结晶			
水分(质量分数)/%		≤	0.2	0.2	0.3	1.0
苯酚含量(质量分数)/%		≤	99.5	99.0	98.0	80.0
中性油	容量法(体积分数)/%	≤	0.05	0.1	0.1	0.5
	浊度法/#	≤	2	4	4	—
吡啶碱含量(质量体积浓度)/%		≤	—	—	—	0.3

注：液体状态时外观为无色或略有颜色的透明液体。

2. 焦化甲酚

焦化甲酚的质量指标见表 4-10。

表 4-10　焦化甲酚的质量指标（GB/T 2279—2008）

项　目	指　标					
	邻甲酚		间、对甲酚		工业甲酚	
	优等品	一等品	优等品	一等品	优等品	一等品
外观	白色至浅黄褐色结晶		无色至褐色透明液体		无色至棕褐色透明液体	
密度(20℃)/(g/cm³)	—		1.030～1.040		1.03～1.05	
水分(质量分数)/%　≤	0.3	0.5	0.3	0.5	1.0	
中性油试验(浊度法)/#　≤	2	—	10		10	
苯酚含量(质量分数)/%　≤	—	2.0	5		—	
邻甲酚含量(质量分数)/%　≥	99.0	96.0	—		—	
2,6 二甲酚含量(质量分数)/%　≤	—	2.0	—		—	
间甲酚含量(质量分数)/%　≥	—		50	45	41	34
甲酚类+二甲酚类含量(质量分数)/%　≥	—		—		60	
三甲酚类含量(质量分数)/%　≤	—		—		5	

注：1. 邻甲酚液体状态时外观为无色或略有颜色的透明液体。

2. 甲酚类包含 C_7H_8O 全部异构体；二甲酚类包含 $C_8H_{10}O$ 全部异构体。

3. 三甲酚类包含 $C_9H_{12}O$ 全部异构体。

3. 焦化二甲酚

焦化二甲酚的质量指标见表 4-11。

表 4-11　焦化二甲酚质量标准（GB/T 2600—2009）

指标名称	指　标
外观	浅黄色至褐色透明液体
密度(20℃)/(g/cm³)	1.01～1.04
水分(质量分数)/%　≤	1.0
中性油试验(浊度法)/#　≤	10
苯酚含量(质量分数)/%　≤	1
二甲酚类含量(质量分数)/%　≥	60
三甲酚类含量(质量分数)/%　≤	10

注：1. 二甲酚类包含 $C_8H_{10}O$ 全部异构体。

2. 三甲酚类包含 $C_9H_{12}O$ 全部异构体。

4. 酚渣

酚渣是粗酚精馏提取产品后的残渣，含有中性油、树脂状物质、游离碳和酚类化合物。酚类化合物主要是二甲酚、3-甲基-5-乙基酚、2,3,5-三甲基酚及萘酚等高级酚。酚渣配入蒽油可用作烧制炭黑的原料油，按 1∶8 的比例和防腐油混合，可提高防腐油的防腐能力。酚渣在 700～800℃温度下干馏裂解，可得到产率约 70%的混合酚和产率约 30%的残炭。混合酚用于制取酚醛树脂和兽药，残炭用作燃料。

四、精酚生产的操作

某精酚生产工段工艺流程如图 4-10 所示。该工艺流程虽然也是减压间歇精馏工艺，但与图 4-7、图 4-8 所示有所不同。下面以图 4-10 所示工艺为例，说明其操作。

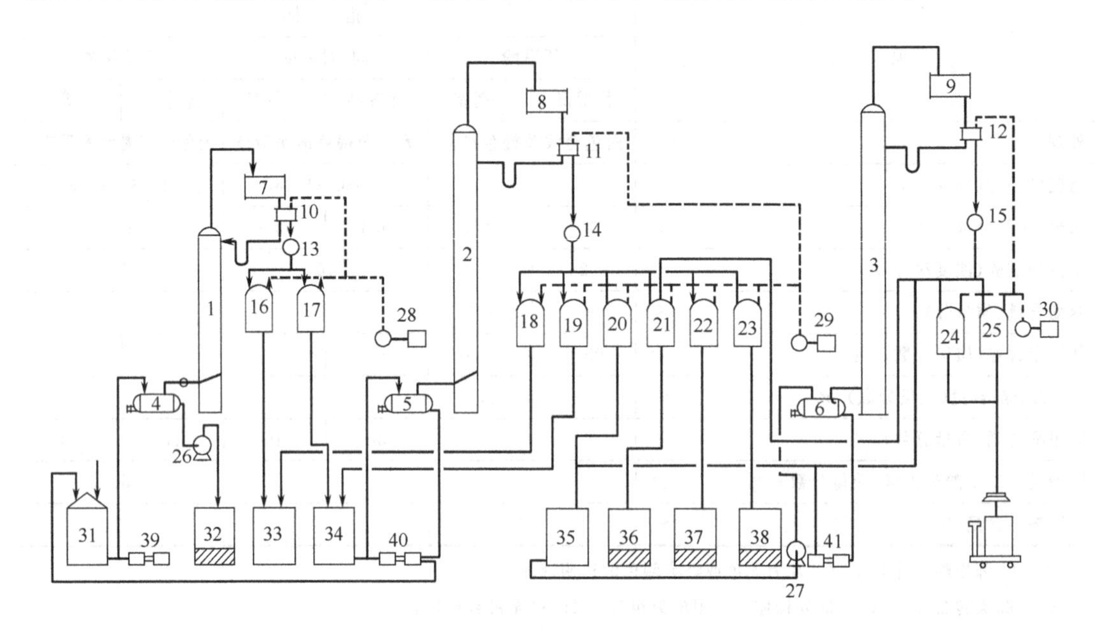

图 4-10 精酚生产工段工艺流程

1—脱水脱渣塔；2—1# 精馏塔；3—2# 精馏塔；4—脱水脱渣釜；5，6—精馏釜；7～9—塔顶冷凝器；10～12—回流分配器；13～15—视镜；16，18—酚水中间槽；17—全馏分中间槽；19—前馏分中间槽；20—混合分中间槽；21—邻甲酚中间槽；22—间对甲酚中间槽；23—二甲酚中间槽；24—3,5-二甲酚中间槽；25—苯酚中间槽；26—残渣泵；27—翻料泵；28～30—真空泵；31—粗酚计量槽；32—残渣槽；33—酚水槽；34—全馏分槽；35—混合分槽；36—邻甲酚槽；37—间对甲酚槽；38—二甲酚槽；39～41—蒸汽泵

原料粗酚由洗涤工段送至本工段粗酚大槽，由粗酚大槽经粗酚原料泵送入粗酚计量槽 31，再用真空吸入脱水脱渣釜 4，釜底用间接蒸汽加热，由脱水脱渣塔 1 脱水后产出的全馏分放入全馏分槽 34（供 1 号精馏塔 2 作原料用），残渣由残渣泵 26 打入残渣槽 32。含酚废水经酚水中间槽 16 放入酚水槽 33 后打入煤焦油槽。

全馏分用真空从槽 34 吸入 1# 精馏釜 5，釜底用间接蒸汽加热，减压汽化入精馏塔，脱水后切取混合馏分，经冷凝冷却器 8 至回流分配器 11，一部分液体回流入塔内，另一部分液体流入混合分中间槽 20（排入槽 35），然后依次切取粗制邻甲酚，间、对甲酚及工业二甲酚。各类产品油计量槽放至产品大槽装桶，残油由蒸汽泵抽入粗酚槽。

混合馏分（苯酚和邻甲酚混合物）由真空从槽 35 吸入 2# 精馏釜 6，用间接蒸汽加热，减压汽化入塔 3，经冷凝冷却器 9 至回流分配器 12，部分液体回流入塔，另一部分液体依次流入前馏分中间槽、苯酚中间槽 25、中间馏分槽及邻甲酚槽。前馏分放入混合馏分槽 35，苯酚直接装桶，中间馏分放入混合馏分槽 35，邻甲酚经中间槽 21 放入邻甲酚槽 36，停釜后，残渣由蒸汽泵抽至全馏分槽 34。

该系统的具体操作如下。

1. 开车顺序

该系统开车顺序：脱水脱渣塔→1# 精馏塔→2# 精馏塔。

2. 开车前准备工作

① 分析粗酚原料含油、水分、酸碱度及各馏分组成。

② 检查各化工设备、动力设备是否处于完好状态，检查各阀门的开闭状态正确与否。

③ 检查供汽、电、水是否正常。

④ 检查各管道，使其畅通无阻，管道内无杂质异物如焊渣等。

3. 正常操作

（1）脱水脱渣塔

① 进料完毕开始升温，开始入釜加热蒸汽量不宜过大，约 0.15MPa（表压）。来液前全回流 0.5～1h 后脱水，脱水阶段升温要慢，开始流出为全流出。后阶段可加大回流，以免酚液体混入水内。脱水脱渣塔顶部真空度约在 70kPa 左右，釜底真空度约为 65kPa，当塔顶温度升至 90～100℃，见视镜内液体呈透明状时脱水结束。

② 采出全馏分时塔顶真空度为 70～95kPa。

③ 逐步提高入釜蒸汽压及塔顶真空度直至入釜蒸汽开足，真空提升管内无液体时停釜。

④ 停釜操作：每釜停釜先关闭入釜蒸汽，再停真空泵，关闭计量槽及产品阀，将产品管流向调向酚水槽 33，放去塔内残余真空，塔顶处于全回流，真空汽缓冲槽内如有积液应排空。

（2）1# 精馏塔

① 脱水时塔顶真空度为 80～95kPa。

② 塔顶温度升至 90～100℃液体呈透明时为脱水结束，将原来通向酚水槽的阀门关闭，打开通向混合馏分槽的阀门，开始生产前馏分，塔顶真空度一直要保持在 88 kPa。

③ 当流样蒸馏试验滴点在 183～184℃，干点在 190℃左右，塔顶温度 126～128℃，釜底温度 162～164℃时可以开始采出邻甲酚（注：切割馏分产品时均以流样为准，塔顶及釜底温度仅供参考，以下切割任何产品时都是如此）。

④ 当流样蒸馏试验滴点在 188～189℃，干点在 198℃，塔顶温度 132℃左右，釜底温度约 170℃时可切割间、对甲酚。

⑤ 流样滴点 202～203℃，干点 208～210℃，塔顶温度约 132℃，釜底温度约 180℃时，可切换二甲酚，采出二甲酚时可适当提高塔顶真空度。

⑥ 各产品产出速度应以保证质量为前提，以每一产品产出的前后期回流量较大、中间期回流量较小的原则进行控制。

⑦ 在生产过程中，根据物料的沸点逐步上升，相应地增加各釜间接加热蒸汽用量。

⑧ 各产品计量槽每一产品结束后，必须经化验合格才能放入大槽，如不合格则放回原料槽或作掺和。

⑨ 严格监督生产系统真空度及入釜蒸汽压的稳定性，以免造成塔内组成的紊乱影响产品质量。

（3）2# 精馏塔

① 脱水时入釜加热蒸汽压力为 0.1～0.5MPa（表压）。

② 塔顶温度至 90～100℃脱水结束。

③ 脱水结束切前馏分，切前馏分时要加大回流比。

④ 根据流样及时调节回流比，直至流样结晶点在39.4℃以上时可采出苯酚。采出苯酚时塔顶真空度（88 MPa）要保持绝对稳定，同时入釜蒸汽压也不能波动。根据产品质量随时调节回流比，保持每槽槽样在含苯酚98%以上。

⑤ 苯酚是一种在常温下为晶体的物质，所以生产时要注意保温，以保持产品管和真空管道的畅通，管内液态苯酚温度保持在90℃左右。

⑥ 当流样结晶点下降至39.4℃（含苯酚97.2%）采苯酚结束。

⑦苯酚采出结束，立即采出中间馏分。

⑧当流样滴点为183℃，干点188℃时，可采出邻甲酚直至结束。

⑨以上生产各产品时（包括1#塔）回流温度均保持在70～80℃。

⑩ 停釜操作：1#塔和2#塔操作程序均类似于脱酚脱渣塔。1#塔残液抽至粗酚大槽。2#塔抽至全馏分槽。2#塔在停釜后，要清扫平衡真空管，从塔顶扫向真空缓冲槽，在清扫时关闭通向各产品槽的真空总阀门。

4. 紧急停电、停汽操作

（1）紧急停汽（蒸馏釜加热用蒸汽）

① 回流分配器调至全回流。

② 停升压水泵、停真空泵。

③ 各管道保温。

（2）紧急停电

① 关闭入釜加热蒸汽。

② 处于全回流状态。

③ 各管道保温。

5. 釜底工操作

（1）生产操作

① 进料量：脱水脱渣釜15t/釜，1#塔20t/釜，2#塔15t/釜。

② 用加料泵将粗酚从大槽送入粗酚计量槽，准备进料用。

③ 进料前应检查各阀门的开闭状况：关闭釜出口阀，关闭釜放散阀，开进料阀，启动真空泵进料。

④ 进料完毕开始加热，先开启疏水器旁通阀，通入加热蒸汽排尽管内剩水，再关闭旁通阀加热。开启疏水器。

⑤ 开升压水泵。

（2）停釜操作

① 接蒸馏工停釜指令时，关闭入釜加热蒸汽，开疏水器旁通。

② 停真空泵。

③ 打开釜放散阀，破坏系统内剩余真空。

④ 排渣：开启釜出口阀，用齿轮泵将脱渣釜残渣送至残渣槽。1#釜残渣用蒸汽泵送至粗酚大槽，2#釜残渣用蒸汽泵送至全馏分槽抽尽残渣，用蒸汽清扫管道后关闭釜出口阀及放散，待下一釜进料。

6. 生产精酚的蒸馏系统常见不正常情况及其处理

生产精酚的蒸馏系统常见不正常情况及其处理见表4-12。

表 4-12　生产精酚的蒸馏系统常见不正常情况及其处理

现象	原因	处理方法
蒸馏系统真空度不高	① 真空设备的真空度小； ② 真空管道内积有凝固物料或其他杂物，使管道不够畅通； ③ 冷凝系统传热效果不好，如冷却器结垢、冷却水量不足等； ④ 物料中低沸点物(水)含量高； ⑤ 回流管被堵塞	① 检查和检修真空设备； ② 对堵塞的管道应处理通畅； ③ 冷却效果不好，除了清除设备结垢、增加冷却水量外，还应视情况降低釜内温度； ④ 将计量槽内馏出物放入有关原料槽，加大回流比(或全回流)； ⑤ 减少塔顶冷凝器冷却水量，适当提高回流液温度；严重时，应停工处理
釜内温度过低	① 加热量不够； ② 回流比过大	① 增大加热量； ② 调节回流比
蒸出馏分或产品不合格	① 回流控制不好，分离效率低； ② 加热或冷却设备(或管道)有蒸汽或水漏入物料中； ③ 蒸馏过程中温度控制不稳	① 加强回流控制，提高分离效率； ② 检查、检修已漏设备； ③ 加热升温要平稳

第四节　酚类同系物的分离精制

一、间、对甲酚的分离精制

间、对混合甲酚的应用有限，单体附加值更高，但间甲酚和对甲酚沸点相近，普通精馏难以进行分离提纯；熔点相差 24.6℃，却又存在共熔现象，常规结晶也无法实现间、对甲酚分离。

下面介绍一些可实施的间、对甲酚分离方法。

1. 化学法

(1) 配合（加合）分离法　配合（加合）分离法是指在间、对甲酚混合物中加入一种特殊化合物，而该特殊化合物可以与间甲酚或对甲酚中的其中一种单体形成固体配合物，或者能与选定的目标化合物发生加合反应生成分子化合物，从而达到分离的目的。在国内外的研究中，主要可选配合物有尿素、叔丁醇以及哌嗪等。其中，由于尿素特殊的分子结构使尿素配合法成为最具代表性的方法之一。

① 尿素配合法　尿素与间甲酚之间能够依靠氢键的作用形成配合物。尿素特殊的分子结构可选择性地将甲酚异构体中的间甲酚锁在其六边形分子中心孔之内，形成白色粉状的间甲酚和尿素分子加合物，而对甲酚与尿素配合的加合物不如间甲酚与尿素配合生成的配合物稳定，一段时间后绝大部分对甲酚形成的加合物转化为间甲酚配合物，形成的配合产物经后续离心分离以及升温处理便可得到高纯间甲酚。

离心分离后的母液经控温结晶可回收出高纯对甲酚，该法的缺点是使用了有机苯类溶剂，且收率不高，能耗较大，主反应式为：

$$\text{间甲酚(OH)} + H_2N\text{–}CO\text{–}NH_2 \xrightarrow[80\sim90℃，15\sim20min]{-10℃，甲苯} \text{间甲酚–O}\cdots H\cdots O{=}C(NH_2)_2$$

② 类螯合物分离法　类螯合物分离法是利用间甲酚和对甲酚在苯环上取代基位置不同，间甲酚可与 COR_2 型类螯合剂生成类螯合物或复盐沉淀，可将不参与反应的对甲酚分离。COR_2 是一种类似于螯合剂的物质，但又非常规意义上的螯合剂，所以类螯合物分离法分离甲酚异构体的机理还不清楚。目前主要认同下面所示的反应途径。

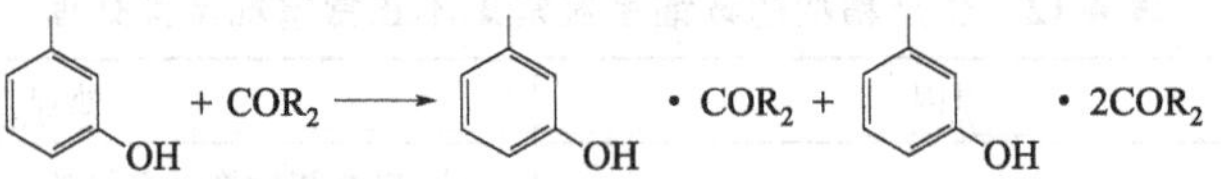

宋晓敏等采用上述类螯合物分离法分离甲酚混合物，将间甲酚质量分数为46%～48%的间、对甲酚混合物在反应温度不高于110℃，反应时间为220～250min的条件下制得间甲酚的纯度大于90%，估算该法的生产成本为合成法的60%～75%，且类螯合物可再生，制备简单，是一种经济可行的分离方法，但目前对于该法分离甲酚异构体研究较少，该分离法最大的缺点就是间甲酚与醛形成的缩合物不可回收，所以只用于含少量间甲酚的对甲酚纯化。

（2）哌嗪或联苯胺加成结晶法　哌嗪（或六水哌嗪）与不同甲酚生成配合物的平衡常数不同，其中哌嗪主要作为配合剂选择性地分离甲酚异构体中的对甲酚（配合晶体中哌嗪与对甲酚物质的量比为1∶2）。在醚类溶剂中，哌嗪可与对甲酚生成配合物沉淀，产物用1～3倍体积的正丁醚萃取并精馏，得到提纯的对甲酚。以含对甲酚70%～80%的混酚为原料，使用该工艺所产对甲酚的收率在92%以上。如果原料中有苯酚存在，则苯酚也会与哌嗪配合，结晶产品中的苯酚可以采用精馏分离。反应方程式如下所示。

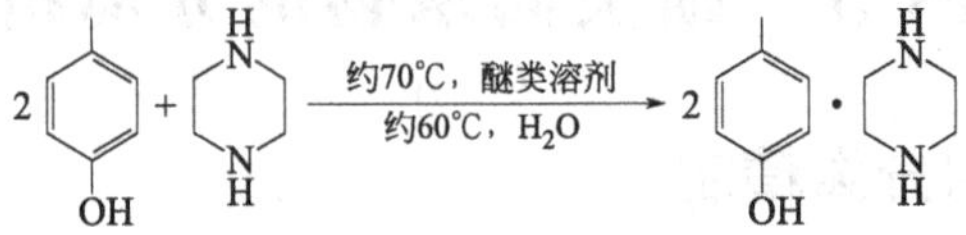

对甲酚也能与联苯胺在140℃时熔化生成物质的量比2∶1的加成物，结晶条件110℃，95℃时离心分离，用苯洗涤加成物，真空蒸馏得纯度98%的对甲酚，收率90%。从滤液中可得到纯度99%的间甲酚，收率92%。

（3）烃化法　烃化法分离是指间、对甲酚在酸催化下与异丁烯进行叔丁基化反应生成烷基化衍生物，而生成的烷基化衍生物具有较大的沸点差，得到的衍生物再经精馏、重结晶、溶剂萃取、脱烃等物理化学方法进行分离得到单体。

该烃化反应为典型Friedel-Crafts反应，在苯环上发生亲电取代反应形成碳正离子，在较低温度（60～70℃）时用酸性催化剂进行甲酚叔丁基化。利用主、副产物的物性差异通过常规精馏分离得高纯间、对甲酚衍生物，其中对甲酚的主要衍生物2,6-二叔丁基对甲酚直接作为抗氧剂出售，而间甲酚的衍生物在较高温度（150～200℃）和酸存在下脱叔丁基，得到间甲酚单体。其主要反应和副反应方程式如下。

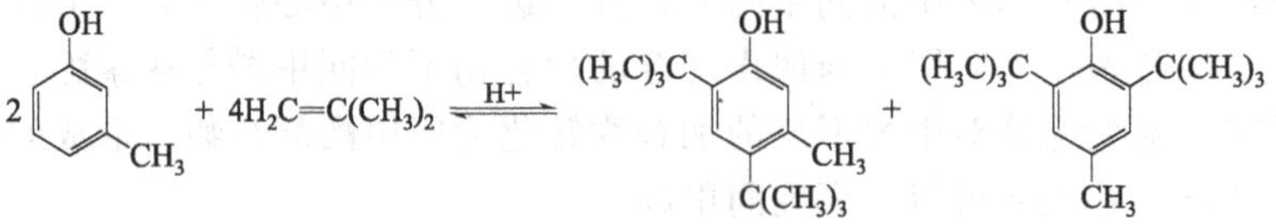

烃化反应主反应

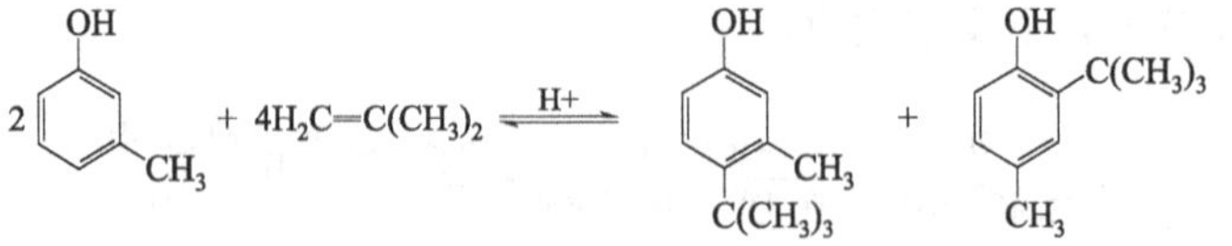

烃化反应副反应1

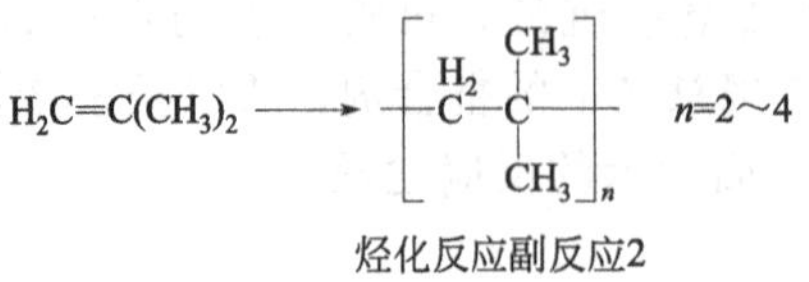

烃化反应副反应2

烃化法分离甲酚异构体的主要特点是工艺流程短，对甲酚直接转化成2，6-二叔丁基对甲酚（BHT），所得到的间甲酚收率达到92%，纯度达到99%以上，均高于配合分离法。由于该法具有综合成本低、产品质量好的优点，已成为工业化应用较成功的生产方法。其工艺流程见图4-11。

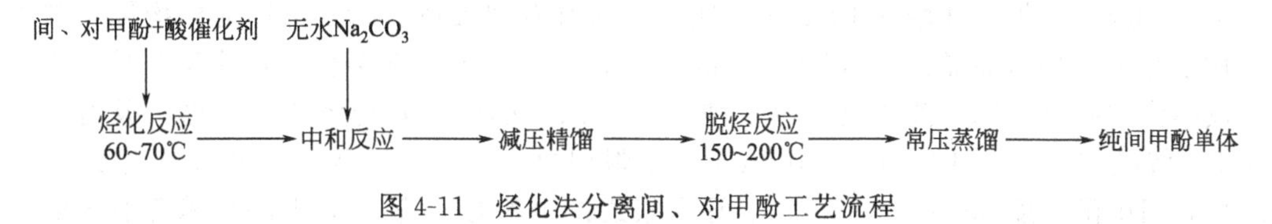

图4-11　烃化法分离间、对甲酚工艺流程

2. 物理法

（1）萃取法　萃取法是利用甲酚异构体在有机相如苯与水相NaOH溶液两相体系中溶解度及分配系数的不同，经过多次反复萃取使甲酚异构体从一种溶剂转移到另一种溶剂中，将甲酚异构体提取出来达到分离目的的方法。

包铁竹等采用哌嗪作为分离提纯对甲酚的萃取剂，正丁醚作为体系溶剂，解决了体系脱水的问题，提出水解反萃取分解配合物结晶的方案，结晶温度采用－10～0℃，萃取剂哌嗪与对甲酚和苯酚的摩尔比为1∶2或稍过量，利用离解萃取技术对从甲苯磺化碱熔法生产的含70%～80%对甲酚的甲酚混合物原料液进行分离，最终收率大于90%，产品纯度大于99%，萃取剂和溶剂可反复利用。德国Zaretskij等在萃取剂的选择上选用*N*-甲基吡咯烷酮、二甲亚砜等有机溶剂作为萃取剂成功地分离甲酚得到纯单体。Kiseleva等利用一个具有相当于18块有效理论塔板的萃取装置，使得该分离过程能够连续进行，间甲酚的纯度可达到93%～95%，对甲酚的纯度可达到76%。

萃取法的优点是操作条件温和，能耗较低；缺点是分离需要使用大量的有机溶剂，污染大，产品纯度低，所以目前萃取法分离甲酚异构体已不再使用。

（2）结晶分离法

① 重结晶法　蒋胤指出在存在以酚类化合物双酚A（2,2-双对羟苯基丙烷）等为结晶介质组分的条件下，酚类化合物与混合甲酚的质量比为（0.5～2.0）：1。再辅以合适的溶剂如芳烃类苯、甲苯、二甲苯等，烷烃类戊烷、甲基环戊烷、已烷、辛烷、十二烷等，也可以是由其中的两种或多种溶剂组成的混合溶剂，稀释剂（或称溶剂）的用量为混甲酚质量的10～20倍。对于质量分数各50%的间、对甲酚组成的混酚，通过单次重结晶可获得对甲酚19%～30%的提升，1～5次重结晶后可得质量分数97%的对甲酚。

该法分离甲酚异构体过程的主要缺点是需要使用大量有机溶剂，工业生产成本过高。

② 熔融结晶法　熔融结晶常用于分离同分异构体，一般包括结晶和发汗两个过程。对、间甲酚熔点相差24.6℃，可通过熔融结晶法分离。对于影响熔融结晶法分离效果的主要操作参数（冷却、结晶速率、熔融结晶时的温度和时间），马利群等研究了连续通气、脉冲通气和原料纯度对结晶分离度的影响；在发汗过程中，研究了恒温发汗和变温发汗对发汗提纯的影响。通过用含有98.29%（质量分数）对甲酚为原料制取高纯度对甲酚的实验室研究表明，原料经过两次分步结晶提纯，产品对甲酚纯度可达99.8%（质量分数），对甲酚总收率为50%以上。

（3）吸附分离法　吸附分离法是利用吸附剂对甲酚异构体的不同吸附能力选择性地将甲酚异构体分离出来的一种方法，其主要过程是吸附—解吸—分离。

吸附分离法一步获得产品纯度可达99.3%～99.9%，对甲酚收率高达90%～95%，远高于结晶分离法的单程收率（60%～65%）。吸附分离法可在温和条件下进行，如在温度

130～140℃时常压下进行液相操作，从而避免了结晶分离法的冷冻和固体处理过程，既简化了操作，也无需使用特殊钢材，不存在设备腐蚀问题。据称，生产同样数量对甲酚，混合甲酚进料量比结晶法减少约30%，由于液相操作设备利用率很高，因此吸附法投资比结晶法低15%～20%，操作费低5%～10%。

从20世纪60年代开始到1992年年底，不断有专利报道吸附分离甲酚异构体，其中成功的例子有美国环球油晶公司（UOP）和日本东丽公司开发的技术。采用KY型固体吸附剂，戊醇作解吸剂，原料液的成分为3种或3种以上的甲酚异构体或衍生物，吸附剂装量77 mL，解吸剂流速1.17～1.26mL/min，吸附温度135℃。分离出对甲酚纯度99.0%～99.9%，间甲酚纯度99.0%～99.6%。还有报道使用苯酚-甲苯、正己醇-甲苯等混合溶剂作为解吸剂效果更好。由于在分子筛的选择和制备上有一定的困难，目前在我国还未实现工业化。虽然存在不少技术壁垒，但只要解决了其中的吸附剂、解吸剂等关键问题，该法的应用前景广阔。

(4) 分子筛膜渗透分离法　2007年日本专利报道了用沸石分子筛膜渗透法分离甲酚异构体的方法，主要特点是分离过程中甲酚混合物是以气态形式进行分离，因为当气态对甲酚可以通过分子筛膜进行渗透时气态间甲酚则不能通过，如此可将高纯对甲酚从甲酚异构体中分离出来。存在的问题主要是分离效率较低，难以实现规模化应用。

尿素配合法、萃取法以及结晶法等几种物理化学分离甲酚异构体的分离方法，由于工艺复杂、污染高以及能耗大等问题导致难以工业化应用；烃化法是目前我国生产甲酚单体的主要方法，对在烃化过程起决定性作用的催化剂还需更深入探索；吸附法分离是一种比较经济而且环保的方法，但现阶段的应用研究不多，在未来甲酚异构体分离中应加强对具有高效选择性吸附功能的吸附剂的研究和开发，如分子筛类绿色吸附剂等。

二、3，5-二甲酚的提取

二甲酚（别名：混二甲酚，工业二甲酚，2,3-二甲酚），通常是指六种二甲酚异构体，即2,3-二甲酚、2,4-二甲酚、2,5-二甲酚、2,6-二甲酚、3,4-二甲酚和3,5-二甲酚的混合物。其中3,5-二甲酚应用价值较高，值得提取精制。

通过混合二甲酚在高效精馏柱上进行精馏分离及将所得到的馏分进行结晶处理，可以得到纯度大于95%的工业级二甲酚产品。实验的最佳条件是：原料含量在30%以上；精馏塔的理论塔板数为50层；目标馏分切取温度为213～217℃；切取馏分时的回流比为10；馏分结晶的终点温度20℃。此外，产品经再处理，可以得到纯度在98%以上的试剂级产品。

Chapter 05

第五章 煤焦油盐基化合物的生产

煤焦油盐基（指碱，下同）化合物主要包括吡啶及其同系物和喹啉及其同系物等。吡啶及其同系物是1846年由Thomas Anderson在煤焦油中发现的。喹啉是1834年由Friedlieb Ferdinana Runge从煤焦油中提取出来的，1885年有人从煤焦油喹啉馏分中得到异喹啉。直到现在这些化合物仍主要来源于煤焦油。

煤焦油盐基是煤热解的产物，其组成和产率与煤料所含的总氮量、煤中氮的结合形式及炼焦温度有关。在高温炼焦过程中，炼焦煤中所含的氮有10%～12%变为氮气，约60%残留于焦炭中，有20%～25%生成氨，有1.2%～1.5%转变为盐基化合物，总产率为每吨煤450～500g。

盐基化合物是生产精细化学品的基本原料之一，应用在合成医药用剂、维生素、农药、杀虫剂、植物生长激素、表面活性剂、橡胶促进剂、染料、溶剂、浮选剂和聚合材料等。

第一节　煤焦油盐基化合物的性质及分布

煤焦油盐基是具有碱性的含有一个氮原子的杂环化合物的复杂混合物。煤焦油盐基分为吡啶盐基和喹啉盐基。吡啶盐基指沸点小于160℃的吡啶、甲基吡啶、苯胺和吡咯等。喹啉盐基指沸点大于160℃的喹啉、异喹啉及其同系物、吲哚及其同系物、多环盐基吖啶和菲啶等。

煤焦油盐基易溶于水和有机溶剂，与酸性气体生成不稳定的盐，与酚和有机酸形成不稳定的共沸物。因此，煤焦油盐基在荒煤气冷凝过程中分散到各种炼焦产品中，见表5-1。在氨水、饱和器母液、粗苯和回炉煤气中含有的主要是吡啶盐基，在煤焦油中含有的主要是喹啉盐基。喹啉盐基约占煤焦油盐基的60%，其中98%集中在煤焦油中。

表5-1　煤焦油盐基的分布

煤焦油盐基	煤焦油	氨水	饱和器母液	粗苯	回炉煤气
占资源比例/%	38	24	35	2	1

吡啶及其同系物在焦化产品中的分布见表5-2。

表5-2 吡啶及其同系物在焦化产品中的分布（占资源比例） %

盐基	焦炉煤气	粗苯	煤焦油	盐基	焦炉煤气	粗苯	煤焦油
吡啶	58	30	12	4-甲基吡啶	28	21	51
2-甲基吡啶	33	30	37	2,6-二甲基吡啶	23	22	55
3-甲基吡啶	28	21	51	三甲基吡啶	8	5	87

某厂煤焦油馏分中盐基含量见表5-3，煤焦油馏分中盐基组成见表5-4。

表5-3 煤焦油馏分中盐基含量

厂名	馏分名称	产率（占无水煤焦油）/%	盐基的质量分数/%		
			占馏分	占煤焦油	占煤焦油中盐基
1厂	酚油	1.84	6.0	0.11	
	萘油	16.23	2.6	0.42	
	洗油	6.7	7.6	0.51	
2厂	轻油	0.42	1.5	0.0063	0.84
	混合分	23.36	2.73	0.638	85.3
	一蒽油	14.7	0.446	0.066	8.82
	二蒽油	10.1	0.732	0.0375	5.01

表5-4 煤焦油馏分中盐基组成 %

组分名称	轻油	酚油	萘油	洗油	一蒽油
吡啶	65.2	12.7	0.085		
β,γ-甲基吡啶	2.38	13.62	0.569		
2,6-二甲基吡啶	12.84	12.11	0.129		
2,4-二甲基吡啶		4.16	8.590		
苯胺 3,5-二甲基吡啶 2,3,6-三甲基吡啶 2,4,6-三甲基吡啶	3.29	14.7	14.45	0.143	0.492
未知物Ⅰ	16.34	31.8	3.98	0.486	1.06
间位甲基苯胺		5.89	16.10	0.235	0.123
未知物Ⅱ		4.76	7.83	0.753	1.48
喹啉			45.5	73.3	46.0
异喹啉			1.93		4.67
2-甲基喹啉			0.687	9.75	4.07
6-甲基喹啉				3.71	2.76
7-甲基喹啉				3.71	2.76
4-甲基喹啉				2.02	1.26
3-甲基喹啉				7.00	
2,6-二甲基喹啉				1.265	1.55
2,4-二甲基喹啉				1.297	2.28
未知物Ⅲ					26.0

第二节 提取煤焦油盐基化合物

焦炉煤气中的吡啶盐基是用硫酸吸收煤气中氨制取硫酸铵的同时回收下来的，回收回来的硫酸吡啶盐基在中和器内与蒸氨塔来的氨气发生反应分解出粗吡啶盐基。用稀硫酸洗涤酚油、萘油、洗油或萘洗混合分或酚萘洗混合分得到的盐基化合物是硫酸喹啉盐基，用碱中和后得到粗喹啉盐基。

一、吡啶盐基的提取

（一）工艺原理

吡啶是粗轻吡啶中含量最多、沸点最低的组分，故以吡啶为例来阐述回收的基本原理。

吡啶具有弱碱性，与酸发生中和反应生成相应的盐。在饱和器或酸洗塔中，吡啶与母液中的硫酸作用生成酸式盐或中式盐，发生的化学反应如下。

生成酸式盐 $C_5H_5N + H_2SO_4 \longrightarrow C_5H_5NH \cdot HSO_4$

生成中式盐 $2C_5H_5N + H_2SO_4 \longrightarrow (C_5H_5NH)_2SO_4$

当提高母液酸度时，有利于生成硫酸吡啶的反应，会有更多的吡啶被吸收下来。硫酸吡啶不稳定，在母液中主要以酸式硫酸吡啶盐形式存在，此盐在温度升高时极易离解，并与硫酸铵反应而生成游离吡啶，化学反应如下。

$$C_5H_5NH \cdot HSO_4 + (NH_4)_2SO_4 \longrightarrow C_5H_5N + 2NH_4 \cdot HSO_4$$

当母液温度提高或母液中硫酸铵含量增多，均能促使酸式硫酸吡啶发生离解，使吡啶游离出来。在一定温度下母液液面上总有相应压力的吡啶蒸气，使吡啶被煤气带走而形成损失。只有当母液面上的吡啶蒸气压小于煤气中吡啶分压时，煤气中的吡啶才会被母液吸收下来。这两个分压之差越大，吸收反应就进行得越好，则随煤气损失的吡啶就越少。因此，只有连续提取母液中的吡啶，使母液中吡啶含量低于与煤气中吡啶分压相平衡的含量，才能使吸收过程不断进行。

为了从母液中提取吡啶盐基，将氨气通入中和器中，中和母液中的游离酸，使酸式硫酸铵变为中式盐，然后再反应分解硫酸吡啶，反应式如下。

$$2NH_3 + H_2SO_4 \longrightarrow (NH_4)_2SO_4$$

$$NH_3 + NH_4HSO_4 \longrightarrow (NH_4)_2SO_4$$

$$2NH_3 + C_5H_5NH \cdot HSO_4 \longrightarrow (NH_4)_2SO_4 + C_5H_5N$$

$$2NH_3 + (C_5H_5NH)_2SO_4 \longrightarrow (NH_4)_2SO_4 + 2C_5H_5N$$

因此，当需回收的粗轻吡啶的数量一定时，母液中粗轻吡啶含量越高，则需中和的母液量越少，可有较多的氨用于分解硫酸吡啶。但如前所述，母液温度高时，母液中吡啶盐基含量不能过高，否则回收率将降低。

（二）制取粗轻吡啶的工艺流程

目前国内从饱和器中回收吡啶制取粗轻吡啶的工艺流程常用的有两种流程形式，即文氏管反应器法和中和器法。

1. 文氏管反应器提取粗轻吡啶

用文氏管反应器提取粗轻吡啶流程如图 5-1 所示。

由图 5-1 所示，硫酸铵母液从沉淀槽 1 连续进入文氏管反应器 2，与由蒸氨分凝器来的氨气在喉管处混合反应，使吡啶从母液中游离出来，同时因反应热而使吡啶从母液中汽化，气液混合物一起进入旋风分离器 3 进行分离，分出的母液去脱吡啶母液净化装置，气体进入冷凝冷却器 4 进行冷凝冷却。被冷却到 30～40℃的冷凝液进入油水分离器 5，分离出的粗轻吡啶流经计量槽 6 后进入储槽 7，分离水则返回反应器。

在文氏管反应器内，氨气与母液接触时间很短，中和反应的好坏，除与设备结构设计有关外，主要取决于氨气由喷嘴喷出的速度和碱度的控制。因此必须使氨气流量稳定在规定的范围内，有条件时可采用碱度自动控制装置，及时调节进入文氏管的母液量来稳定脱吡啶后母液的碱度。

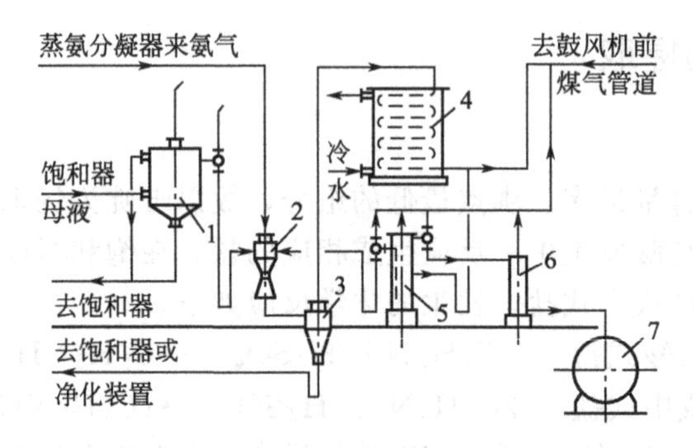

图 5-1 用文氏管反应器从母液中生产粗轻吡啶的流程

1—母液沉淀槽；2—文氏管反应器；3—旋风分离器；
4—冷凝冷却器；5—油水分离器；6—计量槽；7—储槽

文氏管反应器具有体积小、制造简单，检修方便等优点。因此，近年来在国内的一些大型焦化厂普遍受到重视。

2. 中和器法提取粗轻吡啶流程

图 5-2 为采用母液中和器，从饱和器母液中生产粗轻吡啶的工艺流程。

由图 5-2 可见，母液从饱和器结晶槽连续流入母液沉淀槽 1 中，进一步析出硫酸铵结晶，并除去浮在母液液面上的煤焦油，然后进入母液中和器 2 中。同时从蒸氨分凝器来的 10%～12%的氨气，进入中和器泡沸穿过母液层，与母液接触而分解出吡啶。由于大量的反应热及氨气的冷凝热，中和器内母液温度升至 95～99℃。在此温度下，吡啶蒸气、氨气、硫化氢、氰化氢、二氧化碳、水汽以及少量油气和酚等物质从中和器逸出，进入冷凝冷却器 3 中冷却到 30℃左右。冷凝液进入油水分离器 4，上层的粗吡啶流入计量槽 5，然后放入储槽 6，下层的分离水则返回中和器。中和母液所消耗的氨并没有损失，而以硫酸铵的形式随脱吡啶母液由中和器满流而出，经母液净化装置净化后流至饱和器母液系统。

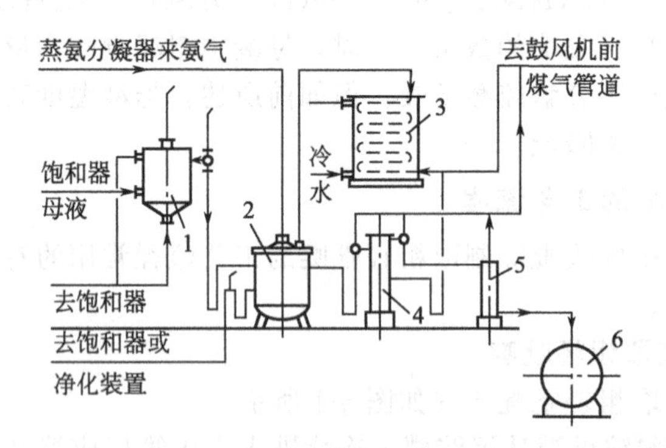

图 5-2 从饱和器母液中生产粗轻吡啶的工艺流程

1—母液沉淀槽；2—中和器；3—冷凝冷却器；
4—油水分离器；5—计量槽；6—储槽

因为吡啶的溶解度比其同系物大得多，故分离水中主要含的是吡啶。分离水返回反应器，既可增大水溶液中铵盐浓度，又可减少吡啶损失。吡啶蒸气有毒，并含有硫化氢、氰化氢等有毒物，故提取吡啶系统要在负压下操作。

吡啶盐基易溶于水，其之所以能与分离水分开，是因为分离水中溶有大量的碳酸铵，具有使吡啶盐基从水中盐析出来的作用，并使分离水与粗轻吡啶的密度差增大。因此，分离水必须返回中和器。

从煤气和氨水中回收的粗吡啶盐基，其质量指标如下。

相对密度 d_4^{20}	<1.012
吡啶盐基的质量分数（无水基）/%	>60
水分/%	<15

二、喹啉盐基的提取

(一) 工艺原理

以酚油、萘油、洗油或它们的混合馏分为原料，用浓度为15%～30%的硫酸（硫酸含量因所处理的馏分不同而异）洗涤时，喹啉盐基（以喹啉为例）与硫酸发生如下反应。

$$C_9H_7N + H_2SO_4 \longrightarrow C_9H_7NH \cdot HSO_4$$

$$2C_9H_7N + H_2SO_4 \longrightarrow (C_9H_7NH)_2SO_4$$

理论上1kg喹啉盐基需100%的硫酸0.62kg，实际生产中性硫酸盐基时只需0.4kg。

由于喹啉盐基相比酚类化合物要少很多，所以为了提高生产效率，一般只以洗油为原料进行洗涤生产喹啉盐基化合物的居多。

盐基能溶解在盐基硫酸盐中，当酸量不足时，则在盐基硫酸盐中存在游离的盐基，因此为了从馏分中完全提取盐基，在最后酸洗阶段必须供给足够的酸。另外，盐基硫酸盐易溶解在酚盐中，为了降低盐基的损失，在第一阶段脱酚之后，脱盐基之前，馏分含酚小于5%为宜。酸洗过程得到的硫酸盐基用碱性物中和分解。采用的碱性物有氨水、氨气和碳酸钠等。

用含量为18%～20%的氨水进行中和分解的反应为：

$$(C_9H_7NH)_2SO_4 + 2NH_3 \cdot H_2O \longrightarrow 2C_9H_7N + (NH_4)_2SO_4 + 2H_2O$$

生成1t 100%的盐基，需0.3t 100%的氨。

此法得到的硫酸铵溶液返至硫酸铵生产工序。

用浓度20%～25%的碳酸钠进行中和分解的反应为：

$$(C_9H_7NH)_2SO_4 + Na_2CO_3 \longrightarrow 2C_9H_7N + Na_2SO_4 + CO_2 + 2H_2O$$

生成1t 100%的盐基，需0.9t 100%的碳酸钠。

(二) 工艺流程

根据上述，在实际生产中可用碱液及硫酸与馏分呈逆向流动，碱洗与酸洗交替进行的连续洗涤工艺，见图5-3、图5-4。

本节介绍的是以洗油为原料，用酸洗法脱盐基的工艺流程。

1. 酸洗脱盐基

(1) 喷射混合器式连续洗涤工艺　喷射混合器式连续洗涤工艺流程见图5-3。洗油馏分作为驱动流体，在高压下经喷射混合器9的喷嘴高速喷射，产生真空，将30%的硫酸吸入，两股液体进行混合、减速升压后，再进入管道混合器10。馏分中的盐基与硫酸反应生成硫酸盐基后进入分离塔1，硫酸盐基在塔底部排出，经液位调节管流入硫酸盐基槽5，再用泵送到精制装置。

脱盐基后的洗油馏分从塔上部流出进入中和塔2的底部。中和塔装有浓度20%的NaOH，以中和馏分中的游离酸。中和后的馏分从中和塔2上部排出。为了保证驱动流体

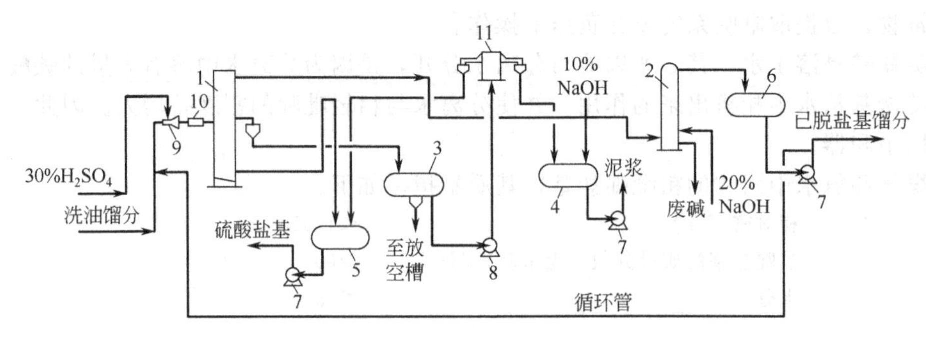

图 5-3 喷射混合器式连续洗涤工艺流程

1—分离塔；2—中和塔；3—1# 泥浆槽；4—2# 泥浆槽；5—硫酸盐基槽；6—馏分槽；
7—输出泵；8—泥浆装入泵；9—喷射混合器；10—管道混合器；11—离心分离机

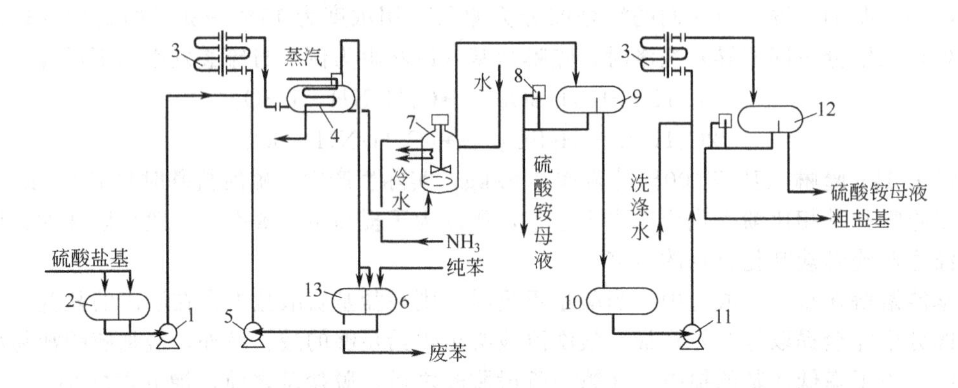

图 5-4 连续式氨分解硫酸喹啉盐基工艺流程

1—硫酸盐基泵；2—硫酸盐基槽；3—管式混合器；4—纯苯分离槽；5—纯苯泵；6—纯苯循环槽；7—分解器；
8—界面调节器；9—硫酸铵母液分离槽；10—粗盐基中间槽；11—粗盐基泵；12—水分离槽；13—废苯槽

所必需的流量，设置了循环管线。从分离塔 1 中部排出的乳化物和泥浆进入 1# 泥浆槽 3，由此用泵 8 打入离心机 11，分离出的轻液排入 2# 泥浆槽 4，分离出的重液流入硫酸盐基槽 5。

该工艺采用的喷射混合器由喷嘴、接受室、混合室及扩散器组成，其工作原理是利用工作流体在高压下经过喷嘴，以高速度喷射，使它的静压能转变为动能，产生真空而将液体吸入，工作流体与吸入液体经混合室混合，再进入扩散器，在扩散器中混合液体流速逐渐减小，即动能逐渐减小，而静压能逐渐增高，即压力逐渐增高，故能将液体排出。

该工艺采用的管道混合器叫作静态混合器，内部填充着特殊结构单元构件。它的作用原理是：依靠单元构件的特殊结构和两种液体的流动，使两股流体各自分散，彼此混合，达到两种液体良好混合的效果。

酸洗脱盐基工艺得到的中性硫酸盐基含盐基不小于 20%，含游离酸不大于 2%，馏分含盐基小于 1%。

(2) 间歇洗涤工艺　将原料洗油加入洗涤器内，加入 18%的硫酸，搅拌后静置分层，上层为已脱喹啉盐基的洗油馏分，下层为硫酸喹啉盐基溶液。

硫酸浓度对粗喹啉脱除率影响不大，只要硫酸与粗喹啉摩尔之比大于 1，该反应就较完全。当硫酸浓度较大时，硫酸易与洗油中的吲哚反应，就会使吲哚混入粗喹啉中，降低粗喹啉的浓度。用 18%的硫酸洗涤时，基本上只有喹啉盐基起反应，吲哚尚未反应，但随着酸浓度提高和用量增加，吲哚反应率急剧增加，因而硫酸浓度不宜过高。若硫酸浓度低，则导致酸洗剂的密度降低，不利于洗油与硫酸喹啉水层分离。

为了得到中性盐 [$(C_9H_7NH)_2SO_4$]，并且把喹啉盐基脱除干净，可以采用类似前面脱酚的逆流操作工艺，即先用酸式盐（$C_9H_7NH \cdot HSO_4$）洗涤原料洗油馏分，得到中式盐和未脱净喹啉盐基的洗油馏分，未脱净喹啉盐基的洗油馏分再用稀硫酸溶液洗涤，得到酸式盐和已脱净盐基的洗油馏分。

试验表明酸洗反应与反应温度关系不大，反应温度为 40～60℃，足以保证反应进行。时间对脱除率影响不大，反应物只要充分混合 5min 即可，在工艺上可以选择在常温搅拌釜中反应。原料中喹啉脱除率在 98%以上。

2. 硫酸盐基的分解

硫酸盐基的分解有间歇式和连续式。若用碳酸钠法分解，一般采用间歇式，氨分解法一般为连续式。

(1) 连续式氨分解法分解硫酸喹啉盐基　连续式氨分解法分解硫酸喹啉盐基，其工艺流程见图 5-4。为了脱除硫酸盐基中的中性油和酚等杂质，首先将硫酸盐基和纯苯送入管式混合器 3，充分混合后进入纯苯分离槽 4，上层纯苯由槽流出，返回纯苯循环槽 6 循环使用。用过的纯苯当相对密度达 0.9 以上时排入废苯槽 13。

脱除了杂质的硫酸盐基从纯苯分离槽 4 的底部进入分解器 7，同时通入氨气。为了防止硫酸铵结晶析出，还要向分解器中加入稀释水，水量为硫酸盐基量的 20%。为了 NH_3 与硫酸盐基很好地混合，在分解器中装有搅拌机，同时向分解器内通入水冷却，以吸收分解反应放出的热量，使器内温度保持在 70℃以下。分解后的混合液流入硫酸铵母液分离槽 9 中静置分离，上层的粗盐基（或称喹啉盐基）流入中间槽 10，下层的硫酸铵母液经界面调节器排入接受槽。中间槽的喹啉盐基用泵抽出，同洗涤水一起经管式混合器 3 混合洗涤后，进入水分离槽 12，上层是稀硫酸铵母液，下层是粗喹啉盐基，分别流至各自储槽。

(2) 碳酸钠法分解硫酸盐基　碳酸钠法分解硫酸盐基的操作是在分解器（间歇洗涤器）中进行的。将中性硫酸喹啉装入分解器内，开动搅拌器后，开始送入浓度为 22%～25%的 Na_2CO_3 溶液，搅拌约 0.5h，用试纸检查 pH=7～8 时，即达到分解终点，静置 2h，然后将下层 Na_2SO_4 溶液排出，中间层放入中性硫酸喹啉槽，粗喹啉放入储槽。

分解中性硫酸喹啉的操作温度为 50～60℃。每分解 1kg 喹啉盐基约耗用 0.45kg Na_2CO_3，硫酸钠废液中喹啉盐基含量不应大于 0.2%。

酸洗法脱盐基的工艺流程见图 5-5。

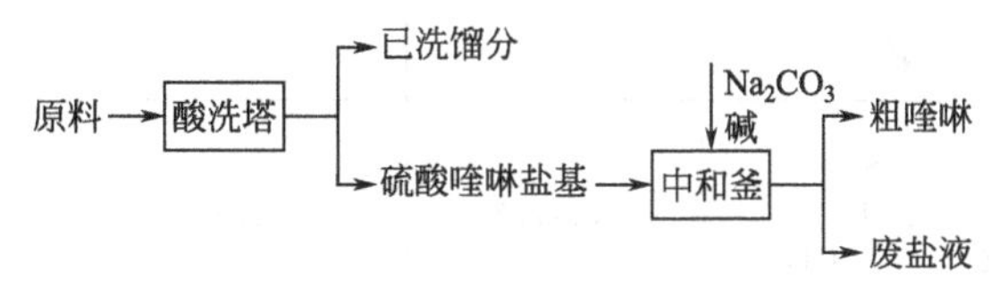

图 5-5　酸洗法脱盐基的工艺流程

粗喹啉盐基质量指标如下。

外观	暗黑色油状液体
相对密度 d_4^{20}	>1.0
喹啉盐基的质量分数（无水基）/%	>70
中性油/%	<1.0
水分/%	<15

粗喹啉中的中性油（主要是 β-甲基萘和 α-甲基萘）含量至关重要，如果粗喹啉中的中性油含量不能达到要求，则精馏生产的喹啉及其同系物质量低。为了保证中性油的含量，有

时采用苯类溶剂（一般用甲苯）萃取硫酸喹啉盐基溶液中的中性油，静置分层，再中和硫酸喹啉盐基得到合格的粗喹啉。

第三节 煤焦油盐基的精制

从煤气和氨水中回收的粗吡啶盐基和从煤焦油馏分中回收的粗喹啉盐基，分别单独精制。精制工序包括脱水、初馏和精馏。

一、吡啶盐基的精制

粗轻吡啶盐基的组成（质量分数,%）如下：

吡啶	40～45
2-甲基吡啶	12～15
3-甲基吡啶＋4-甲基吡啶	10～15
2,4-二甲基吡啶	5～10
残渣	15～20

吡啶及其同系物性质见表 5-5。

表 5-5 吡啶及其同系物性质

名称	结构式	相对密度 d_4^{20}	结晶点/℃	沸点/℃	折射率 n_D^{20}
吡啶	N	0.98310	−41.55	115.26	1.51020
2-甲基吡啶	N, CH_3	0.94432	−66.55	129.44	1.50101
3-甲基吡啶	CH_3, N	0.95658	−17.7	144.00	1.50582
4-甲基吡啶	CH_3, N	0.95478	−4.3	145.30	1.50584
2,6-二甲基吡啶	H_3C, N, CH_3	0.92257	−5.9	144.00	1.49767
2,5-二甲基吡啶	H_3C, N, CH_3	0.9428	−15.9	157.2	1.4982
2,4-二甲基吡啶	CH_3, N, CH_3	0.9493	−70.0	158.5	1.5033

续表

名称	结构式	相对密度 d_4^{20}	结晶点/℃	沸点/℃	折射率 n_D^{20}
3,5-二甲基吡啶	H_3C　CH_3　N	0.9385	−5.9	171.6	1.5032
3,4-二甲基吡啶	CH_3　CH_3　N	0.9537	—	178.9	1.5099
2,4,6-三甲基吡啶	CH_3　H_3C　N　CH_3	0.9191	−46.0	170.5	1.4981

吡啶盐基精制工艺流程见图 5-6。

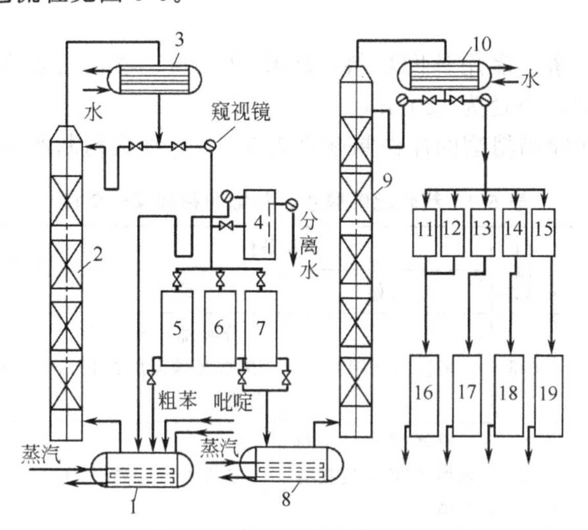

图 5-6　轻吡啶精制工艺流程

1—初馏釜；2—初馏塔；3,10—冷凝冷却器；4—油水分离器；5～7—吡啶馏分槽；8—精馏釜；9—精馏塔；11，12—吡啶计量槽；13—α-甲基吡啶计量槽；14—β-甲基吡啶计量槽；15—吡啶溶剂计量槽；16～19—产品储槽

1. 脱水和初馏

脱水一般采用水与苯等共沸温度较低，冷凝后苯与水易分层的特点，将原料中水脱除，吡啶、苯和水的共沸性状见表 5-6。

表 5-6　吡啶、苯和水的共沸性状

化合物	沸点/℃	与水的共沸点/℃	共沸物中水含量/%
吡啶	115.2	92.6	43
苯	80.2	69.3	8.8
甲苯	110.7	84.1	19.6

吡啶盐基和相当其20%～30%量的苯一并装入蒸馏釜用蒸汽间接加热，苯水共沸物首先馏出，经冷凝分离后，苯返回蒸馏釜，分离水排入酚水泵站，以便进行生物处理。当塔顶温度上升到80℃，分离器后分离水逐渐减少到没有时，即脱水完毕。接着将苯采出，至塔顶温度继续上升到90℃时，采苯结束。粗轻吡啶经脱水后，即可进行精馏。

由于轻粗吡啶盐基组成较复杂，一次精馏很难得到合格的产品，通常采用二次精馏。第一次为初馏，将脱水后的轻粗吡啶盐基分段切取110～120℃馏分Ⅰ和120～160℃馏分Ⅱ。有时为了生产工业二甲基吡啶，可继续蒸馏切取160～200℃的二甲基吡啶馏分，再精馏制取工业二甲基吡啶（此处和本章各蒸馏操作的温度及真空度指标，均为大气压力101kPa地区的操作指标），釜渣外排。

2. 精馏

第二次为精馏，以馏分Ⅰ和馏分Ⅱ为原料分别在精馏釜系统进行蒸馏。馏分Ⅰ经储槽流入精馏釜进行精馏，馏出物经填料精馏塔进入冷凝冷却器，冷凝冷却后入计量槽，再放入相应的储槽，由此得到的主要是纯吡啶。在切取完吡啶后，釜内残油可不排出，再装入馏分Ⅰ一起蒸馏，也可以混入馏分Ⅱ中蒸馏。按切取温度分别切取吡啶溶剂、α-甲基吡啶、β-甲基吡啶。当切取完β-甲基吡啶后将釜内残渣进一步精馏以提取二甲基吡啶。整个精馏过程是间歇进行的。

精馏塔一般为填料塔，多用丝网填料，塔高约14m，塔径与处理量有关，对于年处理400t粗吡啶的生产规模，塔径为420mm。

粗轻吡啶脱水、初馏和精馏的操作制度见表5-7。轻吡啶精制产品质量和产率见表5-8。

表5-7 粗轻吡啶脱水、初馏和精馏操作制度

<table>
<tr><th rowspan="2">工序</th><th rowspan="2">馏分</th><th rowspan="2">回流比</th><th colspan="2">切换条件</th><th rowspan="2">产率/%</th><th rowspan="2">备注</th></tr>
<tr><th>开始</th><th>终了</th></tr>
<tr><td rowspan="6">粗轻吡啶脱水和初馏</td><td>苯和水</td><td>0.5</td><td>塔顶69～71℃</td><td>分离器水层不再增加,塔顶温度稍有升高</td><td>15(水)</td><td rowspan="2">分离水外排,苯循环使用</td></tr>
<tr><td>苯</td><td>5</td><td>分离器水层不再增加,塔顶温度稍有升高</td><td>塔顶98～100℃</td><td></td></tr>
<tr><td>110℃前馏分</td><td>8</td><td>塔顶98～100℃</td><td>塔顶110℃</td><td>4</td><td>返回原料中</td></tr>
<tr><td>110～120℃馏分</td><td>8</td><td>塔顶110℃</td><td>塔顶120℃</td><td>23</td><td>送精馏</td></tr>
<tr><td>120～160℃馏分</td><td>8</td><td>塔顶120℃</td><td>塔顶170℃</td><td>24</td><td>送精馏</td></tr>
<tr><td>釜渣</td><td></td><td></td><td></td><td>33</td><td>外排</td></tr>
<tr><td rowspan="4">110～120℃馏分精馏</td><td>110℃前馏分</td><td>8</td><td></td><td>塔顶110℃</td><td>5</td><td>返回粗轻吡啶原料</td></tr>
<tr><td>110～114.5℃馏分</td><td>15</td><td>塔顶110℃</td><td>初馏点达114.5℃,比色达1号</td><td>9</td><td>回配馏分Ⅰ</td></tr>
<tr><td>纯吡啶</td><td>12</td><td>初馏点达114.5℃比色达1#</td><td>干点达116.5℃</td><td>70</td><td>产品</td></tr>
<tr><td>残液</td><td></td><td></td><td></td><td>15</td><td>回配馏分Ⅱ</td></tr>
</table>

续表

工序	馏分	回流比	切换条件		产率/%	备注
			开始	终了		
120～160℃馏分精馏	110℃前馏分	12		塔顶 110℃	7	返回粗轻吡啶原料
	110～120℃馏分	12	塔顶 110℃	初馏点>120℃	20	回配馏分Ⅰ
	120～126℃馏分	15	初馏点>120℃	126～131℃馏出量>95%	7	产品吡啶溶剂
	126～131℃馏分	15	126～131℃馏出量>95%	126～131℃馏出量>95%	25	产品 2-甲基吡啶
	131～138℃馏分	15	126～131℃馏出量>95%	138～145℃馏出量>95%	8	产品吡啶溶剂
	138～145℃馏分	15	138～145℃馏出量>95%	138～145℃馏出量>95%	20	产品 3-甲基吡啶
	残液				12	提取二甲基吡啶和三甲基吡啶

表 5-8　轻吡啶精制产品质量和产率

产品	外观	密度(20℃)/(g/cm³)	馏程	水分/%	产率(对含吡啶 60%的干基原料)/%
纯吡啶	无色透明，比色 1#	0.980～0.984	初馏点≥114.5℃ 干点≤116.5℃	≤0.3	23.5
2-甲基吡啶	无色或微黄色，透明		126～131℃馏出量≥95%(体积分数)	≤0.3	5.8
3-甲基吡啶	微黄色，透明	0.930～0.960	138～145℃馏出量≥95%(体积分数)	≤0.3	7.8
吡啶溶剂	微黄色，透明		120～140℃馏出量≥95%(体积分数)	≤0.3	9.7 51
残渣					

二、喹啉盐基的精制

某厂的粗喹啉组成及沸点见表 5-9。

表 5-9　粗喹啉的组成及沸点

项目	萘	喹啉	异喹啉	β-甲基萘	α-甲基萘	2-甲基喹啉	4-甲基喹啉	吲哚	其他
含量/%	0.12	53.38	26.44	0.56	0.27	10.16	4.18	3.49	1.4
沸点/℃	214.9	237.3	243	241.1	244.4	247	265.6	253	

喹啉盐基精制工艺流程见图 5-7。

原料粗喹啉经储槽用泵导入精馏釜，抽真空在减压条件下进行精馏，馏出物经填料精馏塔进入冷凝冷却器，冷凝冷却后入馏分接受槽，再放入相应的储槽。按顺序依次产出水、前馏分、工业喹啉和后馏分。喹啉的前后馏分进入中间馏分槽，回到粗喹啉中复蒸，釜内残渣

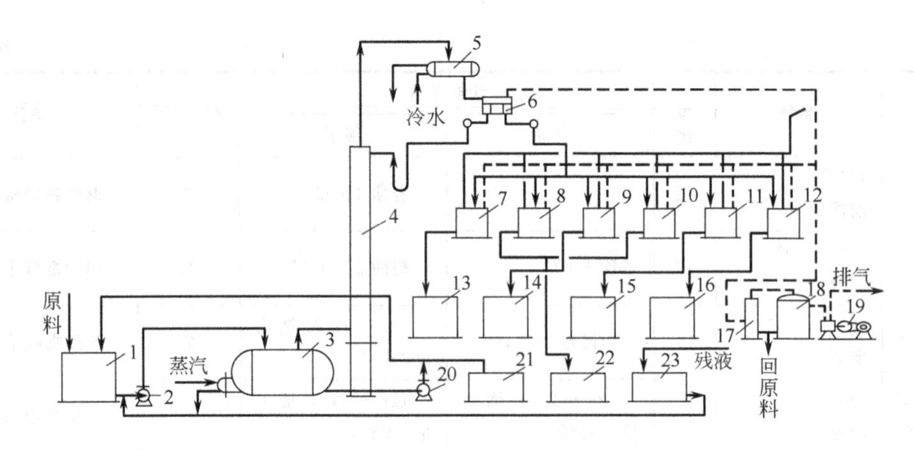

图 5-7　喹啉盐基精制工艺流程

1—喹啉盐基原料槽；2—装料泵；3—蒸馏釜；4—蒸馏塔；5—冷凝冷却器；6—回流分配器；7～12—馏分接受槽；13～16，22—馏分储槽；17—真空捕集器；18—真空缓冲罐；19—真空泵；20—抽渣泵；21—喹啉盐基初馏残渣槽；23—中间馏分储槽

进一步精馏可以提取异喹啉等喹啉同系物。整个精馏过程是间歇进行的。

精馏塔一般为填料塔，多用丝网填料。

喹啉盐基精制操作制度见表 5-10。

表 5-10　喹啉盐基精制操作制度

原料	馏分名称	回流比	塔顶温度/℃	塔顶真空度/kPa	切换条件		备注
					开始	终了	
喹啉馏分	水	0.5		80		线流呈透明状	
	前馏分	8		80	线流呈透明状	喹啉含量＞90％	复蒸
	工业喹啉	10		80	喹啉含量＞90％	喹啉含量＜90％	
	后馏分	8		80	喹啉含量＜90％	喹啉含量＜50％	复蒸
	残液						用于生产喹啉同系物

工业喹啉的质量标准见表 5-11。含量由气相色谱法测定。

表 5-11　工业喹啉质量标准（YB/T 5281—2008《工业喹啉》）

指标名称	指标
外观	无色至浅褐色液体
密度(20℃)/(g/cm³)	1.086～1.096
水分(质量分数)/％　　≤	0.5
喹啉含量(质量分数)/％　　≥	95.0

武钢焦化厂王洪槐对从洗油中提取喹啉做了实验探讨，其实验方案是将洗油先酸洗，再碱中和，最后常压精馏得到喹啉含量大于 90％的工业喹啉。从洗油中提取喹啉流程见图 5-8。

选用焦油车间洗油产品作原料，其组成成分如表 5-12 所示。

硫酸做酸洗剂，氨水作中和剂。

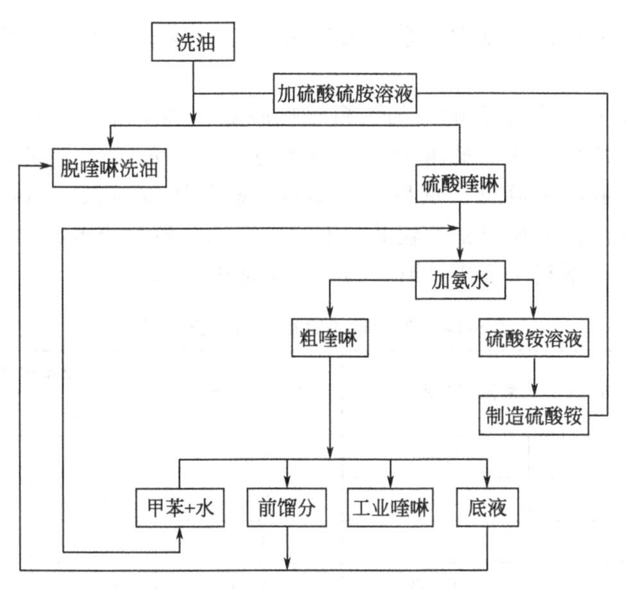

图 5-8 从洗油中提取喹啉流程图

表 5-12 洗油组成成分（质量分数） %

萘	β-甲基萘	α-甲基萘	喹啉	异喹啉	2-甲基喹啉	其他
10.43	20.96	8.30	3.00	0.12	0.67	56.52

精馏分两个过程，先脱水和甲苯，再精馏切取工业喹啉馏分。用 1.5m 高玻璃精馏柱，内装三角螺旋填料，理论塔板数 35 块，进行间歇常压精馏。

实验对酸洗条件进行了详细探讨。

(1) 粗喹啉脱除率与硫酸浓度的关系 反应条件：硫酸与粗喹啉（喹啉+异喹啉）的摩尔比 1.5，酸洗温度 60℃，时间 60min，盐浓度 10%，加氨水到 pH=7～8，洗后静置时间 4h，中和后静置时间 2h。

由表 5-13 可见，硫酸浓度对粗喹啉脱除率影响不大，只要硫酸与粗喹啉摩尔比大于 1，该反应就较完全。当硫酸浓度较大时，硫酸易与洗油中其他物质反应，就会使其他物质混入粗喹啉中，降低粗喹啉的浓度。有资料说明：用 18%的硫酸洗涤时，基本上只有喹啉盐基起反应，吲哚尚未反应，随着酸浓度提高和用量增加，吲哚反应率急剧增加，因而硫酸浓度不宜过高。若硫酸浓度低，则导致酸洗剂的相对密度降低，不利于洗油与硫酸喹啉水层分离，洗油相对密度 d_4^{20} 约 1.050，10%硫酸（含 10%盐）酸洗剂 d_4^{20} 约 1.119，大于洗油相对密度，因此，较好的硫酸浓度在 10%左右。有资料认为硫酸浓度在 17%较好，实际上是该浓度下的相对密度较合适，$d_4^{20}=1.117$，这有利油水分离。当提高酸洗剂相对密度时，硫酸浓度可以降低，低于 17%。

表 5-13 粗喹啉脱除率与硫酸浓度的关系

硫酸浓度/%	盐浓度/%	酸液相对密度(d_4)	粗喹啉脱除率/%	粗喹啉组成(质量分数)/%		
				喹啉	异喹啉	合计
5	10	1.067	92.4	63.47	11.82	75.29
10	10	1.119	93.4	60.00	11.33	71.33
15	10	1.148	93.2	59.00	11.38	70.38

(2) 粗喹啉脱除率与盐浓度的关系　反应条件：硫酸浓度10%，盐浓度变化，其他条件同上。

由表5-14可见，随着盐浓度的增加，粗喹啉脱除率逐步降低。从分子反应理论看，硫酸的浓度一定，盐的浓度越大，硫酸分子与喹啉分子之间的障碍越多，它们之间碰撞越困难，因而反应变差，脱除率降低。从另一方面看，盐的浓度越低，粗喹啉脱除率越高，但是，盐的浓度低，酸洗剂的相对密度就低，不利于洗油与硫酸喹啉的静置分层，得到的粗喹啉含量就低，杂质多，不利于下步精馏，因此，合适的盐浓度在10%左右。

表5-14　粗喹啉脱除率与盐浓度的关系

盐浓度/%	硫酸浓度/%	酸液相对密度(d_4)	粗喹啉脱除率/%	粗喹啉组成(质量分数)/%		
				喹啉	异喹啉	合计
5	10	1.084	95.6	59.44	11.94	71.38
10	10	1.119	93.4	60.00	11.33	71.33
20	10	1.171	87.1	61.10	12.28	73.38
30	10	1.232	85.1	63.50	11.72	75.22
40	10	1.291	75.1	56.18	12.54	68.72

(3) 粗喹啉脱除率与酸的摩尔比的关系　反应条件：硫酸浓度10%，盐浓度10%，反应温度60℃，反应时间5min，加氨水到pH＝7～8，洗后静置时间4h，中和后静置时间2h。硫酸与粗喹啉（喹啉＋异喹啉）的摩尔比为硫酸物质的量除以粗喹啉物质的量。

由表5-15可见，随着酸摩尔比的增加，粗喹啉脱除率逐步增加，但酸摩尔比大于1.5倍时，粗喹啉脱除率增加不大，从节约成本角度，酸的摩尔比取1.5左右较合适，保证反应完全，略有过剩。

表5-15　粗喹啉脱除率与酸摩尔比的关系

酸摩尔比	盐浓度/%	硫酸浓度/%	酸液相对密度(d_4)	粗喹啉脱除率/%	粗喹啉组成(质量分数)/%		
					喹啉	异喹啉	合计
1.2	10	10	1.113	88.7	58.33	5.26	63.59
1.5	10	10	1.113	93.5	56.92	7.87	64.79
1.8	10	10	1.113	93.6	64.61	8.04	72.65

(4) 粗喹啉脱除率与酸洗温度的关系　温度升高能使反应加快，油分黏度减少，利于流动和分子接触，但温度过高，易产生聚合反应，增加油类挥发。本课题研究了酸洗温度为30℃、40℃、50℃、60℃、70℃时粗喹啉的脱除率，实验结果表明酸洗反应与反应温度关系不大，反应温度在40～60℃，足以保证反应进行。

(5) 粗喹啉脱除率与酸洗时间的关系　在其他条件不变的情况下，本课题研究了酸洗搅拌时间为2min、5min、10min、20min、30min等情况下粗喹啉的脱除率，结果表明时间对脱除率影响不大，因此，反应物只要充分混合5min即可（在60℃条件下）。前人做这个实验是搅拌1h，实际没有必要，可以缩短时间。在工艺上可以选择在常温搅拌釜中反应，或在洗涤塔中逆流接触洗涤。

通过以上对酸洗条件的分析可看到，只要脱除率高，油水分层好，粗喹啉含量就高。较好的酸洗条件是：硫酸对粗喹啉的摩尔比1.5，硫酸浓度10%，盐浓度10%，反应温度40～60℃，洗涤时间充分搅拌5min左右。可以得到原料中粗喹啉脱除率95%以上，粗喹啉中喹啉含量大于 60%。

选用氨水作中和剂。用 NaOH 中和硫酸喹啉，最后得到副产物 Na_2SO_4，难以处理。可以选用较纯氨气作中和剂，这有利于反应进行。

在常温下，在硫酸喹啉溶液中加入氨水，浓度是 25%～ 28%，保证溶液中和完全，粗喹啉生成，pH=7.0～8.0，再在溶液中加入甲苯萃取粗喹啉，加入量为粗喹啉量的 0.5 倍。加入甲苯的好处是减少粗喹啉中的水分和硫酸铵的含量，以利于粗喹啉下步精馏，但甲苯加入量过多，会增加精馏处理量，降低效率，因此甲苯量不宜过多。

碱中和时，粗喹啉没有损失，可全部回收。

对精馏条件也做了详细探讨。

采用表 5-16 中粗喹啉 1266g 做精馏试验。

表 5-16　粗喹啉的组成及沸点

项目	成分								
	甲苯	萘	喹啉	异喹啉	β-甲基萘	α-甲基萘	2-甲基喹啉	4-甲基喹啉	其他
含量/%	46.52	0.82	28.38	5.44	1.56	0.67	4.16	2.18	10.27
去溶剂含量/%	0	1.53	53.07	10.17	2.92	1.25	7.78	4.08	19.20
沸点/℃	110.6	217.9	238	240	243	241	246.6	265.6	

从表 5-16 中的沸点可以看出，喹啉与异喹啉的沸点接近，含量较多；β-甲基萘、α-甲基萘尽管沸点与喹啉、异喹啉接近，但含量较少；萘、2-甲基喹啉和 4-甲基喹啉与喹啉的沸点有一定温差，通过精馏可以分离；甲苯的沸点很低，可以先蒸馏出甲苯及少量水后，再精馏分离出喹啉和异喹啉馏分，得到喹啉含量大于 90%的工业喹啉产品。

表 5-17　粗喹啉精馏试验结果

顶温/℃	流量/g	甲苯/%	萘/%	喹啉/%	异喹啉/%	β-甲基萘/%	α-甲基萘/%	2-甲基喹啉/%	4-甲基喹啉/%	其他/%
110	437	甲苯+水	0	0	0	0	0	0	0	0
214～230	31	3.71	33.89	50.44	0.26	1.43	0	0	0	10.27
231	92	0	0.88	95.36	0.07	3.49	0	0	0	0.2
231.5	104	0	0	94.18	0.43	4.92	0.38	0.38	0	0
232	54	0	0	88.90	4.15	5.61	1.01	0.15	0	0.18
235	82	0	0	62.55	24.75	4.84	3.73	3.81	0	0.32
238.5	89	0	0	26.18	40.09	2.46	3.80	22.65	0	4.82
253	106	0	0	2.45	11.71	0.44	4.64	27.16	18.63	34.97
底液	186	0	0	0	0	0	0	0.53	2.65	96.82

由表 5-17 看到，精馏过程分两步进行，先脱水和溶剂，后精馏切取馏分，喹啉最高浓度为 95.36%，此时温度 231℃；通过计算可得，喹啉含量大于 85%馏分的回收率 87.3%，喹啉含量大于 92%馏分的回收率 71.6%。若 2 号、6 号、7 号馏分返回第二次蒸馏原料，则喹啉实际回收率可达 99%。

综合上面三步，减少粗喹啉中杂质，提高精馏塔效率，有利于喹啉纯度提高，最高含量可到 95%，喹啉回收率可以达到 94.1%，取得较好效果。

第四节 吡啶同系物的分离精制

一、吡啶同系物的性质和用途

从煤焦油中提取的吡啶同系物主要是甲基吡啶、二甲基吡啶和三甲基吡啶，它们都是无色而具有特殊气味的液体，其主要性质和用途见表5-18。

表5-18 吡啶同系物的性质和用途

名称	密度(20℃)/(g/cm^3)	沸点/℃	熔点/℃	溶解性	pK_a(25℃水内)	用途
吡啶	0.9827	115.3	−42	溶于水、乙醇、乙醚和苯等	5.22	用于医药、纺织助剂、腐蚀抑制剂、防锈剂和橡胶促进剂的生产中，也是良好的溶剂
2-甲基吡啶(α-甲基吡啶)	0.9443	129	−66.55	溶于水、乙醇、乙醚和苯等	5.96	用于氮肥添加剂、有机磷解毒药、驱虫药、麻醉药和制硅沉着病药的生产
3-甲基吡啶(β-甲基吡啶)	0.9566	143.5	−17.7	溶于水、乙醇、乙醚和苯等	5.63	用于烟酸、维生素B、食品和饲料添加剂、活血剂、强心剂及抗结核药的生产
4-甲基吡啶(γ-甲基吡啶)	0.9548	145	−4.3	溶于水、乙醇、乙醚和苯等	5.98	用于异烟酸、有机磷解毒剂、凝血剂和抗高血压药的生产
2,3-二甲基吡啶		162～164	−22.5	溶于水、乙醇、乙醚和苯等	6.57	
2,4-二甲基吡啶	0.9493	157.9	−7.0	溶于水、乙醇、乙醚和苯等	6.63	
2,5-二甲基吡啶	0.9428	157.2	−15.7	溶于水、乙醇、乙醚和苯等	6.40	用于合成药物
2,6-二甲基吡啶	0.9226	144	−5.9	溶于水、乙醇、乙醚和苯等，还可溶于二甲基甲酰胺和四氢呋喃	6.72	
2,4,6-三甲基吡啶	0.9191	172	−43.8	易溶于乙醇、乙醚，微溶于热水		用于合成药物、维生素A、氢化可的松和染料等

吡啶及其同系物具有碱性，能与许多质子酸生成盐。吡啶及其同系物的碱性比苯胺(pK_a=4.70)强，比氨(pK_a=9.24)弱得多，其pK_a值见表5-18。

吡啶及其同系物在煤焦油中的质量分数为0.2%～0.3%。

提取吡啶同系物的原料是精馏切取的相应的吡啶馏分。

二、3-甲基吡啶馏分中同系物的分离

3-甲基吡啶馏分含有约5%的2-甲基吡啶，约35%的3-甲基吡啶，约27%的4-甲基吡啶，约30%的2,6-二甲基吡啶和约3%的2,5-二甲基吡啶。这些化合物的物理化学性质相近，由表5-18可见，3-甲基吡啶与4-甲基吡啶在常压下沸点仅差1.5℃且2,6-二甲基吡啶与

前两者沸点差也较小，单纯用精馏法很难分离，一般采用物理和化学结合的方法将他们分离。

1. 配合法

将3-甲基吡啶馏分加热至80℃，加入含尿素60%的水溶液，冷却使2，6-二甲基吡啶与尿素生成的配合物析出，反应如下：

$$\text{2,6-}(CH_3)_2C_5H_3N + 2(NH_2)_2CO + H_2O \longrightarrow \text{2,6-}(CH_3)_2C_5H_3N \cdot 2(NH_2)_2CO \cdot H_2O$$

过滤分离后的滤液在80℃下再加入氯化铜溶液，则3-甲基吡啶与氯化铜选择性配合，反应如下：

$$6\ \text{3-}CH_3C_5H_4N + CuCl_2 \longrightarrow CuCl_2 \cdot 6\ \text{3-}CH_3C_5H_4N$$

冷却使3-甲基吡啶与氯化铜的配合物析出，而4-甲基吡啶不变，经过滤可将两者分离。滤液中加入氯化钴，则4-甲基吡啶与氯化钴发生配合，反应如下：

$$2\ \text{4-}CH_3C_5H_4N + CoCl_2 \longrightarrow CoCl_2 \cdot 2\ \text{4-}CH_3C_5H_4N$$

将各阶段配合得到的滤饼，分解蒸馏，便可得到纯度99.5%的2，6-二甲基吡啶、纯度98%的3-甲基吡啶和4-甲基吡啶。

上述方法污水量大，吡啶类损失大，若加入有机溶剂，可使尿素均匀分散其中。有机溶剂用苯、环己烷等，使用量为2，6-二甲基吡啶的3倍以上，形成的粉浆浓度20%～30%为好，以利于反应的进行。反应温度控制在70～80℃，在搅拌下反应3～5h，然后冷却至室温，将生成的尿素配合物离心过滤，并用溶剂洗净，得到精制的络合物。再向配合物加入3～4倍的溶剂，在80℃下分解，经冷却、过滤和常压精馏便得到纯度99.1%的2，6-二甲基吡啶，回收率为77%。

2. 与酚共沸精馏法

借助与酚形成共沸物，分离3-甲基吡啶馏分中的吡啶同系物的依据见表5-19。由表5-19中数据可见共沸物的沸点间隔与原组分间的沸点间隔相比有所变化，降低压力对分离2，6-二甲基吡啶共沸物较为有利。采用精馏塔板数30～40，回流比40，经二次精馏可得到纯产品。

表5-19　几种吡啶同系物与酚的共沸混合物特性

组分名称	压力/kPa	共沸物沸点/℃	吡啶同系物的质量分数/%
2,6-二甲基吡啶	101.32	186.0	25.91
	60.79	179.0	29.00
	53.33	164.5	33.31
	26.66	143.5	35.40
3-甲基吡啶	101.32	187.0	25.00
	60.79	178.0	26.49
	53.33	167.0	28.28
	26.66	146.0	41.27

续表

组分名称	压力/kPa	共沸物沸点/℃	吡啶同系物的质量分数/%
4-甲基吡啶	101.32	190.5	31.27
	60.79	181.5	32.26
	53.33	168.5	33.26
	26.66	147.5	34.76

3. 萃取法

采取两段萃取法，第一段采用极性强的水和极性弱的煤油或正己烷等作为溶剂，对3-甲基吡啶馏分进行萃取。萃取塔顶为煤油和2，6-二甲基吡啶，塔底为3-甲基吡啶和4-甲基吡啶水溶液。第二段用苯和pH=3.6的磷酸二氢钠水溶液作溶剂，对第一段塔底液进行萃取，塔顶为3-甲基吡啶苯溶液，塔底为4-甲基吡啶磷酸二氢钠水溶液。各自分离可得到纯度大于90%的吡啶单体化合物。

三、2，4-二甲基吡啶的分离

1. 氯化氢法

此法基于2,4-二甲基吡啶盐酸化物选择性析出。将加热到120～130℃的二甲基吡啶馏分用氯化氢气体处理，则生成2,4-二甲基盐酸化物，经过滤、碱分解和蒸馏，便得到沸点157～157.5℃的2,4-二甲基吡啶。

2. 与水共沸精馏法

用二甲基吡啶馏分与水共沸精馏，可将2,4-二甲基吡啶以99.7%的纯度分离出来。与水形成的共沸物沸点为97℃，共沸物中2,4-二甲基吡啶含量为39%，产率占原料中资源的80%。

3. 与酚共沸精馏法

借助与酚形成共沸物，分离二甲基吡啶馏分中的同系物的依据见表5-20。

表5-20 二甲基吡啶同系物与酚的共沸混合物特性

组分名称	共沸物沸点/℃	吡啶同系物的质量分数/%	在N_T=50精馏塔精馏产品主要组分的质量分数/%
2-甲基-6-乙基吡啶	148	36	>90
2,5-二甲基吡啶	152～153	48	77
2,4-二甲基吡啶	155	40	>90
2,3-二甲基吡啶	154	42	80

四、2，4，6-三甲基吡啶的分离

2,4,6-三甲基吡啶通过精馏可得到纯品。还可将三甲基吡啶馏分用浓盐酸处理，加入苯，在加热时从反应物中析出盐酸化物。经冷却过滤后，得到粗盐酸化物，将其从乙醇中再结晶，然后用碱液分解、干燥和蒸馏，可得到沸程为169.5～170℃、结晶点为44.3℃的2,4,6-三甲基吡啶。

第五节　喹啉同系物的分离精制

一、喹啉同系物的性质和用途

喹啉类化合物均具有特殊气味，暴露在空气中或阳光下色泽逐渐变深，其主要性质见表5-21。

表 5-21　喹啉同系物的性质

名称	密度(20℃)/(g/cm³)	沸点/℃	熔点/℃	外观	溶解度
喹啉	1.095	237.3	−15.6	无色液体	微溶于水，能与乙醇、乙醚和二硫化碳混溶
异喹啉	1.0980	243	25.6	无色液体，针状结晶	不溶于水，溶于乙醇、乙醚
2-甲基喹啉	1.0585	246.5	−29	无色液体	微溶于水，溶于乙醇、乙醚、丙酮或氯仿
4-甲基喹啉	1.0862	265.5		无色液体	微溶于水，能与乙醇、乙醚和二硫化碳混溶
2,4-二甲基喹啉	1.0611	264～265		无色液体	不溶于水，能与乙醇、乙醚混溶

喹啉类化合物可用于制取医药、染料、感光材料、橡胶、溶剂和化学试剂等。喹啉在医药上主要用于制造烟酸系、8-羟基喹啉系和奎宁系三大类药物。烟酸系药物有烟酸胺、强心剂、兴奋剂和治绦虫病药；8-羟基喹啉系可用于制造医治阿米巴虫病用药和创伤消毒剂，以及防霉剂和纺织助剂等。此外，还可经氧化得到喹啉酸用来制造植物保护剂灭草烟。异喹啉可用于制造杀虫剂、抗疟药、橡胶硫化促进剂和测定稀有金属用的化学试剂。甲基喹啉可用于制造彩色胶片增感剂和染料，还可作为溶剂、浸渍剂、腐蚀抑制剂、奎宁系药物和杀虫剂等。

煤焦油中喹啉类化合物的质量分数为0.3%～0.5%。喹啉类化合物精馏得到的工业喹啉和浮选剂等都是喹啉及其同系物的混合物。沸点230～265℃的喹啉馏分的组成见表5-22。表中可见，值得分离提纯的主要是喹啉、异喹啉，2-甲基喹啉和4-甲基喹啉。提取这些化合物的原料均采用精馏喹啉盐基得到的富集窄馏分，然后再用物理化学法分离提纯制取纯产品。

表 5-22　230～265℃喹啉馏分组成

组分名称	质量分数/%	组分名称	质量分数/%
喹啉	41.03	6-甲基喹啉	1.80
异喹啉	13.02	7-甲基喹啉	1.35
2-甲基喹啉	10.60	8-甲基喹啉	1.46
3-甲基喹啉	1.75	1-甲基异喹啉	1.04
4-甲基喹啉	5.70	3-甲基异喹啉	2.05
5-甲基喹啉	0.70	2,8-二甲基异喹啉	0.75

二、喹啉和异喹啉的分离精制

1. 磷酸盐法

此法是根据磷酸喹啉和磷酸异喹啉在水中溶解度不同而实现分离的。磷酸异喹啉易溶于水，而磷酸喹啉则不易溶于水。

向工业喹啉中加入质量分数为50%的磷酸溶液，然后用直接蒸汽吹提得到磷酸喹啉水溶液，以除去少量中性油。当溶液冷却时，首先析出磷酸喹啉结晶，将其过滤，再在水中进行几次重结晶。然后用碱性水溶液分解、干燥和蒸馏，可以得到结晶点为－13.9℃，沸程为237.0～237.5℃的化学纯喹啉。

2. 硫酸盐法

此法是根据硫酸喹啉和硫酸异喹啉在乙醇中溶解度的差别而分离的，两者的差别见表5-23和表5-24。

表5-23　两种硫酸喹啉在乙醇中的溶解度之比

乙醇质量分数/%	95	90	85	80	75
硫酸喹啉：硫酸异喹啉	2.8	3.2	3.4	2.8	2.2

表5-24　两种硫酸喹啉在质量分数为85%乙醇中的溶解度之比

温度/℃	0	10	20	30	40	50
硫酸喹啉：硫酸异喹啉	3.4	2.8	2.4	2.1	1.9	1.9

喹啉馏分经精馏得到的富集馏分以1：1配比溶于浓度为85%的乙醇中，然后在冷却条件下（控制反应温度≤35℃）不断搅拌的同时，缓缓加入理论需要量的浓硫酸进行如下反应：

$C_9H_7N + H_2SO_4$ ⟶ N–H·HSO_4（硫酸喹啉）；NH·HSO_4（硫酸异喹啉）

过滤分离出固相硫酸异喹啉，再用溶剂洗涤，即得到硫酸异喹啉的精制盐。喹啉硫酸盐留在滤液中。将得到的两种硫酸喹啉分别用氨水或浓度为10%～15%的NaOH分解，则得到喹啉和异喹啉，经分离、干燥和蒸馏便得到试剂级喹啉和异喹啉。

3. 精馏法

工业喹啉中喹啉含量达90%，采用高效精馏便可得到纯喹啉。用生产喹啉的釜渣（含异喹啉大于30%）为原料，经过两次精馏便可得到纯度大于95%的异喹啉产品。喹啉釜渣两次精馏试验结果见表5-25。

表5-25　喹啉釜渣两次精馏试验结果　　%

馏分＼组分名称	甲酚	二甲酚	喹啉	异喹啉	2-甲基喹啉	3-甲基喹啉
喹啉釜渣	13.07	2.13	2.55	32.9	32	7.29
第一次精馏的异喹啉馏分	0.64	1.24	2.48	70.72	24.19	
第二次精馏的异喹啉馏分	0.53	0.48	0.96	97.84	0.19	

周霞萍、王德龙等以喹啉残油为原料，通过改性丝光沸石填料和金属丝网（孔板）填料增加异喹啉及其同系物分离时的物性差异，并通过设定调节PID参数，考察不同条件下自整定控制对实验的影响。结果表明在自制的容积为3L的半自动精馏装置中，在回流比$R=10～20$，温度150～160℃等条件下，利用功能填料由PID控制喹啉残油在初馏富集馏分的

基础上再各自精馏，可以得到总收率 80%～85%，纯度 95%～98%的喹啉、异喹啉、甲基喹啉。单次精馏最高的馏分收率可提高到 60%～70%，且重复性好。

4. 盐酸-苯逆流萃取法

以 2mol/L 盐酸-苯对喹啉馏分进行逆流多级萃取，因为异喹啉的碱性（$pK_a=5.14$）比喹啉稍强，几乎与吡啶相当，故喹啉逐渐浓缩在苯中，而异喹啉逐渐浓缩在 2mol/L 盐酸中。

5. 配合法

以 $CoCl_2$、$ZnCl_2$ 等金属盐作配合剂，在盐酸存在下，异喹啉易生成配合物沉淀，经过滤、洗涤和分解，即可得到纯异喹啉。

异喹啉的质量标准见表 5-26。

表 5-26 异喹啉质量标准（GB/T 30054—2013《异喹啉》）

指标名称	指标		
	优等品	一等品	合格品
异喹啉(质量分数)/% ≥	97.0	96.0	95.0

三、2-甲基喹啉的分离精制

1. 磷酸盐法

以沸点 246～249℃，含 2-甲基喹啉 60%和异喹啉 30%的窄馏分为原料，加入其 1.9 倍量浓度为 40%的磷酸，在 30～35℃反应 1h 生成磷酸复盐，冷却到 5℃首先析出 2-甲基喹啉磷酸盐。经过滤得到的结晶盐再用水重结晶。当结晶的熔点达到 223.5～224.5℃后，用氨水分解，所得油层经水洗后，在具有 20 块塔板的塔中精馏，切取 246～247℃馏分，即为纯 2-甲基喹啉。

2. 尿素加合法

喹啉、异喹啉、8-甲基喹啉和 2-甲基喹啉都能与尿素形成加合物，但 2-甲基喹啉同其他盐基化合物相比更容易形成加合体。得到的加合体精制后，再经分解即得到高纯度的 2-甲基喹啉。

3. 苯酚结晶法提纯 2-甲基喹啉

以洗油中提取的粗 2-甲基喹啉馏分为原料，通过苯酚结晶和重结晶的方法精制提纯 2-甲基喹啉。结果表明，在一定范围内，随着结晶温度降低，2-甲基喹啉的质量分数逐渐降低，收率则逐渐升高；m（原料）∶m（苯酚）=1.7∶1 时的收率最高；重结晶及 3 次结晶过程中甲苯的加入量对产品的收率及质量分数的影响不大；经过 3 次结晶后可得到质量分数高于 99%的 2-甲基喹啉产品。

另外喹啉和异喹啉分离精制采用的方法如硫酸盐法、盐酸-苯萃取法和配合法均可应用在分离精制 2-甲基喹啉。

四、4-甲基喹啉的分离精制

以沸点 260～267℃含 4-甲基喹啉 35%～36%的富集馏分为原料，在乙醇中加入浓硫酸，在 35℃下反应生成 4-甲基喹啉硫酸盐，经冷却过滤后，得到粗盐结晶。再用 3 倍质量的乙醇重结晶，得到熔点大于 210℃的精盐结晶。然后用浓度为 20%的氨水分解，得到的油层经水洗，再精馏切取 262.3～266.8℃馏分，即为含量大于 95%的 4-甲基喹啉。

Chapter 06

第六章

洗油馏分的精制

洗油馏分是煤焦油蒸馏切取的230～300℃的馏分，产量占焦油的4%～6%。洗油馏分主要用于吸收煤气中苯族烃。洗油中含有许多贵重的芳香族化合物，如萘、α-甲基萘、β-甲基萘、二甲基萘、吲哚、联苯、苊、芴和氧芴等，是制取精细化学品的原料。

第一节　洗油馏分的性质与组成

洗油馏分中目前已分析出149个组分。其含氮化合物主要是喹啉及其同系物、吲哚及其同系物，酚类化合物中高级酚约占50%（如三甲基酚、α-萘酚和β-萘酚），还有含硫化合物（如噻吩、硫醚、硫杂茚、甲基硫杂茚及有机二硫化物）等。因此，洗油馏分是复杂的多组分混合物，其主要物理性质见表6-1。

表6-1　洗油馏分的物理性质

性质	数据	性质	数据
沸程/℃	230～300	比热容/[kJ/(kg·℃)]	2.09
平均沸点/℃	265	闪点/℃	110～115
相对分子质量	约145	燃点/℃	127～130
密度(20℃)/(g/cm^3)	1.040～1.060	自燃点/℃	478～480
蒸发热/(kJ/kg)	约290		

洗油馏分的性质和组成与焦油蒸馏的切取制度有关，各组分含量波动范围很大，某厂的洗油指标见表6-2。

洗油馏分中，存在着许多沸点十分相近的组分，有的相互间可形成共沸物，同时又有许多可形成共熔物的组分，因此，无论普通精馏方法还是单纯的结晶分离方法，用于洗油某些组分的提取，都有困难。例如，吲哚与联苯、吲哚与苊、吲哚与沸点大于244.8℃的单甲基萘及沸点低于269.2℃的二甲基萘、2-甲基吲哚与沸点大于244.8℃的单甲基萘及沸点低于

269.2℃的二甲基萘等组分之间，有的沸点差很小，有的甚至可以组成恒沸系统。洗油馏分中部分组分形成的低共熔混合物及其熔点见表6-3。

表6-2　洗油中主要组分的性质及在洗油中的含量

名称	结构	沸点/℃	熔点/℃	含量/%	酸碱性
萘	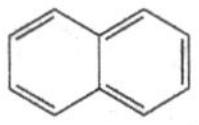	217.9	80.2	4.52	中性
喹啉	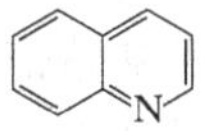 N	237.3	−15.6	3.86	碱性
异喹啉	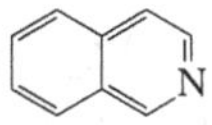 N	214.1	34.57	1.03	碱性
α-甲基萘	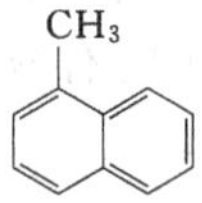 CH_3	244.4	−30.46	8.27	中性
β-甲基萘	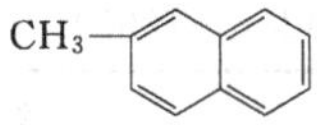 CH_3—	241.1	34.57	18.55	中性
吲哚	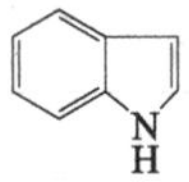 N H	253	53	2.23	弱酸性
联苯	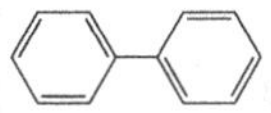	255.2	69.2	3.45	中性
二甲基萘	—	260～270	—	—	中性
苊	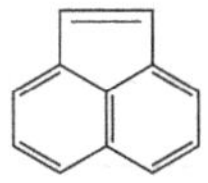	278.1	96	13.42	中性
芴	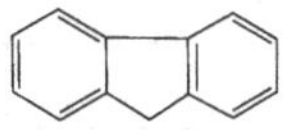	297.9	115	11.33	中性
氧芴	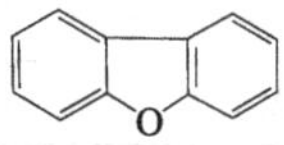 O	287	82.8～83	9.72	中性

表6-3　洗油馏分中的主要低共熔混合物的熔点

低共熔物	熔点/℃	低共熔物	熔点/℃
萘/β-甲基萘	26	β-甲基萘/α-甲基萘	−41
萘/α-甲基萘	−34.6	苊/芴	65
萘/苊	51	苊/氧芴	52
萘/2,7-二甲基萘	53	α-甲基萘/联苯	−40
萘/2,3-二甲基萘	54	β-甲基萘/联苯	27
萘/2,6-二甲基萘	60	2,6-二甲基萘/联苯	50
萘/芴	57	2,6-二甲基萘/氧芴	57
萘/吲哚	41.8		

洗油在焦化厂的重要用途，是作为吸收煤气中苯族烃的吸收剂。

对洗油中各组分吸收苯族烃的能力加以评价，依次是：

甲基萘＞二甲基萘＞吲哚＞联苯＞苊＞萘＞芴＞氧芴

对洗油各馏分吸收苯族烃的能力进行评价，依次是：

甲基萘馏分(沸程 235～250℃)＞二甲基萘馏分(沸程 250～270℃)＞
轻质洗油(沸程 234～275℃)＞原料洗油(沸程 230～300℃)

但用洗油吸收苯族烃的生产操作，是在较低温度下吸收以及在较高温度下解吸循环交替进行的，在循环过程中，又会发生许多反应，使得平均相对分子质量增大，吸收苯族烃的能力降低。研究表明，造成这种现象的一个重要因素是洗油中苊、氧芴和芴等高沸点组分的存在。因此，从作为苯族烃吸收剂的综合性能方面评价，二甲基萘馏分聚合性能最小，用作吸收剂可降低耗用量；二甲基萘馏分中甲基萘含量虽低，但甲基萘和二甲基萘总含量较高，并且苊、芴和氧芴含量低，所以对苯族烃吸收性能好。另外二甲基萘馏分含萘低，用作吸收剂还可以降低洗苯塔后煤气含萘量。所以，从洗油中提取某些宝贵的化合物，不仅可满足社会需求，同时又能改善洗油作吸收剂的质量，是洗油综合利用的有效途径。

洗油的质量标准见表 6-4。

表 6-4 洗油的质量标准（GB/T 24217—2009）

项目	要求	
	一等品	合格品
密度(20℃)/(g/cm^3)	1.03～1.06	1.03～1.06
馏程(大气压 101.3kPa)		
230℃前馏出量(体积分数)/%　≤	3	3
270℃前馏出量(体积分数)/%　≥	70	
300℃前馏出量(体积分数)/%　≥	90	90
酚含量(体积分数)/%　≤	0.5	0.5
萘含量(质量分数)/%　≤	10	15
水分含量(质量分数)/%　≤	1.0	1.0
黏度 E_{50}	1.5	
15℃结晶物	无	无

第二节 洗油馏分的加工

一、洗油切取窄馏分的加工工艺

经过碱洗脱酚和酸洗脱喹啉盐基的洗油，可采用图 6-1 所示的工艺流程，将其分成窄馏分。该工艺流程中，共有三座浮阀精馏塔（各塔塔板数为 60～70 层）。所得馏分组成与规格见表 6-5。

表 6-5 中所列产品中，萘油馏分是生产工业萘的原料，脱萘残油和重质洗油是提取氧芴和芴的原料，甲基萘馏分是提取 α-甲基萘和 β-甲基萘的原料，轻质残油和脱苊残油可混入低萘洗油中提取工业苊。中质洗油可作为回收苯族烃的吸收剂。

鞍钢的马中全提出如图 6-2 所示的洗油切取窄馏分加工工艺，该工艺与图 6-1 所示的工艺对比具有以下特点：先切取轻组分，即萘馏分和甲基萘馏分，后切取重组分，即中质洗油和苊馏分；苊馏分结晶过滤后的滤液直接作为后精馏塔原料；取消了残油这一中间产品，各

表 6-5　产品组成与规格

工艺名称	馏分名称	组分/%									规格
		萘	β-甲基萘	α-甲基萘	联苯	二甲基苯	苊	氧芴	芴	产率/%	
洗油脱萘	萘油馏分	79.9	11.4	6.5						15～20	含萘≥74%
	低萘洗油	7.7	17.4	8.7	4.1	16.5	21.1	15.8	6.2	56～60	含萘≤8%， 含酚<0.5%， 300℃前馏出≥90%
	脱萘残油						6.3	31.7	37.5	20～30	
低萘洗油脱苊	轻质洗油	12.2	31.3	15.4	7.0	23	9.2	0.98		50～60	含苊<10%， 含萘<15%， 甲基萘>40%
	苊油馏分	0.65	3.6	2.0	1.0	1.3	60	18.5	1.0	22～25	
	重质洗油	0.18	0.17	0.12		8.3	5.19	36.36	23.6	23～25	含苊<10%， 初馏点≤280℃
轻质洗油提取甲基萘	萘油馏分	6.5								5.4	
	甲基萘馏分	8.1	48.2	27.8	7.1	1.2				35～40	优级含萘<5%， 甲基萘≥75%， Ⅰ级含萘<10%， 甲基萘≥70%， Ⅱ级含萘<15%， 甲基萘≥70%
	中质洗油(二甲基萘馏分)	0.7	13.7	11.2	10.6	50.8	12.9	0.43		30～40	含苊≤18%， 含萘<2%， 初馏点≥250℃， 干点≤268℃
	轻质残油	0.40	8.0	7.3	9.0	55.2	20.1			23	含萘<18%， 初馏点>265℃
苊油馏分提取工业苊	工业苊		0.35	0.43			96.2	3.1		>1.2	
	残油	0.9	6.4	4.4	2.4	20.4	38.4	22.9	3.6		

塔只有一处出料侧线。该工艺能耗下降 20%以上，并且设备减少，操作简化。

鄂永胜在马中全的基础上，根据生产实践，提出了三塔切取窄馏分的洗油加工工艺，见图 6-3。

该工艺洗油加工规模适合在 1 万～2 万吨/年，能够同时得到萘馏分、β-甲基萘馏分、α-甲基萘馏分、中质洗油、苊馏分、氧芴馏分和芴馏分等多种窄馏分，为后续各种产品的分离和精制提供极大的便利。该工艺具有设备投资少、产品馏分种类多、后续加工方便、生产操作简单、产品质量可靠、成本低等优点。

清华大学提出一种工艺更全面，产品更丰富的洗油加工工艺，见图 6-4。

二、洗油恒沸精馏的加工工艺

采用的原料为工业萘塔底油（也叫做洗油），其组成见表 6-6，蒸馏曲线见图 6-5。由表 6-6 所列的这种洗油组成可知，两种甲基萘的含量较高，显然是生产甲基萘类产品的较好的

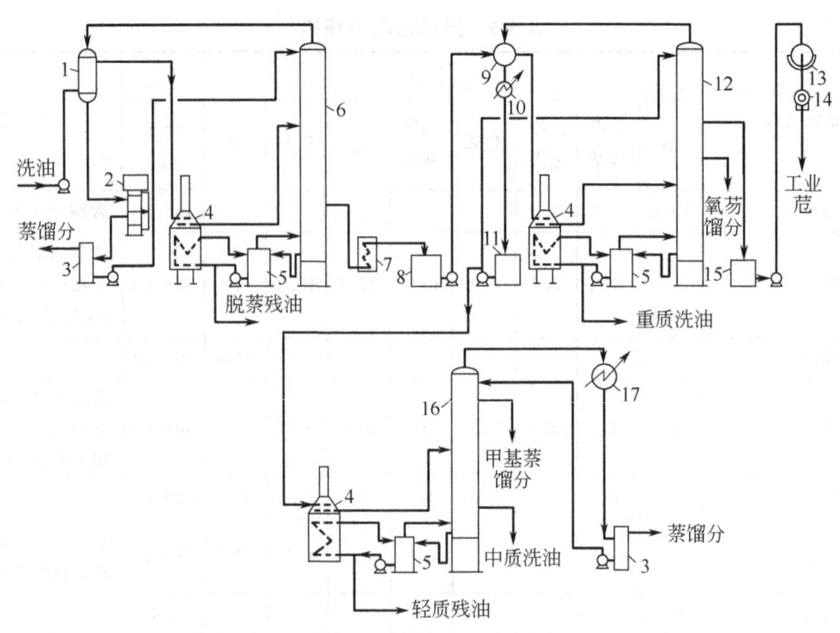

图 6-1 洗油切取窄馏分的工艺流程

1—预热器；2—汽化冷凝器；3—回流柱；4—管式炉；5—蒸发器；6—脱萘塔；7—冷却器；8—脱萘洗油槽；9—换热器；10—冷却器；11—轻洗油槽；12—精馏塔；13—结晶机；14—离心机；15—苊馏分槽；16—精馏塔；17—冷凝冷却器

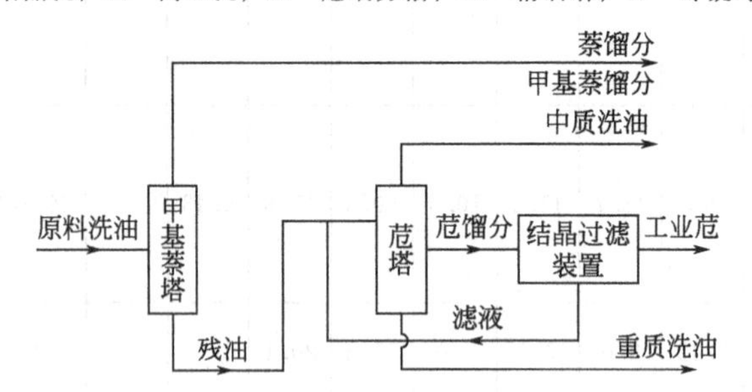

图 6-2 双炉双塔洗油加工工艺流程简图

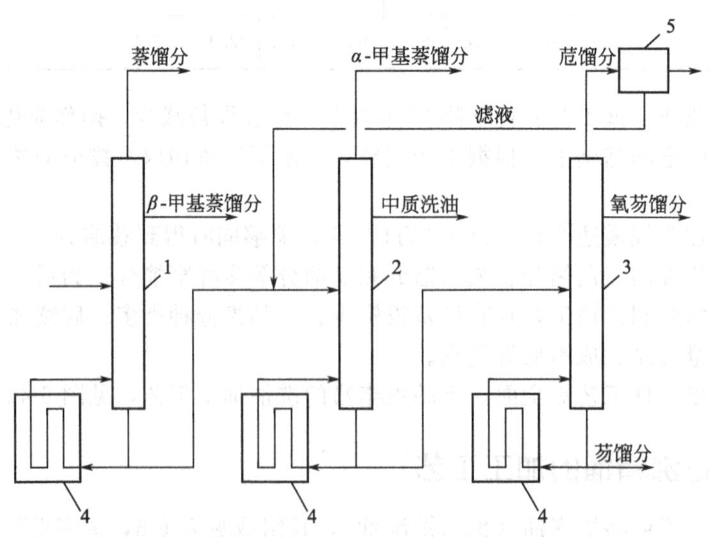

图 6-3 三塔切取窄馏分的洗油加工流程示意图

1—第一精馏塔；2—第二精馏塔；3—第三精馏塔；4—管式炉；5—苊结晶机

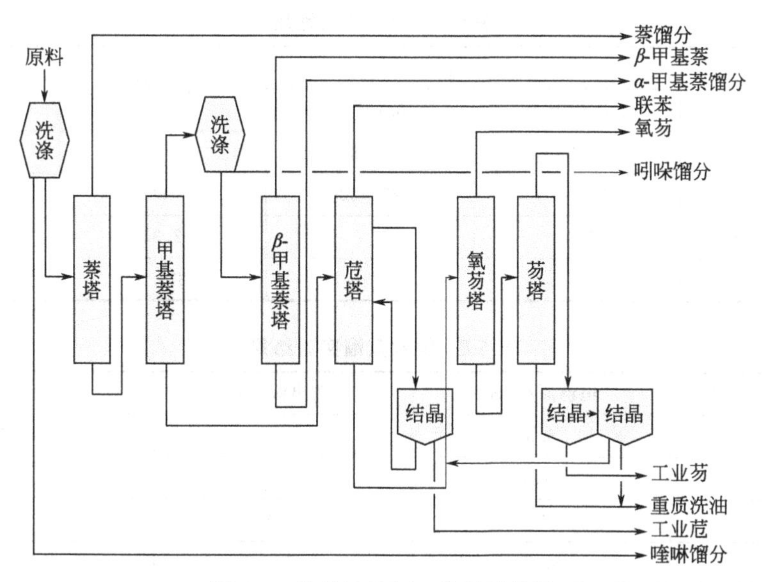

图 6-4 洗油连续加工流程示意图

原料；但从其沸点范围和蒸馏曲线又可看到，如用普通的精馏方法很难得到较纯的组分。试验研究表明，采用共沸蒸馏与高效精馏相结合，可将这种洗油分离制得甲基萘类产品。

表 6-6 洗油恒沸精馏的原料组成

组　分	萘	硫杂茚	喹啉	β-甲基萘	α-甲基萘	异喹啉	吲哚	联苯	其他
质量分数/%	6.3	1.4	8.5	45.5	19.1	1.6	3.2	3.7	10.7
沸点/℃	218	222	238	241	245	243	253	255	

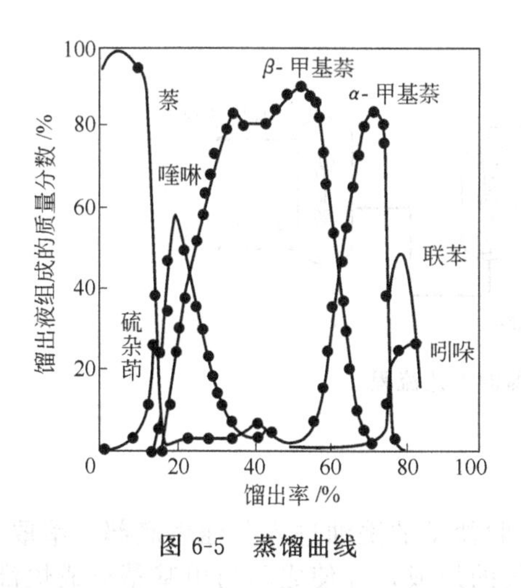

图 6-5 蒸馏曲线

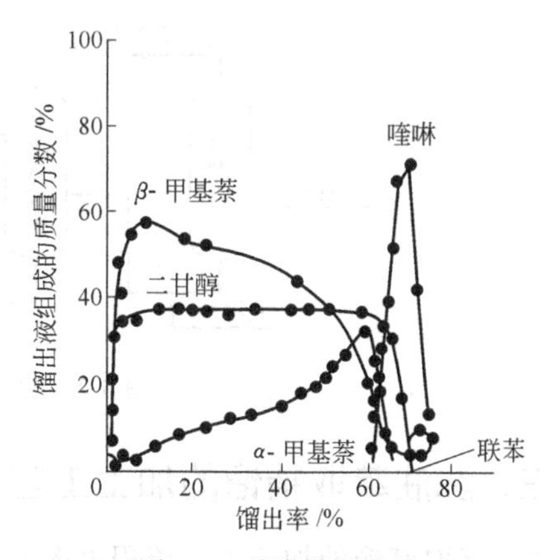

图 6-6 共沸蒸馏曲线

几种共沸剂的性质见表 6-7。由表中数据可见，二甘醇（$HOCH_2CH_2OCH_2CH_2OH$）用量少，蒸发潜热小，适合作共沸剂。在原料中加二甘醇的蒸馏曲线见图 6-6。由图可见，甲基萘和二甘醇保持一定的组成作为恒沸馏分比喹啉提前馏出，喹啉、联苯及吲哚在甲基萘后分离出来，工艺流程见图 6-7。恒沸蒸馏实验结果见表 6-8，共沸馏分经共沸剂回收塔，共沸剂循环使用，其余馏分经高效精馏塔分离，得到的产品质量见表 6-9。

表 6-7 共沸剂的性质

项目	二甘醇		乙二醇	乙二胺（β-氨基乙醇）
	1.3×10^4Pa	0.1MPa		
共沸剂/原料	0.33	0.58	1.63	4.0
共沸温度/℃	157～159	225～226	190	171
比热容/[kJ/(kg·K)]	2.31		2.35	2.77
蒸发潜热/(J/g)	621.6		877.8	827.4

表 6-8 恒沸蒸馏实验结果

组分名称	恒沸原料/%	馏出液/%	残液/%
喹啉	6.8	0.0	21.7
α-甲基萘	31.9	44.6	5.3
β-甲基萘	12.8	13.3	7.3
二甘醇	30.9	41.1	17.1
其他	17.6	1.0	48.6

表 6-9 恒沸蒸馏产品质量

名称	纯度/%	凝固点/℃	色度(APHA)
β-甲基萘	>98	32.0	70
混合甲基萘(α-甲基萘质量分数为 53%)	>98	−14.0	80
混合甲基萘(β-甲基萘质量分数为 53%)	>98	−6.0	80
混合甲基萘(α-甲基萘质量分数为 70%)	>98	−15.0	70
α-甲基萘	>98	−15.0	70

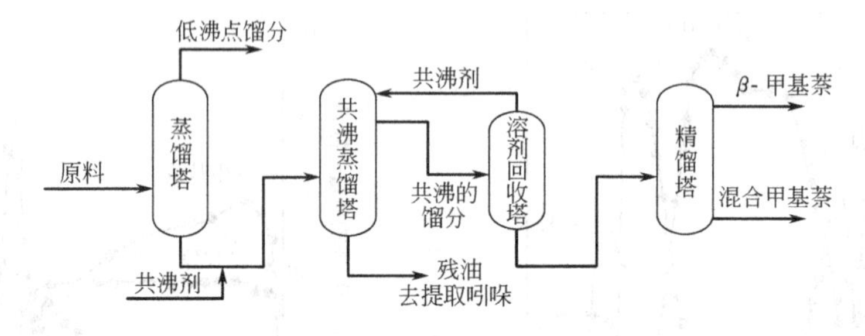

图 6-7 洗油恒沸精馏的工艺流程

三、洗油萃取精馏的加工工艺

洗油萃取精馏的加工工艺流程见图 6-8。脱酚脱盐基的洗油进入蒸馏塔底部，萃取蒸馏溶剂（乙二醇）也送入蒸馏塔中部，抑制吲哚蒸气的形成，并使之不与甲基萘形成恒沸物，直至其他物质从塔顶馏出为止。塔底由再沸器循环供热，高沸点组分适当排出。塔顶的馏出物经冷凝冷却后到分配器，其中一部分作为塔顶回流，其余采出。最先采出的β-甲基萘馏分，依次分离出α-甲基萘馏分和联苯二氢苊馏分，在分离槽中分离成烃类化合物相和乙二醇相。第四种馏分主要是乙二醇，它与分离槽下部的乙二醇一起回到蒸馏塔。第五种含有乙二醇的吲哚馏分至结晶器，在此形成吲哚乙二醇的浆液，经离心分离后得到吲哚晶体，母液用蒸馏法回收乙二醇，蒸馏残液返回到结晶器或蒸馏塔。

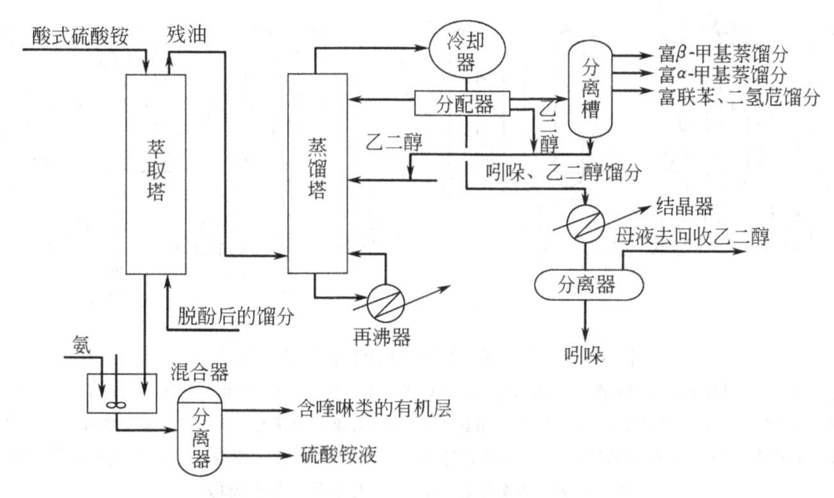

图 6-8　洗油萃取精馏的加工工艺流程

四、洗油精馏与洗涤相结合的加工工艺

洗油精馏与洗涤相结合的加工工艺流程见图 6-9。

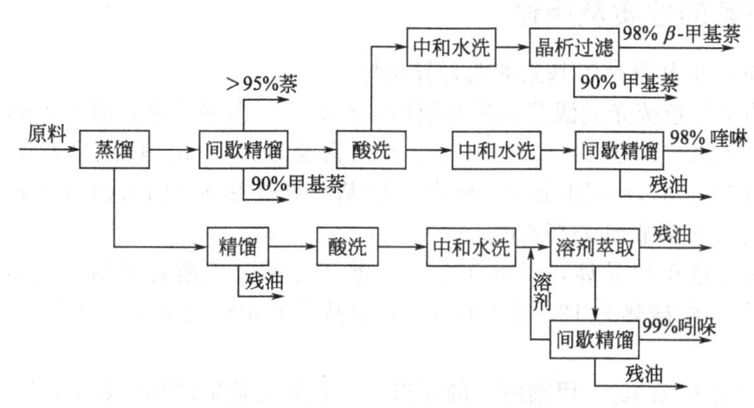

图 6-9　洗油精馏与洗涤相结合的加工工艺流程

原料首先进入蒸馏塔（$N_T=30$，$R=10$），塔顶馏分几乎包含了原料中所有的萘、喹啉、β-甲基萘和 α-甲基萘。塔底为含吲哚、甲基吲哚等比 α-甲基萘沸点高的残液。塔顶馏分在精馏塔（$N_T=80$，$R=10$）内间歇精馏，则可分馏出含萘大于 95％的萘，β-甲基萘和喹啉馏分及甲基萘馏分。将 β-甲基萘-喹啉馏分用 20％的硫酸洗涤脱除喹啉。脱除喹啉盐基的 β-甲基萘纯度达 95％，再进行中和与水洗，然后在常温下用晶析法精制，则得到纯度大于 98％的 β-甲基萘。硫酸喹啉盐基经中和水洗后得到粗喹啉。粗喹啉进行间歇精馏得到纯度达 98％的喹啉。

连续蒸馏塔的塔底残液送入精馏塔（$N_T=10$，$R=10$）。塔顶馏分用稀硫酸洗涤，分出水层后再进行中和与水洗，然后用极性有机溶剂萃取吲哚，萃取液间歇精馏则得到纯吲哚产品，溶剂回收循环使用。

日本新日铁化学公司的洗油加工工艺较先进，不仅能提取纯度很高的 β-甲基萘，还能提取工业萘、工业甲基萘、工业苊和优质洗油。原料除洗油外，还有含萘或甲基萘较高的馏分。国内宝钢从日本引进技术加工洗油，分离得到的产品也比较多。流程见图 6-10。

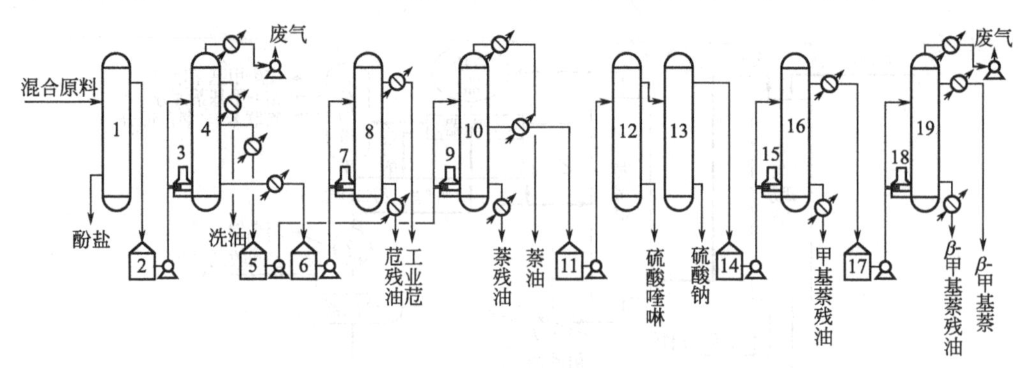

图 6-10　新日铁化学公司的洗油加工流程

1—碱洗塔；2—已洗混合原料槽；3—混合原料加热炉；4—混合原料蒸馏塔；5—中油槽；6—苊油槽；7—苊油加热炉；8—苊油蒸馏塔；9—工业萘加热炉；10—工业萘蒸馏塔；11—甲基萘油槽；12—酸洗塔；13—中和塔；14—甲基萘油槽；15—甲基萘加热炉；16—甲基萘蒸馏塔；17—工业甲基萘油槽；18—工业甲基萘加热炉；19—工业甲基萘蒸馏塔

第三节　甲基萘的分离精制

一、甲基萘的性质及用途

α-甲基萘和 β-甲基萘是甲基萘的两种异构体。

α-甲基萘为带蓝色荧光或淡黄色油状液体，有萘味，微溶于水，溶于乙醇、乙醚和丙酮等。沸点为 244.69℃，熔点为－30.49C℃，相对密度为 1.0203。熔融热为 6.95kJ/mol，正常沸点下的汽化热为 47.846kJ/mol，液态 α-甲基萘燃烧热为 5814.04kJ/mol。α-甲基萘主要用作生产植物生长调节剂 α-萘乙酸。

β-甲基萘为无色单斜晶体，不溶于水，易溶于乙醇、乙醚和苯等。沸点为 241.05℃，熔点为 34.57C℃，熔融热为 12.13kJ/mol。β-甲基萘的用途比 α-甲基萘广泛，主要应用在以下方面：

① 用作生产维生素 K_3（甲萘醌）的原料，甲萘醌又是生产维生素 K_1 的中间体；

② 用作合成 2,6-二羧酸的原料，2,6-二羧酸是生产耐高温聚合物薄膜和纤维的组分，这种聚合物在熔融状态能显示液晶特征；

③ β-甲基萘的磺化产物用作纺织助剂、表面活性剂和乳化剂。

煤焦油中含 α-甲基萘 0.5%～1%，含 β-甲基萘 1%～1.5%，主要集中在洗油馏分和萘油馏分。在洗油馏分中 α-甲基萘含量约 5.5%，β-甲基萘含量约 8.5%；在萘油馏分中，α-甲基萘含量约 3.5%，β-甲基萘含量约 5.5%。分离提取甲基萘的原料一般是洗油、甲基萘油和工业萘塔底油。

提取甲基萘的原料用精馏法处理很容易得到甲基萘的富集馏分。由甲基萘的富集馏分出发，单纯采用精馏法或晶析法提纯甲基萘是有限度的。因此多采用精馏法得到富甲基萘的窄馏分，然后再用结晶或共沸精馏等方法精制。

二、重结晶法

采用乙醇胺重结晶法对纯度大于 90% 的粗 β-甲基萘除去含硫和含氮有机物效果明显。

乙醇胺加入量为原料重的 2～4 倍，在 30～40℃下溶解，然后冷却结晶，β-甲基萘优先析出，过滤得到的结晶物中，几乎不含有硫和氮的有机物，见表 6-10。

表 6-10　乙醇胺重结晶结果（质量分数）　%

组分名称	原料组成	产品组成
β-甲基萘	96.5	99.5
α-甲基萘	0.9	痕
甲基噻吩	2.6	0.5
全硫	0.49	0.094
碱性氮	0.00005	痕

用α-甲基萘和β-甲基萘为主的混合液，加入在常温下黏度低于 $15\times10^{-6}m^2/s$ 的有机溶剂，如甲醇、乙醇、丙酮、已烷、甲苯等作稀释剂。在β-甲基萘的结晶母液中，结晶浓度因结晶温度和稀释剂的添加量不同而异，控制在 5%～35%为好。小于 5%收率低，大于 35%母液流动性不好，不易操作。间歇式结晶工艺流程见图 6-11。在带有搅拌器的结晶槽 1 中，装入含有β-甲基萘 75%、α-甲基萘 23.5%的馏分 7.7kg，甲醇 2.3kg，然后用循环泵 5 循环。当槽内温度为 1.2℃，β-甲基萘开始折出，混合液结晶浓度达到 22%，此时将母液用循环泵 5 送到离心机 2，得到纯度为 97%的β-甲基萘，经水洗后达 98%。从离心机分出的 7.8kg 母液入母液槽 3，然后再导入结晶槽 1 降低结晶温度，其余操作同前，则得到 1.6kg 纯度 98%的β-甲基萘，总收率达 66%。水洗液送水洗液槽 4 去废水处理装置。

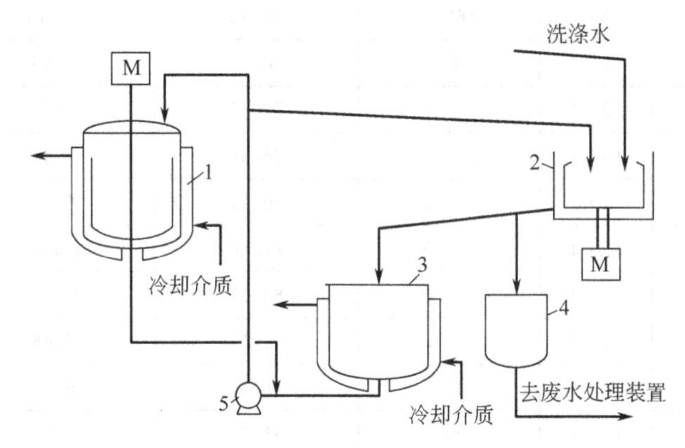

图 6-11　间歇式结晶工艺流程

1—结晶器；2—离心机；3—母液槽；4—水洗液槽；5—循环泵

三、共沸精馏法

此法选用适宜的极性溶剂加到甲基萘混合物中，根据共沸混合物会造成较大沸点差的原理，使甲基萘的异构体得到分离。

1952 年英国的 Mliner 和 Jouett 提出加入乙二醇和β-甲基萘形成共沸物而达到分离。美国的 Feldman 和 Orchin 提出用 2-氨基-3-甲基吡啶和β-甲基萘形成共沸物，而与α-甲基萘不生成共沸物，从而使异构体得到分离。这种方法的不足之处是必须以高纯度的混合甲基萘为原料才能获得高纯度的β-甲基萘和α-甲基萘。因此，从 20 世纪 50 年代中期～80 年代中期，这方面的研究工作进行的较少。

1987 年日本奥井信之等提出了新的共沸蒸馏方法，这个方法是以萘残油为原料，甲基萘含量约为 60%，通过与二甘醇共沸，将焦油碱与联苯、二甲基萘等一起残留在残渣油中，作为共沸馏分使甲基萘混合物得到分离，共沸馏分再蒸馏使两种甲基萘得到分离。这个方法的优点是避免了去除喹啉的问题，但还必须再处理除去共沸剂使两种异构体分离。最近国内也开始有这方面的研究工作的报导，以单乙醇胺做恒沸剂，不与杂环化合物共沸，共沸选择性 β-甲基萘比 α-甲基萘更强，经处理后可得到高纯度的 β-甲基萘。

滕占才等试验在常减压条件下将煤焦油洗油精馏，切取常压沸点为 220～ 280℃ ，减压精馏时操作压力控制在 0.05～0.09MPa，釜温和柱温相应变化，获得甲基萘馏分。

甲基萘馏分或工业甲基萘与 10%～20%的硫酸或硫酸氢铵水溶液混合，室温下搅拌20～30min，用分液漏斗进行分离，下层水相为硫酸喹啉和异喹啉，上层油相为甲基萘组分。将庚烷和乙醇胺按一定比例进行混合，再加入一定量硫酸萃取后的甲基萘馏分，室温下搅拌 40～60min，静置分层，上层为烷烃甲基萘混合组分，下层为乙醇胺—吲哚混合物。

将烷烃甲基萘混合组分进行蒸馏，回收烷烃。加入共沸剂乙二醇或单乙醇胺，在减压下进行精馏，压力为 0.05MPa，回流比为(10～15)∶1，切取 200～210℃馏分，收集到的甲基萘馏分再进行精馏就得到 99%的 β-甲基萘纯品。

共沸精馏在塔板数为 52 块的精馏柱上进行精馏，操作压力控制在 0.05～0.053MPa，回流比(10～15)∶1，得到粗 β-甲基萘，实验结果见表 6-11。

表 6-11 粗 β-甲基萘制备

实验序号	采出温度/℃	回流比	采出质量/g	β-甲基萘含量/%	α-甲基萘含量/%	β-甲基萘收率/%
1	200～208	10∶1	40.0	78.55	2.64	24.60
2	208～210	10∶1	163.5	80.80	12.19	67.20
3	204～206	10∶1	97.8	90.31	3.45	45.00
4	206～207	10∶1	110.3	75.81	19.28	43.20
5	204～207	10∶1	183.0	88.52	8.46	82.88
6	204～207	10∶1	192.0	90.12	6.37	88.50
7	200～208	15∶1	186.5	71.86	22.91	89.02
8	206～208	10∶1	183.0	82.37	10.36	87.64
9	166～168	10∶1	53.0	94.17	5.48	61.77
10	166～168	10∶1	82.0	88.63	6.91	56.34
11	166～168	10∶1	36.7	91.35	5.97	58.63

注：实验 1～6 原料 β-甲基萘含量为 50.712%；实验 7～8 原料 β-甲基萘含量为 44.930%；实验 9 原料 β-甲基萘含量为 81.801%，采用共沸精馏，共沸剂∶馏分＝3∶1；实验 10～11 原料 β-甲基萘含量为 44.001%，采用共沸精馏，共沸剂∶馏分＝1∶1和 2∶1。

以粗 β-甲基萘为原料，采用精馏方法，精馏操作条件：塔板数 52 块，回流比（8～10）∶1，柱头温度 204～205℃，压力 0.05MPa，为减压精馏。实验结果见表 6-12。

表 6-12 纯 β-甲基萘精制结果

原料 β-甲基萘含量/%	提纯后 β-甲基萘含量/%	β-甲基萘收率/%	β-甲基萘总收率/%
92.45	99.23	67.05	55.62
90.31	99.24	65.24	54.10
86.68	99.01	60.18	47.45

由实验结果可知，通过精馏，可以将β-甲基萘纯度提高到99%以上，β-甲基萘的回收率（相对于工业甲基萘）达到55%以上。

四、精馏、冷冻结晶法

英国20世纪40年代初期的文章论述了酸洗、精馏、分级冷冻结晶的方法，主要工艺过程为将沸程235～245℃的甲基萘馏分进行酸洗除去喹啉，用碱液洗涤中和，将中性馏分进行蒸馏截取241～243℃的馏分（α-甲基萘和β-甲基萘各50%），最后进行分级冷冻结晶得到产品。此过程28℃时产品纯度为98%，25℃时产品纯度为95.5%，母液逐级重复使用。

前苏联20世纪80年代的文献报道了直接接触结晶分离β-甲基萘的方法，β-甲基萘含量约为60%～80%的原料用冷冻盐水逆流接触，在特殊设计的结晶器中进行结晶，获得高纯度的β-甲基萘。此方法可以避免酸洗过程。

20世纪80年代初的日本专利报道了连续结晶分离β-甲基萘的方法。结晶塔内加入含量66%的原料，塔顶冷却，塔底加热，当塔底温度达到35℃时进行连续运转，塔顶温度保持在3℃，采出产品β-甲基萘含量为96.3%，收率43.4%，产品对原料的利用率为29.8%，此方法也可避免酸洗。这种连续结晶法的设计新颖，很具有吸引力，但结晶颗粒太细，结晶器内壁结疤很厚，严重影响传热而固液不分离没有两相逆流，且产品中含有吲哚、喹啉等含氮化合物，影响其在医药和饲料方面的应用。因此这种连续结晶法目前还不能扩大到工业应用。

典型的精馏、冷冻结晶法甲基萘精制工艺流程如图6-12所示，甲基萘馏分首先通过一间歇精馏系统，得到含量≥85%（质量分数）的β-甲基萘馏分，使β-甲基萘得到富集。该馏分被送至结晶器，用循环冷冻盐水使其降温至215℃结晶完毕后进入离心机离心分离，离心机内的结晶物即为含量≥95%的精制β-甲基萘产品，结晶母液可作为生产α-甲基萘的原料。

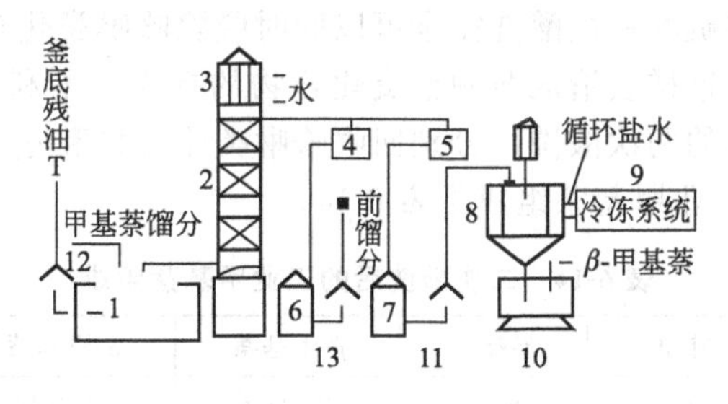

图6-12　甲基萘精制工艺流程

1—精馏釜；2—精馏塔；3—冷凝冷却器；4，5—计量箱；6—前馏分中间箱；7—β-甲基萘馏分中间箱；8—结晶器；9—盐水冷冻系统；10—离心机；11—β-甲基萘馏分泵；12—釜残泵；13—前馏分泵

五、间歇高效精馏法

间歇高效精馏分离采用经两步净化脱除喹啉类及吲哚后的甲基萘馏分，经高效精馏可直接得到质量分数大于95%的β-甲基萘，一次收率为62%；质量分数大于92%的α-甲基萘，一次收率为41%；同时还可以得到质量分数大于98%的（α+β）混合甲基萘，可满足不同种类的需求，使β-甲基萘和α-甲基萘的资源得到最充分的利用。

鄂永胜采用两次酸洗、一次精馏的方法分离精制β-甲基萘。该方法经济合理、简单易行。

生产β-甲基萘的原料是工业甲基萘或甲基萘馏分，其组成成分有几十种，大部分用普通精馏即可除去，唯有β-甲基萘、α-甲基萘、喹啉、异喹啉和吲哚很难用普通精馏的方法进行分离。β-甲基萘与这些组分的主要物性见表6-13。

表 6-13 β-甲基萘与部分组分的主要物性

组分	喹啉	β-甲基萘	异喹啉	α-甲基萘	吲哚
沸点/℃	237.7	241.1	243.0	244.6	254.7
熔点/℃	−15.0	34.58	26.48	−30.57	62.5

由表6-13可知，α-甲基萘、喹啉、异喹啉与β-甲基萘沸点相差很小，普通精馏难以分离。吲哚虽然与β-甲基萘沸点相差较大，但它与β-甲基萘能够形成共沸混合物，所以也难以用普通精馏方法加以分离。

1. 一次酸洗

一次酸洗的目的是去除喹啉类化合物。

经过多次实验发现，硫酸质量分数为18%较为适宜。质量分数过高，会有部分吲哚被洗涤下来，混在粗喹啉中难以分离，造成吲哚的损失。质量分数过低，下层的喹啉盐基溶液的密度会减小，与上层的工业甲基萘密度接近，乳化层增多，分层困难，因而硫酸质量分数选择18%较为适宜。

2. 二次酸洗

二次酸洗的目的是去除吲哚。

二次酸洗用硫酸选用市场上最容易买到的质量分数为93%的浓硫酸。实验表明，在酸量足够的前提下，用18%以下质量分数的硫酸洗涤工业甲基萘时，基本上只有喹啉类化合物发生反应，吲哚尚未反应，随着酸质量分数的提高，吲哚的脱除率明显增加，当硫酸质量分数增加到60%以上时，吲哚基本脱除干净。

需要说明的是，用浓硫酸一次酸洗完全可以同时脱除喹啉类化合物和吲哚，但喹啉盐基和吲哚低聚物难以分离，这样会造成两种宝贵化合物的损失，不利于资源的充分合理利用，所以要经过不同质量分数的两次酸洗，分别回收喹啉类化合物和吲哚，同时生产高纯度的β-甲基萘。二次酸洗后的工业甲基萘组成见表6-14。

表 6-14 二次酸洗后的工业甲基萘组成

组分	萘	喹啉	异喹啉	β-甲基萘	α-甲基萘	吲哚	其他
含量	9.82%	痕量	痕量	62.34%	17.96%	0.17%	9.71%

3. 精馏

取二次酸洗后的工业甲基萘20kg，在理论塔板数为85块的精馏柱上蒸馏，实验结果见表6-15。

表 6-15 β-甲基萘精馏结果

实验序号	采出温度/℃	回流比	采出质量/kg	β-甲基萘含量/%	β-甲基萘收率/%
1	238～241	10∶1	7.49	90.34	54.25
2	239～241	10∶1	6.79	94.18	51.26
3	239～242	10∶1	7.11	93.26	53.18
4	226～256	10∶1	160.5	59.72	71.95
5	240～241	10∶1	5.34	95.46	40.87

续表

实验序号	采出温度/℃	回流比	采出质量/kg	β-甲基萘含量/%	β-甲基萘收率/%
6	238～241	15∶1	8.24	94.84	62.71
7	239～241	15∶1	7.85	96.29	60.63
8	239～242	15∶1	8.16	93.78	61.35
9	238～241	20∶1	8.26	95.39	63.18
10	239～241	20∶1	7.88	97.13	61.42

由实验结果可以看出，不同的回流比和切取温度，β-甲基萘的质量和收率也都不同。当采出温度范围宽时，β-甲基萘的收率会提高，但质量会下降；当采出温度范围窄时，β-甲基萘的质量会提高，但收率会下降。当回流比较小时，采出速度增加，能耗降低，但质量和收率都不太好；当回流比过大时，虽然β-甲基萘的质量和收率都很好，但采出速度小，生产效率低，能耗大。所以在工业生产中应综合考虑以上因素，从中选择在质量满足要求的前提下，尽可能小的回流比和尽可能宽的采出温度范围。由以上结果可知，精馏时选取回流比15∶1，采出温度范围239～241℃比较合适，可以得到质量分数大于96%的β-甲基萘，产品收率可达60%，高于国内现有生产水平。

稀酸洗涤后的喹啉盐基溶液经中和、精馏可生产工业喹啉。浓酸洗涤后的吲哚低聚物经洗涤、中和、热分解、减压精馏可生产工业吲哚，达到资源的充分合理利用。

六、化学精制法

1. $AlCl_3$精制法

甲基萘用于合成产品时，对其中的含氮、含硫和含氧化合物的含量必须加以限制，以防止催化剂中毒，抑制副反应。含氮化合物用酸洗和碱熔等方法容易除去，含硫化合物除去较困难。甲基萘中的硫化物以甲基噻吩为主，其沸点与甲基萘接近，又能与甲基萘共结晶析出，所以用精馏法和重结晶法都不能完全脱除硫化物。采用无水$AlCl_3$加热处理后，用水或硫酸溶液将$AlCl_3$提取出来，然后用结晶法精制，则能有效地除去甲基噻吩。

2. 硫酸-甲醛精制法

在甲基萘馏分中，首先加入硫酸进行反应，然后再加入甲醛进行反应，则可得到硫含量低的甲基萘。

3. 烷基化法

此法通过化学反应使α-甲基萘进行双取代烷基，甲基萘进行单取代烷基，这样两者的物理性质会发生较大的区别而达到分离，分离后再脱烷基得到两种甲基萘。这种方法成本高，不适于扩大到工业规模。

4. 异构化法

通过把α-甲基萘异构化成β-甲基萘，从而使β-甲基萘含量提高，有利于进行分离。α-甲基萘的用途不如β-甲基萘用途广。如能异构化，既解决了分离问题，又充分地利用了α-基萘的资源。但该法转化率不高，难以扩大到工业应用规模。

七、连续减压精密精馏法

攀钢煤化工厂通过对洗油精馏流程进行改进优化，脱出甲基萘中的轻组分，酸碱洗涤脱出喹啉和吲哚后，采用减压连续精密精馏生产β-甲基萘。该工艺流程简短，生产操作容易，塔顶β-甲基萘的收率高达95%，纯度高于96%（质量分数）；塔底α-甲基萘的收率为95%，纯度高于91%（质量分数）。

该工艺特点如下。

① 采用高效填料常压精馏，获得含萘小于0.8%（质量分数），甲基萘含量超过90%（质量分数）的甲基萘馏分。

② 洗涤除喹啉加入40.0%（质量分数）酸性洗涤液，与甲基萘的质量配比为0.3∶1，加热到一定温度并保温1h。然后，静置分层，上层为洗涤后工业甲基萘，喹啉含量从8.4%（质量分数）降低到痕量，洗涤后甲基萘的实际损失为4.6%（质量分数）。

③ 去除吲哚加入4.0%（质量分数）的碱性洗涤液，与甲基萘的质量配比为2∶3，边搅拌边加热，使其沸腾并馏出全部水分。与此同时，每隔一定时间进行取样分析。待3h之后，随着加热温度向原料的沸点241℃逼近，吲哚含量迅速下降。当水分全部馏出时，吲哚含量降低到0.3%（质量分数）。

④ 减压精密精馏减压蒸馏时操作工况为：

β-甲基萘塔塔顶压力：0.2 atm（绝对压力，1atm=101325Pa），压降0.1 atm。

理论塔板数：100。

泡点进料，进料板：63。

全塔最大空塔气速：1.71 m/s。

软件模拟的计算结果见表6-16。

表6-16 软件模拟的计算结果（质量分数） %

物流号	四氢化萘	萘	氧芴	芴	苊	二甲基萘	联苯	喹啉类	α-甲基萘	β-甲基萘
1	4.62×10^{-5}	0.3	7.15	8.21	19.66	20.22	5.87	2.39	10.32	25.87
2	1.28×10^{-4}	0.8	2.72×10^{-5}	1.08×10^{-7}	4.4×10^{-4}	0.0096	1.51	6.17	25.8	65.62
3	1.7×10^{-5}		10.99	12.62	30.2	31.02	8.11	0.002	0.46	0.58
5	1.28×10^{-4}	0.082	2.86×10^{-5}	1.14×10^{-7}	4.6×10^{-4}	0.001	1.61	0.00	27.48	69.98
6	1.78×10^{-4}	1.16						1.06	1.54	97.30
7					1.6×10^{-3}	0.35	5.59		91.62	2.43

从洗油加工精制β-甲基萘的原则流程见图6-13。

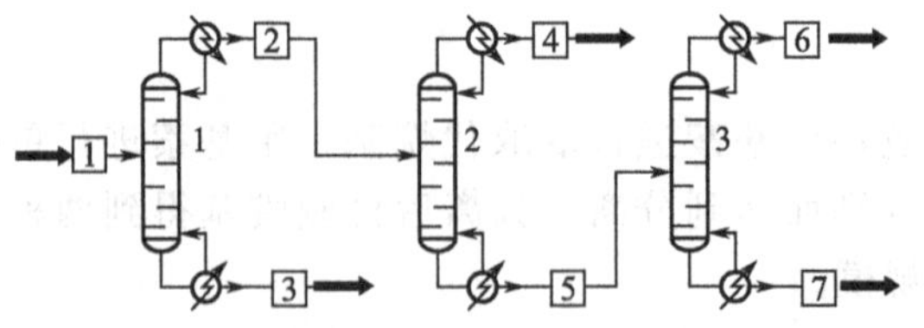

图6-13 从洗油加工精制β-甲基萘的原则流程

1—甲基萘塔；2—洗涤塔；3—β-甲基萘塔

1～7对应表6-16中的物流号

酸洗脱出喹啉吲哚类物资后，β-甲基萘塔处理负荷566.4 kg/h。计算结果表明：采用该工艺后，塔顶β-甲基萘收率达98%以上，质量分数为97.4%，采出量为403.3 kg/h。底部可产91.6%的α-甲基萘163.1 kg/h，年产量为1161.4t。塔底再沸器负荷为3405MJ/h，冷凝器负荷为3451MJ /h。

甲基萘塔塔径1.2m，采用350Y波纹填料，填料装填高度14m，分为4段，进料位置在 19 块理论板。新设计的 β-甲基萘塔塔径 1.8m，采用 500Y 波纹填料，填料装填高度 35m，分为 8 段，进料位置在 63 块理论板。

第四节　吲哚的分离精制

一、吲哚的性质及用途

吲哚是 Weissgerber 于 1910 年在煤焦油中发现的，又名氮杂茚或苯并吡咯。吲哚为白色鳞片状晶体，沸点 253℃，熔点 53℃，相对密度 1.22，燃烧热 36500kJ/kg。吲哚溶于醇、醚及苯等有机溶剂，也溶于热水。吲哚暴露在空气中颜色逐渐加深并树脂化，加热至沸点时有分解现象。吲哚具有粪臭味，但极度稀释的吲哚具有花香味。

吲哚的结构式为 N H ，按近代分子轨道理论，它是由 10 个 π 电子组成的一个连续封闭的共轭体系，其中两个电子由氮原子提供，其结构如图 6-14 所示。由于氮原子的自由电子对苯环及吡咯核的 π 电子共轭，吲哚呈弱酸性，但它又能在强无机酸存在下发生聚合，所以又呈弱碱性。

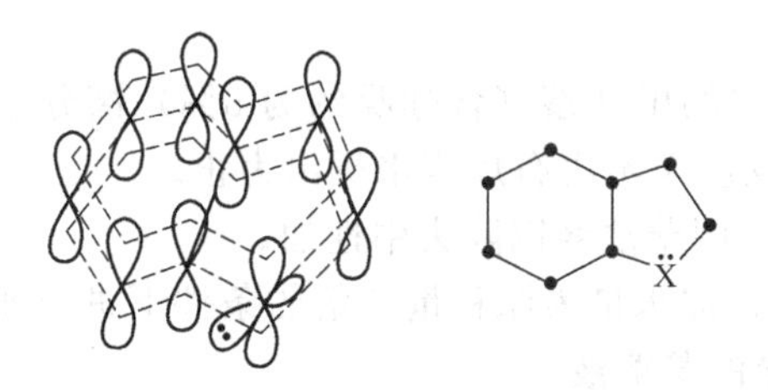

图 6-14　吲哚的分子结构

吲哚是一种重要的精细化工原料，广泛用于医药、农药、香料、食品添加剂、染料等领域。关于吲哚的应用研究一直持久不衰，新的应用领域仍在不断被开发出来。

在医药和农药工业，吲哚独有的化学结构使其衍生出的医药和农药具有独特的生理活性。许多生理活性很强的天然物质，均为吲哚衍生物，备受世人瞩目，如其下游产品 2-甲基吲哚、3-甲基吲哚、吲哚-3-丁酸、吲哚满、吲哚乙腈均为重要新型高效的医药和农药的中间体，在医药方面可以合成解热镇痛剂、兴奋剂、降压药、血管扩张药、抗阻胺药等，许多天然药物中均具有吲哚结构，如中成药六神丸中的蟾酥就含有 5-羟基吲哚衍生物，许多生物碱中含有吲哚环系，常用降压药物利血平就是吲哚的重要衍生物。在农药方面可作为吲哚乙酸、吲哚丁酸等高效植物生长调节剂，杀菌剂等。但吲哚乙腈用作植物生长激素，其使用效果为吲哚乙酸的 10 倍。据报道吲哚乙腈作为高效植物生长调节剂可用于茶和桑树等树木根系的生长，仅日本商品量就达到 2000t 以上，国际市场十分畅销。

在香料方面，吲哚和 3-甲基吲哚常用于茉莉、柠檬、紫丁香、兰花和荷花等人造香精的调和剂。一般香料用的吲哚是煤焦油的提取品，而不用化学合成品，用量一般为千分之几。

在染料工业，吲哚衍生的许多下游产品可以作为染料的合成原料，可生产偶氮染料、酞菁染料、阳离子染料以及多种新型功能性染料（如压敏染料、热敏染料、光敏染料等）。

在饲料添加剂方面，色氨酸是吲哚最重要的衍生产品，也是主要消费吲哚的领域，以前色氨酸消费吲哚的数量占吲哚总产量的 60％～70％ ，随着吲哚下游衍生众多的医药和农药的不断发展，近年来比例有所下降。色氨酸以前主要用作人体营养补充剂，还用作催眠剂、精神安定类药物。色氨酸是动物营养必需的氨基酸，对动物的神经、消化、繁殖系统的维持均具有很重要的作用，是一种重要的饲料添加剂。由于色氨酸工业化生产成本较高，因此目前世界色氨酸的消费量仅为4000t/a左右，据报道若全球配合饲料全部添加色氨酸，则色氨酸潜在需求在10万吨以上，随着工业生产成本的降低，其用量必将大幅度增加。

另外，吲哚还可以合成许多重要的精细化工中间体，如喹啉碱、四羟基异喹啉、1,4-萘二羧酸等，这些都是具有发展潜力的精细化学品。

吲哚在煤焦油中含量为0.1%～0.2%，主要集中在洗油馏分中。

各国研究者发明了各种从煤焦油馏分中分离吲哚的方法。主要有碱熔法、溶剂萃取法、配合法、酸聚合法、吸附法、共沸精馏法、萃取精馏法和压力结晶法等。

二、碱熔法

碱熔法是提取吲哚最早采用的方法，其基本原理是基于吲哚呈弱酸性，与碱发生如下反应：

$$\text{(N–H)} + KOH \rightleftharpoons \text{(N–K)} + H_2O$$

生成的碱熔物采用过滤等方法易从洗油馏分中分离出来，再经水解得到吲哚。主要操作步骤如下。

① 向洗油的225～245℃的甲基萘（含吲哚约为5%）馏分中，加入理论量1.2倍的氢氧化钾，在155～240℃下反应至不再有反应水析出为止。

② 分离出固体吲哚钾，用苯洗涤以除去中性油。

③ 吲哚钾在50～70℃，加水量为原料量2倍的条件下进行水解。为减少吲哚损失，在水层中加入苯，则得到吲哚的苯溶液。

④ 蒸馏吲哚的苯溶液，得到吲哚馏分。

⑤ 吲哚馏分经冷却结晶、压榨，即得到工业吲哚。工业吲哚用乙醇重结晶，即得到纯吲哚。

该法存在流程长、吲哚提取率低、污染环境及成本高的缺点。

三、溶剂萃取法

1. 单溶剂萃取法

单溶剂萃取法，只向溶剂中加入一种萃取剂。吲哚在某些极性溶剂中的溶解度大，这样的溶剂有：乙醇胺、二乙醇胺、三乙醇胺等羟胺类的胺系溶剂，二甲基亚砜等的亚砜系溶剂，*N*,*N*-二甲基甲酰胺、二甲基乙酰胺等酰胺系溶剂，*N*-甲基吡咯烷酮、*N*-乙基吡咯烷酮等吡咯烷酮系溶剂等。另外向有机溶剂中加适量水也可以提高萃取的选择性。

吲哚在几种溶剂中的溶解度见表6-17。

表6-17 吲哚在几种溶剂中的溶解度 g/100g

温度	溶剂						
	庚烷	乙醇胺	乙二醇	双甘醇	三甘醇	吡咯烷酮	二甲基亚砜
25℃	2.79	60.41	35.79	61.44	72.15	73.96	77.63
30℃	3.69	67.98	43.58	66.49	74.80	76.37	79.67

如含吲哚 6%～7%的洗油馏分，加入亚乙基碳酸盐作萃取剂萃取后，再经共沸精馏可得到的 95%的吲哚。美国学者研究了用单溶剂萃取吲哚的可能性，用甲基酰胺或其水溶液萃取洗油馏分中的吲哚。单溶剂萃取法的主要缺点是一次产品纯度和收率都较低。

2. 双溶剂萃取法

双溶剂萃取法是目前萃取法提取吲哚的主要研究方向，已取得很多成果。

适于作吲哚萃取剂的极性溶剂有：乙醇胺、二乙醇胺、三乙醇等羟胺类的胺系溶剂，二甲基亚砜等的亚砜系溶剂，*N*,*N*-二甲基甲酰胺、二甲基乙酰胺等酰胺系溶剂，*N*-甲基吡咯烷酮系溶剂等。适于作洗油中性组分萃取剂的非极刑溶剂为 C_5～C_{10} 的烷烃或环烷烃，常用的有正戊烷、异戊烷、正辛烷、异辛烷及石油醚等。用互不相溶的极性-非极性溶剂萃取吲哚，其效果要优于单溶剂萃取。

20 世纪 70 年代末，前苏联科学家提出用双溶剂萃取法从煤焦油馏分中回收吲哚，即采用相互之间溶解度极小的极性溶剂和非极性溶剂作萃取剂。利用人工配制的吲哚混合物（吲哚：α-甲基萘：β-甲基萘：联苯＝1：4：4：1），研究了几种组分在庚烷-极性溶剂混合体系的相对分配系数 β_i（i 为 2、3、4，分别代表 β-甲基萘、α-甲基萘和联苯），各组成的相对分配系数见表 6-18。

表 6-18　庚烷-极性溶剂混合体系的分配系数

极性溶剂	相对分配系数		
	β_2	β_3	β_4
乙二醇	167	117	198
双甘醇	83	78	66
三甘醇	339	286	309
N-甲基吡咯烷酮	40	38	31
丙酮缩二乙砜	110	100	75
乙醇胺	381	399	336
二甲基亚砜	223	209	154
毗咯烷酮	126	124	108

由表 6-18 可见，庚烷-乙醇胺体系的分配系数最高，同时，庚烷和乙醇胺相互间的溶解度小，因此推荐庚烷-乙醇胺体系作为双萃取溶剂。该法采用连续式和间歇式操作均可。双溶剂逆流萃取连续式分离吲哚的原则流程见图 6-15。

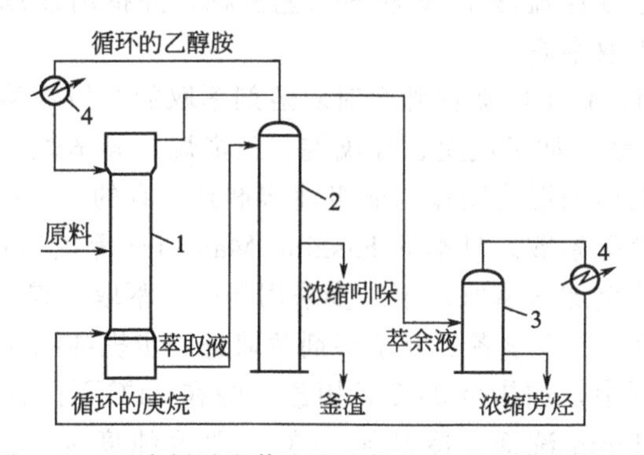

图 6-15　双溶剂逆流萃取连续式分离吲哚的原则流程

1—填料萃取柱；2—精馏柱；3—蒸发器；4—冷凝冷却器

按图 6-15 所示工艺进行试验的原料组成见表 6-19。进入填料萃取柱的物料质量比为庚烷：乙醇胺：原料=(2.2～2.5)：(0.7～0.9)：1，通过一级萃取吲哚提取率约达 90%，吲哚在萃取相中的质量分数为 7%～8%。萃取液在 $N_T=12$ 的玻璃填料蒸馏柱内蒸出乙醇胺，循环使用。得到的吲哚浓缩液在 $N_T=12$ 的精馏柱内减压间歇精馏，$R=5\sim6$，则得到纯度 99%的吲哚。萃余液简单蒸馏出庚烷，循环使用。得到的浓缩芳香族化合物，可采用精馏法分离其他组分。

表 6-19 原料组成

组分	联苯	α-甲基萘	β-甲基萘	吲哚	萘	甲基吲哚	其他
质量分数/%	17.92	17.15	22.37	5.29	11.38	0.11	25.78

两段间歇式双溶剂萃取分离吲哚的工艺流程见图 6-16。

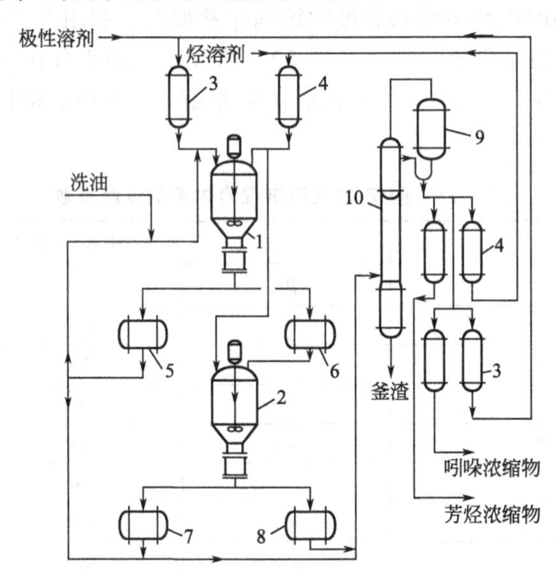

图 6-16 两段间歇式双溶剂萃取分离吲哚的工艺流程

1—一段萃取器；2—二段萃取器；3—极性溶剂罐；4—烃溶剂罐；5—上层溶液罐；6—下层溶液罐；7—吲哚溶液槽；8—芳烃溶液槽；9—冷凝器；10—蒸馏柱

20 世纪 80 年代初，进行了提取吲哚的扩大实验。根据实验结果，提出了使用 5～6 个理论级数的填料萃取柱连续逆流液-液萃取的工艺流程，并指出该流程能连续操作，有效地控制萃取过程，吲哚的提取率高。

20 世纪 80 年代中期，日本的盐古胜彦对双溶剂萃取的非极性溶剂进行了系统研究。指出 $C_5\sim C_8$ 的烷烃和环烷烃，如正戊烷、异戊烷、正辛烷、异辛烷、环戊烷、正己烷、甲基环乙烷、石油醚或这些物质的混合物作为非极性溶剂是适宜的。同时，提出了在极性溶剂中加水会相对提高吲哚的分配系数。日本的 Kishino Masahiro 等提出用两步萃取法制取吲哚，第一步采用甲醇与水同比例加入萃取，第二步采用环己烷萃取，得率可达 43%。

20 世纪 80 年代末期，日本学者研究了溶剂萃取进一步提纯吲哚的方法。纯度为 97.7% 的吲哚溶解在环已烷溶剂中，加热至 34℃，用乙二醇在 34℃下搅拌 30min 洗涤，乙二醇相再用水在 34℃下搅拌 15min 洗涤，冷却至 25℃，即得纯度为 99.9%吲哚产品，得率为 53%。日本学者还研究了乙二醇和正已烷双溶剂体系萃取吲哚。

在 20 世纪 80 年代国内鞍山化工研究院、鞍山钢铁学院等也开展了萃取法提取吲哚的研究，并取得了一定的成果。他们通过对溶剂萃取法分离吲哚进行研究得出结论：极性溶剂对吲哚的萃取率为乙醇胺＞三甘醇＞二甲基亚砜，非极性溶剂对洗油中中性溶剂的提取率为庚烷＞己烷＞石油醚，在极性溶剂中加入适量水可相对提高吲哚的提取率，比较好的萃取体系为乙醇胺-庚烷，并加入适量的水，其吲哚的提取率＞92％，回收率＞60％。

溶剂萃取法是回收吲哚比较成熟的方法。溶剂萃取法的优点是使用选择性较好的萃取剂，可得到纯度较高的吲哚，而且回收率较高。萃取方法的主要缺点是目前所使用的萃取剂的选择性均不理想，极性溶剂和非极性溶剂有互溶现象，造成目的产物损失及溶剂回收困难，导致生产成本高。尤其在原料洗油中吲哚含量较低时，其缺点尤为突出。

四、配合法

利用环糊精配合法从洗油中提取吲哚是基于环糊精的大环分子特殊结构。环糊精（CD）又称环状淀粉，由 6 个葡萄糖分子构成的，称为 α-环糊精；由 7 个葡萄糖分子构成的，称为 β-环糊精；由 8 个葡萄糖分子构成的，称为 γ-环糊精。环糊精结构见图 6-17。

环糊精具有圆筒状的构造，圆筒的上部（广口部分）排列着羟基，下部（窄口部分）排列着—CH_2OH 基，所以环糊精分子整体是亲水性的，可溶于水。但环糊精圆筒的内部是疏水性的。由于环糊精具有疏水性的空间，所以可与烃类或烃基形成包含化合物。

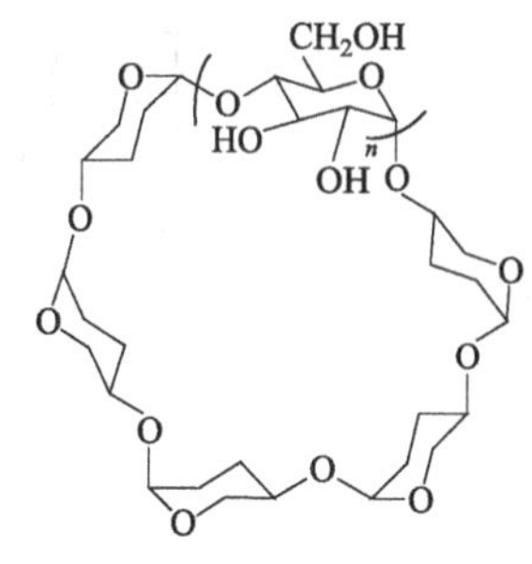

图 6-17　环糊精（CD）的结构

$n=1(\alpha\text{-CD})$；$n=2(\beta\text{-CD})$；$n=3(\gamma\text{-CD})$

环糊精能从洗油中选择性地浓缩吲哚，与吲哚生成环糊精包含物。该包含物具有高度的稳定性。由于喹啉类中的氮原子与环糊精中羟基形成氢键，而吲哚中的—NH 基团的氢原子与环糊精中的氧原子形成氢键，它们与环糊精网络中心的作用比一般碳氢化合物强得多。所以洗油中的中性组分大部分被除去。

将含吲哚的混合物与 β-环糊精水溶液接触，使生成的吲哚-β-环糊精包含物结晶析出，将其与中性芳烃分离。如向 β-环糊精溶液中添加碱类或尿素类物质，将提高 β-环糊精包含物的溶解度，使其溶解在水溶液中，而中性芳烃几乎不溶解。含吲哚的 β-环糊精水溶液用与水不相溶、与吲哚不共沸且沸点差大的有机溶剂如醚类、酮类、卤代烃及芳烃萃取吲哚。萃取液用蒸馏法分离。为了提高吲哚纯度，在用溶剂萃取吲哚前，可用脂肪烃或环脂烃萃取非目的物。

五、酸聚合法

酸聚合法的基本原理是基于吲哚呈弱碱性，易于质子化。光谱分析表明，吲哚的质子化主要发生在 β 位。质子化后的吲哚容易发生低聚反应。

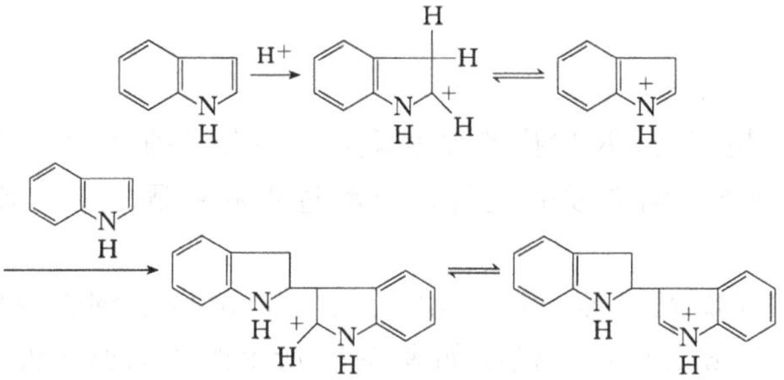

酸聚合法主要包括以下步骤。

① 酸聚合生成吲哚低聚物盐。将酸性较强的无机酸加入含有吲哚的洗油中，吲哚发生低聚反应生成二聚体和三聚体盐。常用来使吲哚低聚物化用的酸有卤氢酸、硫酸及磷酸等供质子酸。

② 吲哚低聚物盐脱酸。可以采用在芳烃存在下使吲哚低聚物盐和碱性物接触，或者将吲哚低聚物盐溶解于醇类中再向其中加入碱性物。碱性物可采用碱金属化合物、碱土金属化合物及氨化合物等。芳烃或醇类用简单蒸馏方法与吲哚低聚物分离。

吲哚低聚物盐脱酸反应：

X^- 碱性物 +盐

X^- 碱性物 +盐

③ 吲哚低聚物的分解。一般在惰性气氛下加热分解得到吲哚单体：

热分解得到的吲哚油进一步精制可以采用冷却结晶、重结晶、减压精馏及恒沸精馏等方法。

酸聚合法最突出的优点是在原料中吲哚含量较低的情况下，回收率大于90%。

六、吸附法

千崎利英等提出采用Na或K置换的Y型煅烧沸石分子筛（$SiO_2/Al_2O_3=5.5$）作为吸附剂。脱附剂可采用醚类、酯类或酮类等。分离过程利用固定床、流动床或模拟移动床均可。

Y型沸石在350℃煅烧4h，然后填入ϕ8mm、L500mm的钢管内作为吸附柱，柱温保持80℃。脱附剂以5mL/min的速度供给如表6-20所示组成的原料油。吸附剂吸附吲哚的容量见表 6-21。

表 6-20　原料组成

组分名称	质量分数/%	组分名称	质量分数/%
萘	1.9	吲哚	5.1
α-甲基萘	15.7	联苯	2.2
β-甲基萘	64.2	二甲基萘	2.0
喹啉	0.5	其他	8.4

表 6-21　吸附容量

吸附剂	脱吸剂	每克吸附剂的吸附容量/mg	温度/℃
Na-Y 型	乙酸丁酯	75.2	80
K-Y 型	乙酸丁酯	80.3	80
K-Y 型	乙酸乙酯	97.8	60

七、共沸精馏法

日本的竹谷彰二等采用原料 245～256℃的吲哚窄馏分，加入共沸剂二甘醇，其量为非目的物量的 0.6 倍以上。将该混合物在 $N_T=50$、$R=10$ 的填料塔中蒸馏，塔顶温度在 235℃，非目的物甲基萘类、联苯、二甲基萘类、苊等中性成分及喹啉、异喹啉碱性成分与共沸剂共沸，在低于吲哚馏出温度下，几乎全部馏出，吲哚浓缩物以塔底油残留下来。加水分出二甘醇后的浓缩物经冷却结晶和萃取等方法可以得到纯度大于 99%、收率约 80%的吲哚产品。

表 6-22 列出几种组分与二甘醇的共沸温度。

表 6-22　几种组分与二甘醇的共沸温度

共沸组分	质量分数/%	共沸温度/℃
β-甲基萘	63.2	226.4
α-甲基萘	60.8	229.2
联苯	54.4	232.4
喹啉	70.0	232.5
2,6-二甲基萘	51.1	235.1
2-甲基喹啉	64.5	241.0
异喹啉	54.4	242.0
吲哚	29.2	244.6

20 世纪 80 年代中期，日本学者还研究了在粗吲哚中加入 30%的乙醇胺进行精馏，可得到纯度为 99.9%的吲哚，得率为 75.1%。同等条件下，如果不加入乙醇胺，精馏只能得到纯度为 97.6%的吲哚，得率为 46.6 %。粗吲哚组分为：β-甲基萘 3.7%，α-甲基萘 1.7%，吲哚 80.0%，联苯 6.3%，二甲基萘 0.3%和聚合物 8.0%。

鞍山热能研究院的顾广隽等，用吲哚-联苯的富集馏分（250～260℃）也进行过共沸精馏的实验，将吲哚-共沸剂馏分用热水重结晶得到纯度为 93%的吲哚。

宝钢集团化工公司梅山分公司马欣娟等提出采用减压共沸精馏法从洗油馏分中提取

咔唑。即在洗油馏分中加入该馏分质量10%～50%的多元醇共沸剂，进行馏分切割，釜残渣作为咔唑的富集馏分，将含有10%～20%的咔唑进行富集馏分精馏，切割出顶温在180～190℃的馏分，中间馏分为咔唑和多元醇共沸剂的混合物，将中间馏分（含咔唑40%～60%）进行水洗结晶、离心分离、精馏精制，可得到粗品，咔唑含量在90%以上，再用精馏的方法，进一步切除水分和杂质，进一步提高品级率，可得到咔唑含量98%以上的产品。

共沸精馏法回收咔唑对原料中咔唑含量要求较高，否则咔唑收率无法保证。另外，共沸剂的回收需要消耗大量的能量。

八、萃取精馏法

利用压力和温度控制密度和溶解度的变化，可以有效地利用萃取剂。柳町昌俊等将粗咔唑在压力为7～30MPa，温度为30～60℃条件下，用液体或超临界气体除去不纯物，得到高纯度咔唑。将粗咔唑送入萃取器，在压力为8MPa，温度为45℃的条件下，通入液态CO_2。在萃取器得到的纯度90.4%的咔唑，再用正己烷重结晶，则得到纯度99.7%的咔唑，回收率对粗咔唑为80%。

日本学者还提出用CO_2和C_2H_4从煤焦油中萃取咔唑，先将咔唑浓缩在釜液，再向釜液中加入乙二醇和乙醇胺，用C_2H_4进行超临界萃取，含有乙醇胺的釜残蒸馏后可得高纯度的咔唑。含咔唑12.4%的焦油馏分用乙醇胺萃取，再用超临界乙烯气体，在20～40℃、10.0MPa和4h的条件下，可得到91.5%的咔唑，收率为94.5%。在同样条件下，用超临界庚烷萃取，可得到82.1%的咔唑，收率为57%。

20世纪80年代末，德国学者还提出三步法超临界萃取苯酚、咔唑、喹啉。其工艺为：在35～100℃和60～250bar（1bar=10^5Pa，下同）条件下，先用超临界CO_2和C_3～C_8的烷烃和烯烃萃取出苯酚、咔唑、喹啉。第一步先萃取出中性油，第二步从咔唑中萃取出喹啉和苯酚，第三步从苯酚中分离出咔唑。纯度为78.5%的粗咔唑用CO_2气体超临界萃取再重结晶可得到99.9%咔唑，得率为68.9%。超临界萃取的操作条件为：压力8.0MPa，温度45℃，时间3h。

超临界萃取法的步骤简单，但在高压下进行，因此对设备要求很高。

九、压力结晶法

该法是将含量为70%的咔唑混合液在200MPa压力及50℃温度的条件下结晶，得到纯度为99.5%以上的高纯度咔唑。当压力降到100MPa时，结晶中的杂质会溶解出来。重复上述操作可以得到纯度为99.99%～99.9999%的咔唑。

首先通过蒸馏从洗油中得到70%～80%的咔唑馏分，其杂质主要为甲基萘、联苯和甲基喹啉。在700～760℃条件下通过热脱烷作用分离咔唑，含咔唑80%的馏分在323K和92MPa条件下结晶，并在51MPa压力下析出可以得到纯度为98.6%的咔唑。若在共熔共结晶的体系中，压力为200MPa的条件下结晶，可以获得纯度为98.6%的咔唑。如果通过连续减压析出，则可以得到99.5%的咔唑。据报道，采用脂肪族和脂环族溶剂对80%左右的粗咔唑进行结晶，以3℃/min降温速度从40℃降至5℃，可得纯度为98.8%的咔唑，得率60%。另外，还可用分散结晶的方法提取咔唑。

压力结晶法可得到纯度较高的咔唑，但该方法需要在高压下进行，对设备要求较高，只适合小批量的咔唑生产。

第五节　苊的分离精制

一、苊的性质及用途

苊（acenaphthene），俗名萘己环（1，2-dihydroacena-phthylene），在1873年由Pierre E. M. Bertheiot在煤焦油中发现。

苊为白色或微黄色斜方针状结晶。分子式为$C_{12}H_{10}$，相对分子质量为154.21，沸点278℃，熔点96℃。苊几乎不溶于水，微溶于甲醇、乙醇，可溶于热乙醇、苯、甲苯等。该物质易燃，对眼睛、皮肤、黏膜和上呼吸道有刺激性。遇高热，有燃烧爆炸的危险。

苊是基本有机合成原料，用途广泛。苊经硝化可制硝基苊；进一步氧化可制1,8-萘二甲酸酐和苊醌，可用于合成染料、聚酯树脂、聚酯纤维；还可用于制荧光颜料、药品、杀虫剂等。苊脱氢得苊烯，可制苊烯树脂。

苊主要来自于煤焦油，在煤焦油中的质量分数为1.2%～2.5%，主要集中在洗油馏分中，在洗油中含苊约为15%左右。

二、苊的生产工艺

中国攀钢焦化厂用工业萘装置从洗油中提取工业苊。原料洗油经换热后进入工业萘装置，在初馏塔顶采出轻质洗油。一部分塔底残油进入管式炉循环加热以提供能量，一部分进入精馏塔。在精馏塔顶采出苊馏分，塔底残油循环加热并排出部分重质洗油。然后，再将所得的含苊50%～60%的苊馏分装入结晶机内，装料温度控制在90～95℃。开始结晶时的冷却速度为3～5℃/h，当冷却温度接近结晶点时，冷却速度降至1～2℃/h，防止形成过多的细小晶核而使馏分变成糊状，以致无法进行离心操作。离心后得到含量大于95%的工业苊。

工业苊生产工艺流程见图6-18。

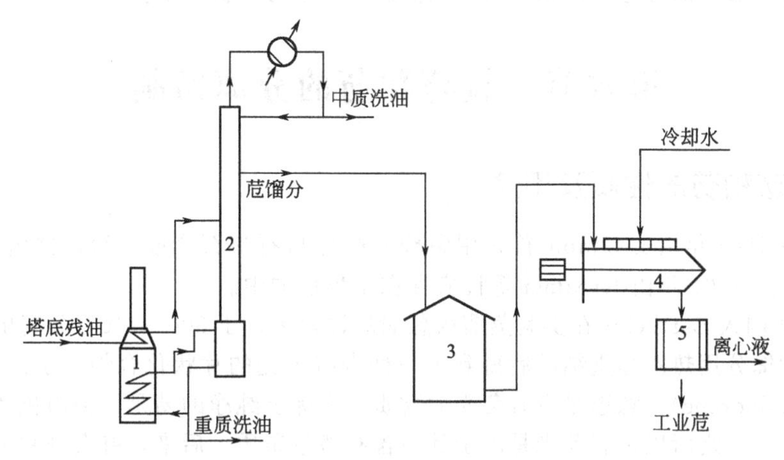

图6-18　工业苊生产工艺流程

1—管式炉；2—精馏塔；3—苊馏分槽；4—苊结晶机；5—离心机

苊馏分结晶在机械化结晶机内进行，其结构示意见图6-19。

若要得到精苊，可以采用无水乙醇重结晶，苊能溶于热乙醇中，在冷乙醇中溶解度小，而工业苊中的杂质二甲基萘、氧芴等在冷乙醇中溶解度大，因而能有效地分离。重结晶后得到的精苊纯度在99%以上。

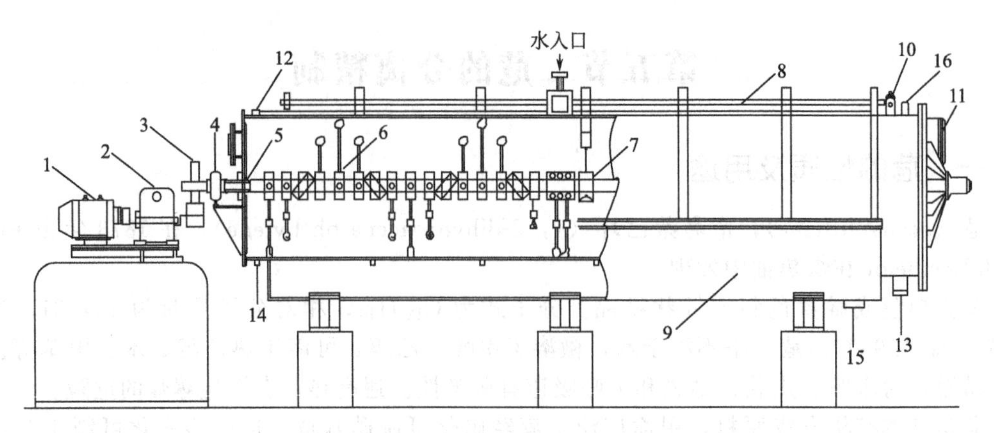

图 6-19 苊机械化结晶机结构示意图

1—电动机；2—减速器；3—齿轮；4—轴承；5—轴；6—搅拌叶；7—中间轴承；8—喷淋水管；
9—水槽；10—手孔；11—人孔；12—油入口；13—油出口；14—放空口；15—水出口；16—放散口

日本新日铁化学研究所研制开发了以煤焦油洗油作为原料，通过将蒸馏与塔内结晶工序相结合（BMC）的方法制取苊的工艺过程。具体方法是将含有苊 16.8%、萘 18.3%、甲基萘 6.3%、氧芴 21.0%、芴 10.4%及其他一些组分的洗油在 32 块理论塔板的塔内于回流比 12～15 的条件下进行分离制取苊馏分。所得到的苊馏分中苊的最高浓度不超过 63%。然后，将此馏分在设有 3 个搅拌器和 3 个区段（冷却、净化和熔融）的立式塔内用结晶法净化，最后得到主要物质含量不少于 99%的苊油。油中含苊 5.6%～43.5%，氧芴 15.4%～24.5%，其他组分 39.0%～49.1%。结晶精制时使用的装置是该公司独自开发的可用于工业生产的 BMC 装置。该工艺的特点是塔的容积小，因此达到稳定状态所需要的时间短。

德国从洗油馏分中分离苊的工艺包括：用双甘醇做萃取剂萃取蒸馏馏分，得到馏出液和釜底残液；然后用重结晶法从流出馏分中分离出联苯和吲哚，而将釜底残液进行二次蒸馏，以便将苊馏分和氧芴馏分分离开来；再用结晶法从苊馏分中提取工业苊。

第六节 氧芴和芴的分离精制

一、氧芴和芴的性质及用途

氧芴早在 1866 年由 Lesimple 首先用磷酸三酚酯与石灰石合成而得，并由 Hoffmeister 测得其组成，至 1901 年由 Kreamer 等证实存在于煤焦油中。

1867 年法国人 Berthelot 在实验蒸馏粗蒽油的过程中，于 300～310℃分离出一个新的馏分，他将这种馏分用热乙醇重结晶后得到了一种带有荧光的片状化合物，于是 Berthelot 将它命名为芴（fluorene)，意思是带有荧光的物质。实际上纯净的芴是一种白色片状晶体，本身并不带有荧光，之所以带有荧光是由于其中含有微量杂质。后来，有人分别由联苯酮经过羰基还原得到了一种烃类化合物，命名为联苯甲烷，进一步的实验证实 Berthelot 发现的芴和由联苯酮制得的联苯甲烷是一种化合物。由此芴的结构为人们确认。

氧芴和芴的主要性质见表 6-23。芴在几种溶剂中的溶解度见表 6-24。

氧芴可用作热载体以及食品和木材的防腐剂等。它的深加工产物，如氧芴 2，3-酸可用于生产染料，3-氨基烷基氧芴可以制药，氯化氧芴可用作电绝缘材料的添加剂，磺化缩聚物可用作纺织助剂和湿润剂等。

表 6-23 氧芴和芴的主要性质

名称	密度/(g/cm³)	沸点/℃	熔点/℃	外观	溶解性
氧芴	1.168	287	82～82.7	白色或浅黄色针状结晶	溶于苯、醚和乙醇，不溶于水
芴	1.181	294	116	蓝色荧光白色片状结晶，真空中易升华	易溶于醚和冰乙酸；可溶于苯、二硫化碳和热醇；微溶于乙醇；不溶于水

表 6-24 芴在几种溶剂中的溶解度 g/100mL

溶剂＼温度/℃	10	20	30	40	50	60	70	80
乙醇	1.32	1.82	2.30	3.10	4.27	6.40	9.85	16.60
甲苯	17.74	21.00	30.01	42.13	46.03	84.03	121.70	183.10
吡啶	16.28	24.00	33.28	47.12	66.70	95.24	138.40	208.20

芴的用途比氧芴广泛。芴可用于制取药物、合成树脂、染料和各种助剂。还可以用来生产洗涤剂、润湿剂、液体闪光剂、杀虫剂、感光材料和液晶化合物等。如 9，9-双-（2′-羧基乙基）芴可用来制备聚酰亚胺树脂，2-二烃氨基乙酰芴酮可用作止痛剂和止痉挛剂，9-芴酮-2-羧基氨基醇酯可用作局部麻醉剂，2-二烃氨基甲基芴是止痉挛药、止痛药和降压药，5-芴甲酸是植物生长激素，双酚芴可作为高功能性聚合物的原料。

煤焦油中含氧芴为 0.5%～1%，大部分集中在洗油馏分中，其质量分数约为 10%。在重质洗油中的质量分数高达 30%以上。

煤焦油中含芴为 1%～2%，主要分布在洗油和一蒽油馏分中。在洗油馏分中质量分数为 6%～9%，在蒽油馏分中质量分数约为 2.4%。

二、氧芴的分离精制

氧芴的分离精制是以重质洗油为原料，采用 60 块浮阀塔盘精馏塔，切取 280～286℃的氧芴宽馏分，氧芴含量为 55%～65%。宽馏分在 $N_T=40$ 的精馏塔再精馏切取氧芴窄馏分，其氧芴含量可达 80%。

由氧芴窄馏分精制高纯度氧芴主要采用溶剂结晶法，所用的溶剂有乙醇、甲苯和 α-甲基萘馏分等。以 α-甲基萘作溶剂，氧芴窄馏分：α-甲基萘馏分=5：1，冷却结晶，过滤分离，得到熔点为 77～81.6℃，纯度为 95%的氧芴。也可用过滤后的滤液作溶剂，加入比例为氧芴窄馏分：滤液=1：(2～3)。

为了提取氧芴，也可先使氧芴在 20℃下冷却结晶，离心过滤得到熔点 54℃的粗氧芴，然后在乙醇中重结晶，比例为粗氧芴：乙醇=1：(1.5～2)，则得到熔点约为 83℃的氧芴。

三、芴的分离精制

芴的分离精制是以洗油精馏残油、重质洗油或低萘洗油为原料。首先将原料精馏切取富芴窄馏分，然后再用冷却结晶法或溶剂结晶法提纯。

1. 冷却结晶法

冷却晶析法是采用含芴 40%～60%的富芴馏分，通过改变冷却速度，调整芴结晶粒度。在晶析时熔融的芴油要进行充分搅拌，使温度分布均匀，热交换平稳地进行，以防芴晶粒结块。采用通用的分离方法得到的结晶再用 C_1～C_3 的低级醇洗净。冷却速度与粒径和纯度的关系如下：

冷却速度/（℃/min）	粒径/mm	纯度/%
0.3	1.2	93
0.6	0.6	85
1.2	0.2	82

结晶洗净的溶剂可用溶解度参数为7～14.5的烃类系溶剂，如乙醇、己烷和环己烷等。

贾春燕等人利用熔融结晶法进行芴的提纯。熔融结晶法经过冷却结晶和发汗两个阶段，以95%的工业芴为原料，通过调节降温速率、结晶终温和发汗温度，制备出纯度97.4%的精芴。他们通过自制的结晶装置，用智能模块控制油浴温度，计算出结晶速度，当结晶器内温度降至终点后，打开结晶器底阀将母液放出，称量并分析含量。结晶后进行发汗操作，即逐步提高油浴温度使粗晶体部分熔化而使杂质以汗液形式排出，发汗过程中随时取汗液样称量分析。当在一个温度下发汗达到平衡后，再升高温度进行下一级发汗操作，直到发汗终点(113℃左右)，发汗时间约4h。最后提高温度至130℃，使晶体全部熔化，收集后称量分析。

杨可珊等以含芴50%的芴馏分（292～302℃）为原料，加热至90～95℃，降温结晶，待芴馏分自然冷却至68～70℃后，再用水冷却至40℃左右，冷却速度控制在1.5～2℃/h，结晶过程中使用结晶机严格控制冷却速度和结晶终点温度，最后经离心分离得到含芴63%的粗芴。该工艺未引入其他溶剂，成本低，但所得粗芴产品纯度较低。

2. 溶剂结晶法

目前，溶剂结晶法提纯芴的应用较为广泛。该法是先用溶剂将粗芴加热溶解，再降温结晶、分离、干燥，得到纯度较高的芴。降温结晶时，搅拌速度、降温速度和结晶终点温度都会对晶体的形成以及晶体的纯度与收率产生一定的影响。

C. H. O等提出用氯苯和二甲基甲酰胺两步溶剂结晶法。原料芴馏分组成：苊3.99%，氧芴15.78%，芴63.66%，甲基芴13.76%，其余2.81%。将此馏分和氯苯按1：（1～1.5）的比例加入带搅拌器和回流冷却器的反应器内，加热溶解，然后趁热过滤，滤液冷却到25℃析出芴结晶，过滤分离得到纯度92%的工业芴。将这些工业芴和含水10%～15%的二甲基甲酰胺按1：(2～2.5）的比例加入同一反应器内，再加热溶解，然后冷却到25℃，析出的结晶经过滤、洗涤和干燥得到纯度97.5%的芴，收率85.1%。

曾有人推荐用白节油从芴馏分中分离芴，原料：白节油=1：(0.45～0.6)，得到的浆液加热到90～95℃，然后冷却到25℃，离心分离得到半富芴结晶，白节油母液再生利用。然后采用双溶液萃取法处理半富芴结晶，其比例为半富芴结晶：白节油：*N*,*N*-乙酰替二甲胺(含水15%～20%)=1：(10.8～11.6)：(3.3～3.9)，萃取温度55℃。当双溶剂的分配系数为5.5，氧芴和苊的分配系数为0.4，则选择性为13.8。萃取后分离出的*N*,*N*-乙酰替二甲胺液层冷却到25℃，则析出芴结晶，经离心分离和干燥即为产品，*N*,*N*-乙酰替二甲胺可循环使用。用白节油和白节油、*N*,*N*-乙酰替二甲胺双溶剂萃取所得产物产率分别为89.01%和90%，总产率大于80%。此法工艺复杂，浪费溶剂。

陈新以含芴20%～30%的洗油馏分为原料，利用高效填料塔（多用丝网填料）通过间歇蒸馏截取芴含量大于60%的芴主馏分，选二甲苯作溶剂将芴主馏分溶解，再降温结晶，得到纯度不小于93%和不小于95%的两个质量等级的工业芴，产品对原料的收率为12%。此工艺实现了二甲苯的循环使用，成本不高，但其收率有待于进一步提高。

龚俊库等人用杂质主要是氧芴和甲基氧芴的纯度为94.66%的工业芴，经过降温结晶制得99%的精芴。他是将工业芴原料按工业芴：甲苯=1：1的体积比，倒入三口烧瓶中，以300r/min的速度搅拌加热使工业芴全部溶解，再在搅拌下以0.3℃/min的降温速度匀速降温至15℃，静置一段时间后，抽滤，滤饼经烘干后作为一次结晶的产品，测纯度后按上述步骤重结晶3次，最终可将工业芴提纯至99%以上，收率达90%。此法用的溶剂是甲苯，比二甲苯安全且价格便宜，产品的纯度也很高，但对原料芴的要求较高，且重结晶次数较多，适合于粗芴的精制。

邓中明和任毅采用溶剂结晶法制得99%精芴。工业芴原料组成：芴89.7%，氧芴、甲基氧芴3.2%，其他组分7.1%。将工业芴倒入装有溶剂的不锈钢结晶锅中，工业芴与溶剂的配比为1∶1，在60～80℃的水浴中搅拌溶解，然后匀速降温至20℃，再离心分离固液，滤饼作为产品，重结晶3次，芴纯度达99%。

吕苗、王仁远等先用减压间歇精馏方法制取粗芴馏分，然后用结晶和洗涤的方法进行精制。他们研究了结晶操作工艺参数温度、压力、回流比、原料组成等对芴产品纯度和收率的影响，得到了纯度97%的精芴。

李甲辉将95%乙醇和粗芴混合，搅拌下加热溶解，热过滤，滤液充分冷却后析出白色片状固体，过滤，用少量乙醇洗涤，得到纯度为99.8%的精芴，收率为90%。

Yamada、Masahiro等从芴和甲醛的反应粗产物中回收芴时也采用了溶剂结晶法。该粗产物中含芴、带有芴骨架结构的烯二醇和带有芴骨架结构的醇。用乙醇作为溶剂，将粗产物溶于乙醇，结晶，过滤，可回收到纯度较高的芴。

鄂永胜以含芴60%～70%的芴馏分为原料，加入中质洗油冷却结晶，严格控制降温速度和搅拌强度，得到92%的粗芴，粗芴用200号溶剂油重结晶一次即可得到含量大于97%的工业芴，收率为65%。中质洗油沸点高、廉价易得、杂质去除能力强，作为结晶溶剂可有效提高芴的纯度，并且经济、安全、环保，中质洗油用后不必回收可直接用于洗苯。由于中质洗油作溶剂结晶效果好，使重结晶用的200号溶剂油用量大大减少，提高了产品收率。

通过对以上生产方法的总结，可以得出生产芴的原则工艺流程：重质洗油精馏得到芴馏分，然后对芴馏分冷却结晶、重结晶，最后再进行溶剂洗涤，去除杂质，进一步提高芴的纯度。重结晶溶剂和洗涤溶剂则可蒸馏出来循环使用，固体残渣经过分析组成后，再回配到相应的洗油馏分中。

图6-20为从重质洗油中提取芴的工艺流程方案图。

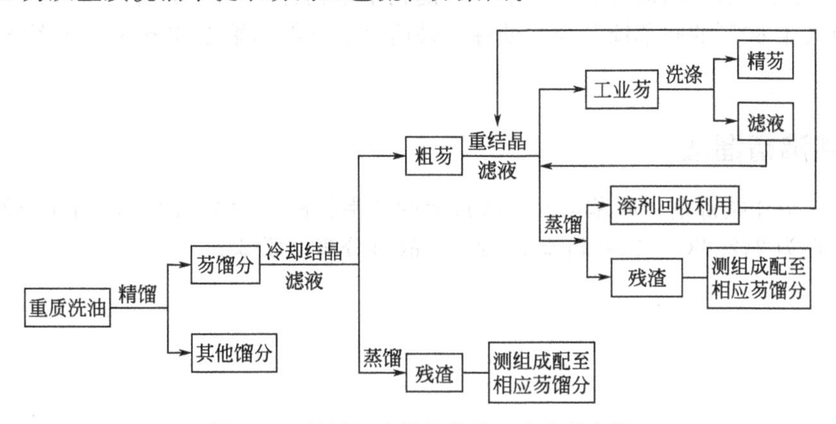

图6-20 从洗油中提纯芴的工艺流程方案

在芴的结晶过程中可以采用三相结晶法生产。三相结晶的原理是在溶剂结晶过程中，加入第三相水相，水在此过程起到控制扩散在水相和溶剂相中的晶体的晶核形成和成长，使之达到要求的均匀尺寸，不致过大而夹带杂质；水还有助于增加液固比，从而便于带有晶体的母液输送和处理；水不与溶剂混合，也不与晶体混合，起中间层的作用，将有机溶剂和晶体分隔开。杂质留在有机溶液相中，净化的晶体沉在水层下，排去下层后就能得到优质产品。国内某厂将含芴约70%的馏分在二甲苯和水［二甲苯：水质量比为（1～0.8）：0.8］中进行三相结晶，则可得到纯度大于95%的工业芴。

第七节　联苯的分离精制

联苯是两个独立苯环构成的多环芳香烃。呈白色或微黄色鳞片状结晶，几乎不溶于水，而溶于甲醇、乙醇和醚。联苯可用作化工、医药、塑料和染料等工业的原料。热稳定性好，被广泛用作热载体。联苯与联苯醚的混合物（含联苯26.5%，联苯醚73.5%）载热温度可达300～400℃，也可用作核电站汽轮机体系的工作介质。联苯的加氢产物联环己烷，是喷气式飞机的燃料。联苯在煤焦油中的含量为0.2%～0.4%，绝大部分集中在洗油馏分中，在洗油中的含量约为8%。联苯的分离精制方法有钾熔法、精馏法和共沸精馏法等。

一、钾熔法

钾熔法是从洗油中提取联苯和吲哚的成熟方法。首先将脱酚和脱吡啶的洗油在 $N_T=20\sim25$ 的填料精馏塔内精馏，控制回流比 $R=8\sim10$，切取245～260℃的联苯吲哚馏分，用钾熔法脱除吲哚，得到的吲哚钾盐作为提取吲哚原料，分出的中性油作为提取联苯的原料。

从中性油中提取联苯，采用 $N_T=20$ 的精馏柱，控制回流比 $R=8\sim10$，切取252～262℃的联苯馏分，冷却结晶得到联苯粗品。然后粗品用乙醇重结晶，乙醇加入量为粗品量的2倍，则得纯度大于90%的工业联苯。

二、精馏法

以中质洗油作原料，在 $N_T=40$ 的精馏塔内切取联苯含量大于60%的联苯馏分，进行冷却结晶和抽滤，则得联苯粗品。粗品用乙醇重结晶去掉杂质得联苯产品。精馏得到的含联苯20%～59%的前后中间馏分，在 $N_T=70$ 的精馏塔内进行二次精馏，切取大于60%的联苯馏分与前大于60%的联苯馏分合并处理。采用该法可得到熔点68～69℃、纯度大于95%的工业联苯。

三、共沸精馏法

利用乙二醇作共沸剂，联苯与乙二醇形成的共沸物沸点为230.4℃，吲哚与乙二醇形成的共沸物沸点为242.6℃，二者相差12.2℃，故可分离出联苯。

Chapter 07

第七章

蒽油馏分的加工

蒽油是煤焦油组分的一部分，一般为黄绿色油状液体，室温下有结晶析出，结晶为黄色、有蓝色荧光，能溶于乙醇和乙醚，不溶于水，部分溶于热苯、氯苯等有机溶剂，有强烈刺激性。遇高温明火可燃。主要组成物有蒽、菲、咔唑、荧蒽、芘和䓛等。

从蒽油中可以提取蒽、菲、咔唑、荧蒽、芘等化工原料，同时蒽油也是制造涂料、电极、沥青焦、炭黑、木材防腐油和杀虫剂等的原料。

蒽油的质量标准见表 7-1。

表 7-1　蒽油的质量标准（GB/T 24211—2009《蒽油》）

项　　目		要　　求
密度(20℃)/(g/cm³)		1.080～1.180
馏程(101.325kPa)		
300℃前馏出量(质量分数)/%	≤	10.0
360℃前馏出量(质量分数)/%	≥	50.0
黏度 E_{50}	≤	2.0
水分含量(质量分数)/%	≤	1.5

煤焦油深加工工艺不同，蒽油的组成也有所不同，一般煤焦油一次加工就可以分别切取一蒽油和二蒽油，如国内常采用的一塔式流程。

二蒽油馏分的初馏点为 310℃，馏出 50%时为 400℃，产率为 4%～8%，密度为 1.08～1.18g/cm³。

德国吕特格和美国考伯斯的部分煤焦油加工工艺也一次加工采出一蒽油和二蒽油。法国常减压焦油工艺切取蒽油和重油。也有少数工艺采出混合蒽油。

不同焦化厂的蒽油、一蒽油、二蒽油组成见表 7-2。

表 7-2 不同焦化厂的蒽油、一蒽油、二蒽油的组成（质量分数） %

组分	A厂一蒽油	B厂蒽油	C厂		D厂	
			一蒽油	二蒽油	一蒽油	二蒽油
萘	4.1～5.3	2.3～3.1	7.1	6.6	4.9	6.0
β-甲基萘	0.7～1.0	0.5～0.6	1.3	1.1	0.6	0.5
α-甲基萘	0.4～0.6	0.4～0.7	0.7	0.4	0.3	0.2
二甲基萘	1.2～1.3					
联苯		0.3	0.4	0.3	0.3	0.3
苊	1.5～3.6	1.7～2.4	2.5	3.0	5.4	2.0
氧芴	1.4～3.2	1.4～1.5	2.0	2.1	2.5	2.2
芴	2.8～6.5	2.5～2.9	4.2	3.0	5.9	1.8
硫芴	1.8～2.3	1.9～2.5	3.2	1.5		
咔唑	3.3～4.0	2.0～3.9	6.4	3.8	11.6	8.4
菲	22.9～26.6	19.2～25.9	26.0	14.3	13.7	8.0
蒽	6.3～9.2	5.1～7.1	11.1	4.6	8.1	4.7
荧蒽	1.9～5.4	10.9～11.0	10.5	16.7	12.1	13.3
芘	0.5～2.0	6.0～7.4	5.3	11.6	9.8	12.3
2,3-苯并芴		0.8～0.9	0.7	1.1	1.3	2.1
1,2-苯并芴		0.7～0.8	0.6	0.9	0.5	1.0
1,2-苯并蒽		2.9～3.1	0.1	3.9		
䓛		2.6	0.1	3.3	2.3	13.3

第一节 一蒽油馏分的加工

一蒽油馏分为280～360℃的馏分，产率为煤焦油的16%～22%，密度为1.05～1.13g/cm³。一蒽油加工的主要目的在于获得蒽、菲、咔唑。

一、蒽、菲、咔唑的性质及用途

蒽、菲、咔唑都是高沸点和高熔点烃类，它们在煤焦油的中含量与炼焦温度、煤的热解产物在焦炉炭化室顶部的停留时间和温度等条件有关。一般在高温炼焦所产煤焦油中蒽占1.2%～1.8%，咔唑占1.5%，菲占4.5%～5.0%。

蒽、菲、咔唑的理化性质见表7-3。

表 7-3 蒽、菲和咔唑的性质

名称	结构式	沸点/℃	熔点/℃	升华温度/℃	熔化热/(kJ/mol)	蒸发热/(kJ/mol)	密度(20℃)/(g/cm³)
蒽	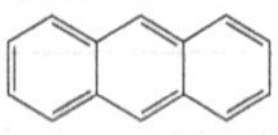	340.7	216.04	150～180	28.8	54.8	1.250
菲	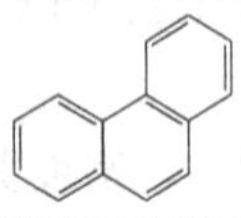	340.2	99.15	90～120	18.6	53.0	1.172
咔唑	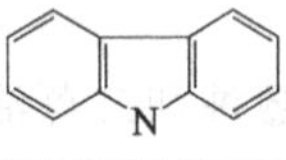 N	354.76	244.8	200～240		370.6	1.1035

蒽是1832年由Jeall B. A. Dumas和Auguste Laurent发现的。蒽的三个环的中心在一条直线上，是菲的同分异构体。蒽为无色片状晶体；有蓝紫色荧光，容易升华；不溶于水，溶于苯、醇、醚、四氯化碳和二硫化碳等有机溶剂。蒽的最主要的用途是经过氧化得到蒽

醌。蒽醌经过磺化、氯化、硝化可得蒽醌系酸性染料、媒染染料、还原染料等广泛的染料中间体，蒽醌还可用于造纸行业做蒸煮助剂及脱硫剂 ADA 的原料。除氧化制蒽醌外，还作为高分子合成单体、润滑剂、乳化剂和耐高温树脂合成工业的原料等。

菲是 1872 年由 Rudolph Fettig 和 Eugen Ostermayer 发现的。蒽和菲是同分异构体。它是带有荧光的无色单斜片状晶体。不溶于水，溶于乙醚、苯、氯仿、丙酮、二硫化碳、四氯化碳，微溶于甲醇、乙醇、醋酸和石油醚。可用于合成树脂、植物生长激素、还原染料、鞣料等方面，菲经氢化制得全氢菲可用于生产喷气飞机的燃料。菲可作为合成染料、液晶、医药和表面活性剂的化工原料。用菲氧化制联苯二甲酸（DPA）是菲利用的一条重要途径。

咔唑是 1872 年由 Carl Graebe 和 Carl Glaser 在煤焦油的高沸点馏分中发现。是灰色的小鳞片状晶体，在紫外线下有强烈的荧光。不溶于水和无机酸，溶于吡啶、环已酮等，微溶于乙醇、乙醚、丙酮、苯。咔唑是重要的染料、颜料中间体，可合成海昌蓝、复写纸用染料等，尤其精咔唑是生产称为紫色染料之王的永固紫 RL 的基础原料。此外，咔唑还可作为合成树脂、贵金属矿石浮选剂、减水剂、润滑油和导热油的稳定剂、表面活性剂、荧光增塑剂等的原料。21 世纪，咔唑在导光导电特种高科技材料（以咔唑为基料合成的 *N*-乙炔咔唑具有导光性；*N*-甲基咔唑与苯甲醛的缩聚物、3,6-二溴咔唑与咔唑的缩聚产物聚咔唑具有导电性）及生物活性物质（杀虫剂的稳定剂、植物生长素、消炎药、治疗心脏病等药物）的应用将更加引人注目。

二、工业蒽的制取

提取蒽、菲、咔唑的原料是工业蒽。工业蒽也叫粗蒽。制取工业蒽的适宜原料是一蒽油或蒽油，厂家更多地选择一蒽油。

工业蒽的制取工艺可分为一段冷却结晶法和二段冷却结晶法。

（一）一段冷却结晶法

图 7-1 工业蒽为一段冷却结晶法工艺流程图。蒽油（一蒽油）馏分送入一蒽油高位槽，其温度保持在 80～90℃，然后由高位槽送入一段机械化结晶机，结晶机内用带刮刀的搅拌器搅拌，在搅拌过程中先自然冷却 4h，可冷至 50～55℃，再在结晶机外用冷却水喷洒冷却约 12h，冷却到 38～40℃得到含有结晶体的浆液，然后将该浆液送入离心分离机，分离出脱晶蒽油送往油库；分离出的粗蒽，用 60℃脱晶洗油洗涤、甩干，用刮刀刮下，经螺旋输送机送入仓库。离心机滤网上的孔易被结晶堵塞，必须用热洗油清洗，洗网液自行流入中间槽，循环使用，当洗网液的蒽含量达到 8%～9%，全部更换，送回一蒽油馏分槽或原料焦油槽。分离出的脱晶蒽油流到中间槽再送到油库。

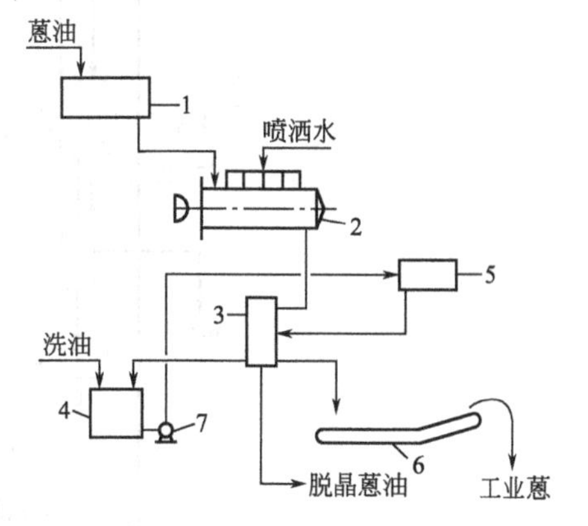

图 7-1 工业蒽一段冷却结晶法生产工艺流程

1—蒽油（一蒽油）高置槽；2—机械化结晶机；3—离心分离机；4—洗网液中间槽；5—洗网液高置槽；6—刮板输送机；7—泵

工业蒽的质量和收率的影响因素主要是原料一蒽油的质量和冷却结晶过程温度的控制。

控制一蒽油的主要指标是 300℃和 360℃前馏出量，360℃前馏出量直接影响一蒽油的黏度，同时也代表了一蒽油的含蒽量。对于 360℃前馏出量小的一蒽油，一般萤蒽和芘等高沸点组分含量较高，黏度较大，含蒽量较低。而 300℃前馏出量则表明一蒽油中轻质组分的含量，300℃前馏出量大，表明一蒽油中蒽油含有较多的芴、氧芴和苊等轻质的组分，黏度较小，有利于粗蒽结晶的生成，可提高一蒽油的含蒽量，但在冷却结晶的过程中，过多的轻质组分会形成大量晶种，对粗蒽质量不利。

生产实践表明，对于相同的一蒽油原料，只有严格控制一蒽油的冷却速度和结晶冷却终点温度，才能使生产处于最佳的操作状态。要求一蒽油馏分自然冷却至68～70℃后，再用水冷却至（42±2)℃，冷却速度控制在1.5～2.0℃/h。

当一蒽油原料的含蒽量在5%～7%时，进行了结晶温度对工业蒽产率和含蒽量影响的试验，结果见表7-4。

表7-4 一蒽油结晶温度与工业蒽产质量的关系

结晶温度/℃	60	35～45	25
工业蒽对一蒽油的产率/%	4.5	10～13	18
工业蒽含蒽量/%	45～48	32～35	25

从表7-4可看出，结晶温度与工业蒽的产率成反比，而与含蒽量成正比。对于结晶冷却终点温度，处理含蒽量高的一蒽油时可适当提高。所以，当原料含蒽量变化较大时，最好先进行色谱分析，再根据其含蒽量来确定结晶冷却终点温度，一般将结晶温度定在（42±2)℃。

（二）二段冷却结晶法

从一段冷却结晶法可以看出，工业蒽的产率和质量成反比，为了同时提高工业蒽的质量和产率，可以采用二段冷却结晶法生产工业蒽。

图7-2为蒽油二段冷却结晶法工艺流程图。一蒽油馏分在一段结晶冷却器内冷却结晶，温度控制在55℃左右，形成带有结晶体的悬浮液。将此悬浮液送入离心分离机，分离出的滤饼用60℃洗油洗涤，进一步提高工业蒽质量。离心液送入二段结晶冷却器内，控制温度34～38℃，结晶液送入真空吸滤器，分离出脱晶蒽油后，用加热到160℃左右的一蒽油馏分溶解吸滤器内的滤饼，然后通过油槽返至一段结晶冷却器。

二段冷却结晶法所得工业蒽含蒽40%，一蒽油中蒽回收率可达80%。

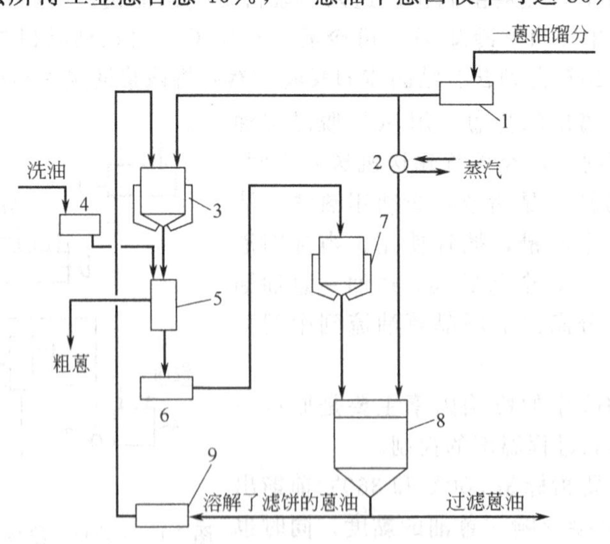

图7-2 蒽油二段冷却结晶法工艺流程

1—蒽油高置槽；2—加热器；3——段结晶冷却器；4—洗油槽；5—离心分离机；6—油槽；7—二段结晶冷却器；8—真空吸滤器；9—油槽

酒泉钢铁公司不使用洗油洗涤，通过提高一蒽油的含蒽量和结晶温度，生产质量分数大于40%的粗蒽，工艺流程见图7-3。

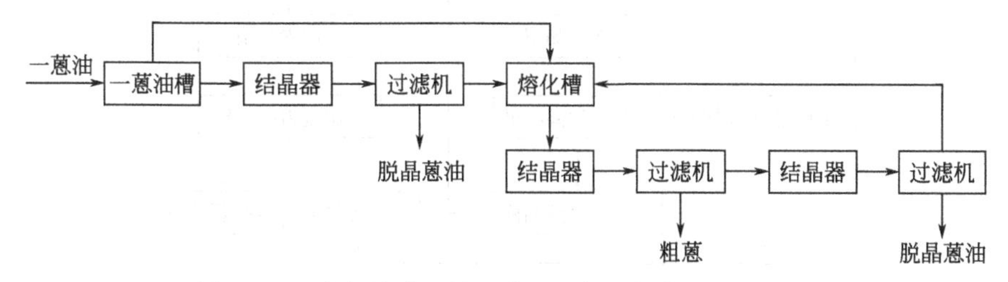

图7-3 酒泉钢铁公司从一蒽油中提取粗蒽的工艺流程

首先将温度90℃左右、含蒽质量分数4%～7%的一蒽油送至结晶器中，逐渐降温至30～35℃，然后自流至离心过滤机，滤液流至脱晶蒽油槽，含蒽小于25%的粗蒽送至熔化槽，同时向熔化槽加入一蒽油，升温熔化，使一蒽油质量提高到7%～10%。然后送入一段结晶器中，逐渐降温至68～72℃，再自流入离心机中，滤饼为含蒽大于40%的粗蒽作为产品，滤液送至二段结晶器中，温度降至30～35℃自流入离心过滤机，滤液送至脱晶蒽油槽，含蒽20%～25%的粗蒽送回熔化槽，开始下一个循环。

鞍山钢铁公司申请公开的发明专利是不使用洗油洗涤的一蒽油二段结晶法生产含蒽38%～40%的粗蒽，工艺流程见图7-4。

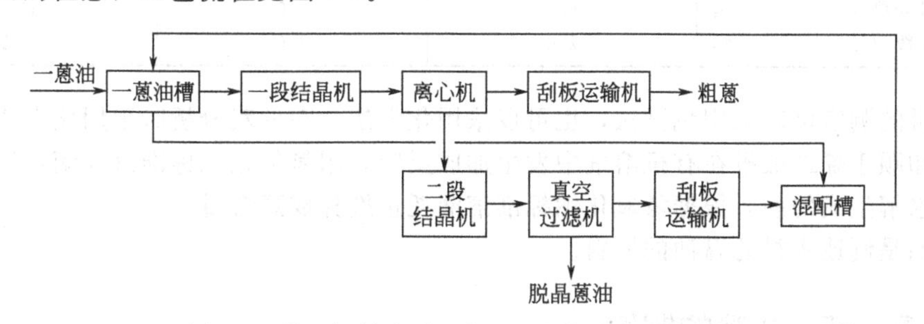

图7-4 鞍山钢铁公司一蒽油二段结晶法工艺流程

首先将温度80～95℃，含蒽质量分数5%～8%的一蒽油送至一段结晶机中，逐渐降温至45～55℃进行一段结晶，然后自流至离心机，滤饼即为含蒽38%～42%的粗蒽作为产品，滤液加热至50～60℃送至二段结晶机中，温度缓慢降至32～36℃进行二段结晶，结晶物送入真空过滤机，分离出含蒽20%～22%的半粗蒽，经刮板运输机送入混配槽与一蒽油匀合，加热后返回一蒽油槽作为原料，滤液送至脱晶蒽油槽，如此循环使用。

上述的二段结晶法属于间歇操作，为了提高生产效率，重庆路洋化工有限公司的陈国平等人开发了从一蒽油中连续提取粗蒽的工艺，工艺流程见图7-5。

一蒽油槽温度95～105℃，用变频控制蒽油进入结晶机的流量大小，一蒽油连续结晶机采用三段循环水冷却控温，控制温度分别为95～105℃到75～85℃（快速冷却），75～85℃到55～60℃（缓慢匀速冷却降温），55～60℃到45～50℃（快速冷却）。然后冷却结晶后的蒽油从氧晶槽顶部流入，从底部连续流出，进入卧式刮刀离心机。离心分离得到粗蒽产品和一次脱晶蒽油。一次脱晶蒽油进入一次脱晶蒽油槽，加热到70～80℃，用泵连续送入二次连续结晶机中，同样采用三段循环水冷却控温，控制温度为75～85℃到50～60℃（快速冷却），50～60℃到38～45℃（缓慢匀速冷却降温），38～45℃到30～35℃（快速冷却），然后进入二次氧晶槽，通过二次离心机分离得到蒽渣和无渣脱晶蒽油。蒽渣进入蒽渣溶解槽熔化后返回一蒽油混配循环使用。

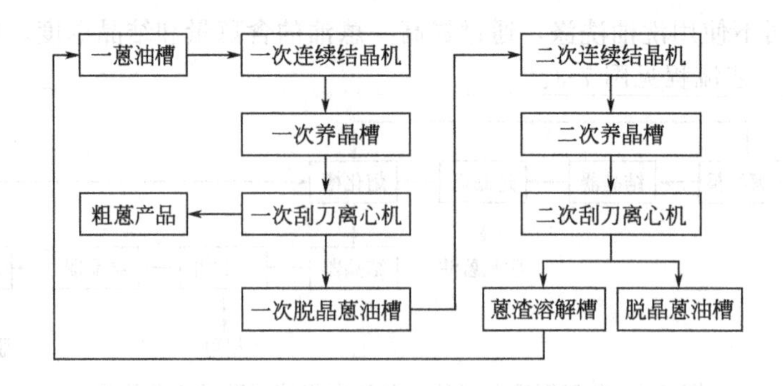

图 7-5 一蒽油连续提取粗蒽的工艺流程

工业蒽除用于生产精蒽外，还可直接用于生产炭黑和鞣革剂。

工业蒽的质量标准如表 7-5 所示。

表 7-5 工业蒽的质量标准（YB/T 5085—2010）

指标名称		指标		
		特级	一级	二级
蒽含量(质量分数)/%	≥	36.0	32.0	25.0
油含量(质量分数)/%	≤	6.0	9.0	13.0
水分(质量分数)/%	≤	2.0	3.0	4.0

蒽含量的测定可以采用色谱法，也可以采用化学法，在仲裁分析时采用化学法。化学法原理是蒽和顺丁烯二酸酐在有机溶剂中发生加成反应，用氢氧化钠标准溶液滴定过剩的顺丁烯二酸酐水解生成的酸，根据氢氧化钠标准溶液耗量换算成蒽含量。

脱晶油是制造木材防腐油的原料。

三、蒽、菲、咔唑的制取

以工业蒽或一蒽油为原料，可以提取精蒽、菲和咔唑。以前的老工艺只生产精蒽，这在经济上已不合理，由于菲的用途还有待进一步开发，目前国内都以生产精蒽和咔唑为主，生产方法有多种，各具特点。

(一) 溶剂萃取法

蒽、菲和咔唑在不同的溶剂中溶解度不同，在制取工业蒽后，对工业蒽进行加热溶解、冷却结晶和离心过滤，将易溶组分富集到滤液中，难溶组分富集到结晶里，从而使目的产物纯度提高。蒽、菲和咔唑在某些溶剂中的溶解度见表 7-6。

表 7-6 蒽、菲、咔唑在某些溶剂中的溶解度 g/100g

溶剂	15.5℃			30℃			50℃			80℃			100℃	
	蒽	咔唑	菲	蒽	咔唑	菲	蒽	咔唑	菲	蒽	咔唑	菲	蒽	咔唑
苯	1.5	0.72	16.7	2.10	1.01	40.1	—	5.05		8.35 (75℃)				
甲苯	0.53	0.42	13.8	1.19	0.78	29.1	3.10	1.60		7.88	2.9		12.2	4.78
二甲苯	0.68 (17℃)	0.41 (22℃)	24.2 (16.1℃)	1.3 (35℃)	0.76 (42℃)	48.23 (35℃)	2.19	1.12 (55℃)	87.88	5.79 (80.8℃)	1.99 (75℃)	397.35		

续表

溶剂	15.5℃			30℃			50℃			80℃			100℃	
	蒽	咔唑	菲	蒽	咔唑	菲	蒽	咔唑	菲	蒽	咔唑	菲	蒽	咔唑
重苯（165～185℃）	0.32	0.48	11.94	1.35	0.75	21.3	3.10	1.62	60.3	7.65	3.63	19.3	10.53	4.70
轻吡啶盐基（125～150℃）	0.85	12.45	25.54	2.15	16.9	38.0	4.10	26.74	78.9	11.22	66.8	241.0	16.72	
重吡啶盐基（202～247℃）	0.38	2.72	20.0	1.40	4.1	24.5	2.98	10.57	64.7	7.87	16.54	182.0	8.82	22.87
含水吡啶(94～96℃)	0.0	0.42	0.43	0.0	0.81	1.32	0.001	1.9	7.4	1.53	4.7	11.0		
溶剂油(145～165℃)	0.46	0.48	12.5	1.42	0.78	22.42	2.90	1.37	31.8	6.58	3.0	84.8	10.10	3.72
重质苯(152～179℃)	0.50	0.54	15.3	1.71	0.94	31.8	3.25	1.70	74.2	7.20	3.84	243.0	8.82	7.0
200号汽油	0.16(16.3℃)		1.36(16℃)	0.4(37.5℃)		2.86(29℃)	0.64		9.03	1.8(79.9℃)		34.48(70℃)		
三氯甲烷	0.83		18.70	1.64	0.6	29.2	7.10	1.08						
二硫化碳	0.52		26.42	1.62	0.44									
丙酮	0.55	6.12	15.08	1.42	9.74	18.4	2.48	62.4						
四氯化碳	0.58(20℃)	0.10	14.0	0.79	0.15	19.0								
乙醚	0.70	2.54	8.93	1.03	2.90	15.24			9.5	0.45				
乙醇			4.3			5.8						10(78℃)		
糠醛				1	4.5		2	6.75(57℃)		3.7(70℃)	11.5(70℃)			
汽油	0.12	0.11	4.53	0.37	0.12	6.3	0.76	0.16						
N-甲基吡咯烷酮	3.75(15.8℃)	65.04(17℃)	96.0(15.8℃)	5.94(35℃)	70.57(35℃)	144.54(36℃)	8.46	75.43	205.34	17.27(81℃)	89.48(80.8℃)	327.29(64.8℃)		
环己酮	1.41(16℃)	16.5(16℃)	56.52(16℃)	3.23(38℃)	13.0(35℃)	96.64(35℃)	4.07(46.4℃)	15.12(46℃)	126.42(46℃)	10.65	23.99(75℃)	264.23(66℃)		
DMF	3.04	69.78	97.21	5.27	71.01	122.31	7.45	69.78	215.65	13.21	84.21	359.76		

1. 重质苯-糠醛法生产精蒽

由表7-6可见，在不同温度下，菲在重质苯中的溶解度远比蒽、咔唑要大；而在糠醛中，咔唑的溶解度均较蒽大2倍以上。据此，开发了以粗蒽为原料，以重质苯和糠醛为溶剂的精蒽生产方法。

重质苯-糠醛法工艺流程如图7-6所示，采用重质苯-糠醛为溶剂萃取粗蒽，将重质苯和粗蒽按一定的比例加入溶解釜加热（至80～90℃）溶解，然后放入结晶釜，在结晶釜的蛇管和夹套内通水冷却，析出结晶后，进行真空抽滤。得到含蒽量较高的一次滤饼及一次母液。一次滤饼用三次母液和离心母液洗涤，加热溶解再降温，进行二次结晶，真空过滤得到二次滤饼和二次母液。二次滤饼中蒽含量进一步升高。二次滤饼用糠醛在一定温度下溶解，进行三次结晶，抽真空过滤得到三次滤饼和三次母液。三次滤饼经干燥得到含蒽大于90%的精蒽。三次母液用作二次溶解的溶剂。一次母液和二次母液经预热脱水后在蒸发器内回收溶剂，余渣放入蒸馏釜进行简单的减压蒸馏，回收剩余的溶剂。

该法工艺路线长，动力费用高，溶剂消耗大，污染环境。

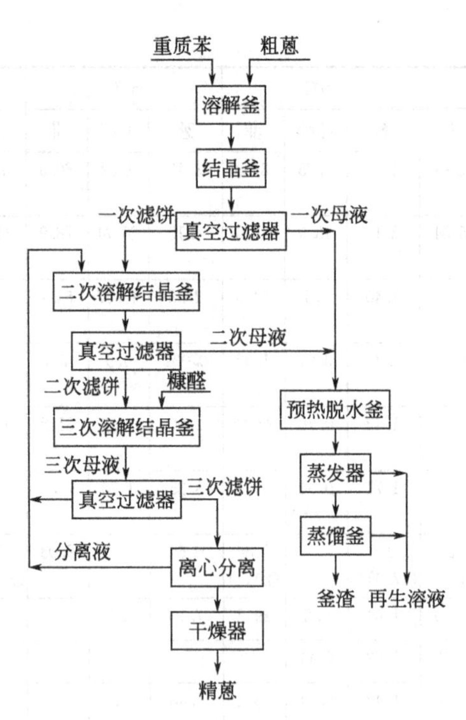

图 7-6 重质苯-糠醛法工艺流程

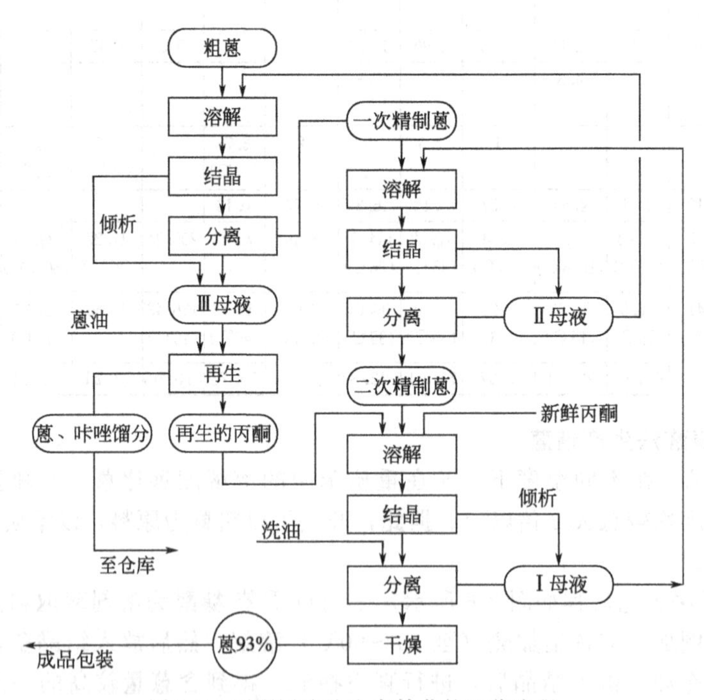

图 7-7 丙酮浸取法生产精蒽的工艺流程

2. 丙酮浸取法生产精蒽

由表 7-6 知，丙酮对菲和咔唑的溶解度远大于蒽的溶解度。据此，开发了以粗蒽为原料，以丙酮为溶剂的液固萃取（或浸取）法生产粗蒽的工艺，工艺流程如图 7-7 所示。此工艺按逆流操作原理进行，将原料粗蒽（固体）与溶剂丙酮以 1∶3 的质量比在浸取器混合，菲和咔唑则转移到丙酮溶液中，而蒽则富集在固体结晶中，然后将液、固两相分离，即完成一次浸取过程。按逆流浸取操作原理，经过三级浸取，可得到精蒽，包括溶剂再生的浸取结晶分离操作过程如下。

(1) 第一级浸取-结晶分离　将粗蒽和二次母液装入混合浸取器中，间接蒸汽加热到30℃，保持1h，在搅拌器搅拌下送至另一混合器，加热到45℃，然后全部放入结晶器。用空气或水冷却到30℃，一部分澄清的母液流入第三母液接受槽，液-固悬浮物流入搅拌器，然后送入离心分离器分离，分离出的液相送入第三母液接受槽，在此与一部分澄清的母液混合送去再生；分离后的一次精蒽含蒽75%～78%。

(2) 第二级浸取-结晶分离　将第一次精制蒽和一次母液装入混合浸取器中溶解，温度及其变化条件同上，冷却时间15～20h，悬浮液中固液质量比为1∶7，离心分离出的残液送入第二母液接受槽，在此与一部分倾析液混合，用泵将该混合液送入第一级混合浸取器和粗蒽混合。分离出的二次精制蒽含蒽约90%。

(3) 第三级浸取-结晶分离　将二次结晶蒽和新鲜丙酮和一部分再生丙酮装入混合浸取器，操作条件同上，然后送入结晶槽，悬浮液在结晶槽中冷却15～20h，温度为30℃，一部分澄清的母液流入第一母液接受槽，和离心分离出的残液混合，用泵将该混合液送入混合槽，和一次精制蒽混合；送入离心分离的悬浮液中固液质量比为1∶9。离心分离得到的滤饼用洗油洗涤、甩干，分离后的三次精制蒽经干燥即为产品，含蒽93%。

(4) 丙酮再生　第三次母液已含大量杂质，需要进行再生才能使用，由于丙酮从母液中再生后得到固体残渣，故需要一种特殊配制的蒽油做溶剂来溶解残渣，其残渣和蒽油的体积比为1∶3，残渣就是菲和咔唑馏分，从丙酮蒸馏塔侧线采出，作为制取菲和咔唑的原料。也可作为生产炭黑等物质的原料。

在操作中要注意的问题是丙酮易挥发，常压下沸点为56.2℃，闪点（开杯）－16℃；操作温度下蒸汽压力较高。蒸汽与空气形成爆炸性混合物，爆炸极限2.15%～13.0%（体积分数）。有着火和爆炸的危险，所以与丙酮接触的设备都要预先用氮气置换空气，并始终充氮，保持约50mmHg（1mmHg=133.322Pa，下同）的正压，防止空气进入。

3. 多烷基苯-*N*-甲基吡咯烷酮二步溶剂萃取法

如图7-8，以蒽油为原料，多烷基苯为溶剂，进行离心分离得到含蒽40%的粗蒽。由表7-6可知，以粗蒽为原料，以*N*-甲基吡咯烷酮为溶剂，进行溶剂萃取（浸取），粗蒽中的咔唑和菲易溶于溶剂形成液体混合物，和蒽分离。分离后的固相，用甲醇洗涤，除去晶体表面的残余溶剂，可得到纯度为96%的精蒽，收率达80%以上。

此工艺用多烷基苯作为溶剂，其优点是溶剂可不回收，在离心分离后与脱晶蒽油一起作为炭黑的原料。溶剂*N*-甲基吡咯烷酮消耗量低，产品纯度高。

4. DMF（二甲基甲酰胺）-重质苯法

DMF-重质苯法生产精蒽、咔唑工艺流程见图7-9。

粗蒽由螺旋给料机送入粗蒽洗涤器中，加入溶剂DMF，经过2～3次搅拌洗涤，精蒽结晶体送入耙式干燥机中，干燥成成品，溶剂DMF经蒸馏返回再用。蒸馏釜的釜底液，主要含咔唑、菲等，进入咔唑洗涤器中加入重质苯，经过3～4次洗涤，咔唑结晶体送入耙式干燥机中，干燥成为成品。重质苯经蒸馏返回再用。咔唑母液在蒸馏釜中的釜底液，主要是菲，成为菲渣排出，也可将菲渣进一步溶剂结晶生产工业菲。

根据溶剂抽提原理，在溶剂量一定的条件下，洗涤效果以少量多次为好。为节省溶剂并有较好的洗涤效果，多次操作时一般采用逆流操作，即第一次洗涤采用第二次洗涤取得的母液，只是最后得到产品的一步采用新鲜溶剂。

重质苯也可以用甲苯、二甲苯、多烷基苯、芳烃溶剂油等代替，为了降低成本，一般采

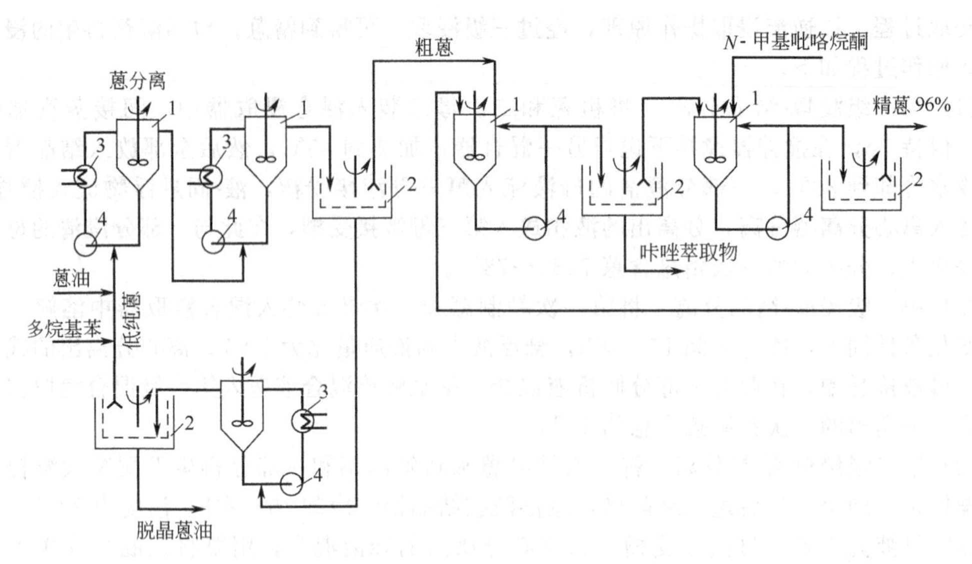

图 7-8 多烷基苯-N-甲基吡咯烷酮法生产精蒽的工艺流程

1—萃（浸）取器；2—离心机；3—加热器；4—泵

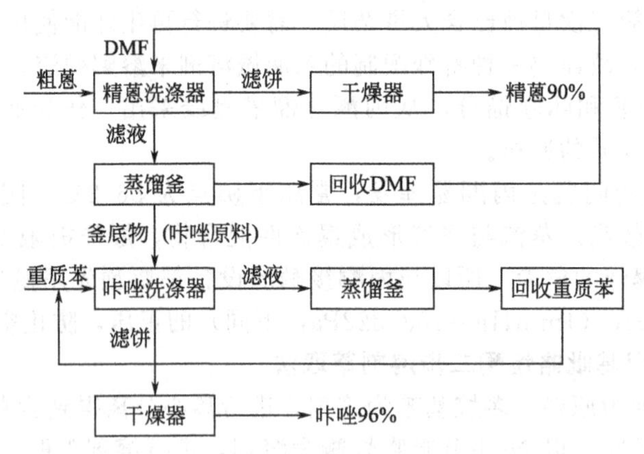

图 7-9 DMF-重质苯法生产精蒽、咔唑工艺流程

用粗品。

DMF（二甲基甲酰胺）-重质苯法是目前国内生产精蒽、咔唑采用最多的方法，该法投资少、成本低、效果较好，但存在着溶剂用量大、产品收率不高的缺点。

（二）精馏-溶剂萃取联合法

1. 溶剂油萃取-精馏法

捷克乌尔克斯煤焦油加工厂以一蒽油为原料，以苯加氢生产的溶剂油为萃取剂，经两段结晶和洗涤，得到富蒽和咔唑的半精蒽。半精蒽经减压精馏而获得精蒽。

溶剂油萃取-精馏法工艺流程见图 7-10。

（1）蒽结晶工艺　一蒽油用泵送至混合器，在此与分离器底排出的结晶液及洗涤塔Ⅰ来的循环溶剂相混合，温度降至 80℃，再经冷却器冷至 70℃后，依次进入 8 台容积为 $20m^3$ 的卧式结晶机冷却结晶，控制调节结晶温度，使大于 0.2mm 的结晶颗粒大于 98%。从第 8 号结晶机出来的温度为 20℃的结晶液进入洗涤塔Ⅰ。在此蒽结晶沉降底部，循环溶剂由最下一盘加入，向上流动，至顶盘流出，由泵送入混合器循环使用。洗涤塔Ⅰ顶部含蒽结晶的悬浮溶剂流入分离器再次分离。由分离器项部排出的含菲溶剂入含菲溶剂槽，然后送入再生

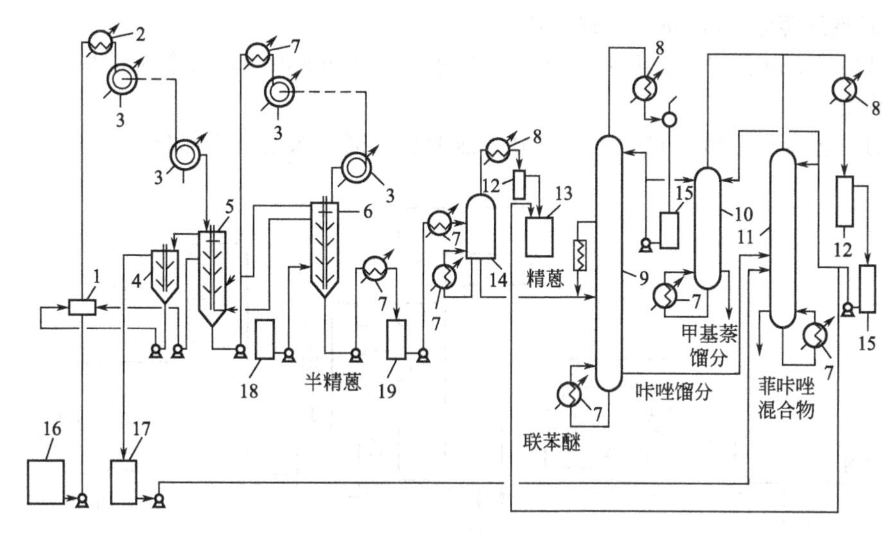

图 7-10　溶剂油萃取-精馏法工艺流程

1—混合器；2—冷却器；3—卧式结晶机；4—分离器；5—洗涤塔Ⅰ；6—洗涤塔Ⅱ；7—加热器；8—冷凝冷却器；9—蒽精馏塔；10—中间馏分塔；11—再生塔；12—分离槽；13—再生溶剂槽；14—闪蒸塔；15—回流槽；16—蒽油槽；17—含菲溶剂槽；18—新溶剂槽；19—中间槽

塔，回收溶剂并脱菲。

洗涤塔Ⅰ底部的蒽结晶用泵送至加热器熔化后，依次进入 6 台卧式结晶机，控制第 6 台结晶液温度为 30℃，再入洗涤塔Ⅱ，在此进行洗涤、搅拌和沉降分离。洗涤塔Ⅱ底部的蒽、咔唑结晶用新溶剂洗涤后作为精馏原料。由洗涤塔Ⅱ上部排出的溶剂，送入洗涤塔Ⅰ的底部使用，而从洗涤塔Ⅱ顶部排出的含小结晶颗粒的悬浮液送入洗涤塔Ⅰ底层盘上进行沉降分离。

(2) 蒽精馏工艺　经第 2 段结晶洗涤得到的半精蒽用泵送至加热器，温度达 240℃入闪蒸塔。由闪蒸塔顶蒸出的溶剂经冷凝冷却后入再生溶剂槽。闪蒸塔底排出的蒽、咔唑混合液压入蒽减压精馏塔，塔顶馏出的低沸点前馏分经冷凝冷却分离不凝性气后入蒽塔回流槽，再用泵送入塔顶作为回流，同时还可以防止塔顶堵塞。多余部分送入减压中间馏分塔顶。从蒽塔侧线采出精蒽，经转鼓结晶机冷却结晶成片状成品。蒽塔底的咔唑馏分排入减压再生塔与含菲溶剂在塔内混合蒸馏。塔顶馏出的溶剂经冷凝冷却入再生回流槽，部分送入塔顶作回流，其余入再生溶剂槽。塔底排出的菲咔唑混合物用作生产炭黑原料。

(3) 原料及产品质量规格

① 一蒽油。初馏点大于 270℃，馏出 50%大于 330℃，馏出 95%大于 345℃；组成：蒽 10%～12%，菲 32%～38%，咔唑 4%。

② 溶剂油。馏程 165～190℃；组成：茚满 78%，1,2,4-三甲苯 1.9%，1,2,3-三甲苯 1.2%，1,3,5-三甲苯 1.0%，四氢萘 18%，萘 2%。

③ 一段结晶物。组成：蒽 50%，菲 6%～8%。

④ 二段半精蒽。组成：蒽 70%，咔唑 25%，甲基蒽 5%，菲 0.3%。

⑤ 精蒽。组成：蒽 95%，咔唑 2%～2.3%，菲 0.5%，二氢蒽 1.2%～1.6%。

⑥ 咔唑馏分。组成：咔唑 80%～85%，甲基蒽和甲基咔唑 5%，焦油类 10%～12%。

该法的特点是以一蒽油为原料，简化了工艺；减压精馏过程有溶剂作稀释剂，解决了冷凝冷却器和真空系统易堵问题；溶剂消耗低；蒽回收率高，对一蒽油达 60%。

2. 粗蒽减压蒸馏-苯乙酮洗涤结晶法

德国吕特格公司焦油加工厂用此法生产精蒽，规模6000t/a，迄今为止是世界上最大的精蒽生产装置。

此法的工艺流程见图7-11，工序可分为蒸馏和溶剂洗涤结晶两部分。

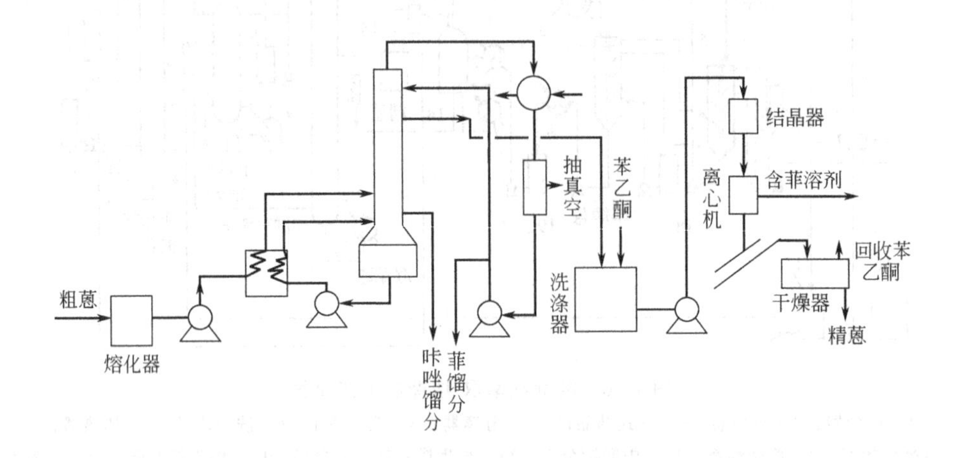

图7-11 粗蒽减压蒸馏-苯乙酮洗涤结晶法

(1) 减压蒸馏 粗蒽组成为：蒽25%～30%，菲30%～40%，咔唑13%。加热到150℃熔化，送入减压蒸馏塔中部36块塔板处（塔板数从下往上数，精馏塔塔板数为78块），再沸器加热到350℃进行循环加热，塔顶蒸气为粗菲（含蒽为1%～2%），冷凝后一部分回流，一部分抽出。半精蒽从第52块塔板上切取，含蒽55%～60%，粗咔唑从第三块塔板上抽出，含咔唑55%～60%。

(2) 溶剂洗涤结晶 半精蒽和苯乙酮以（1～1.5）∶2的质量比加入到洗涤器中，加热并维持120℃，然后送入结晶机，结晶机在搅拌下靠水夹带的水冷却到60℃，维持10h，送入离心分离机。分离出的湿蒽送入干燥器在120℃下干燥，得到纯度大于96%的精蒽产品。把粗咔唑用苯类溶剂多次洗涤，则得到含量大于96%的咔唑。

该法特点是连续真空蒸馏，处理量大，同时得到三种富集馏分；苯乙酮是一种好的溶剂，对咔唑、菲的溶解性好，只需洗涤结晶一次，就可得到纯度大于95%的精蒽。

3. 粗汽油萃取-精馏法

以蒽油为原料，向蒽油中加入粗汽油溶剂，该溶剂只溶解菲，蒽和咔唑几乎不被溶解。将分离出的蒽和咔唑混合物进行精馏，可得到纯度大于95%的精蒽和精咔唑。

该法的工艺流程如图7-12，蒽油和粗汽油比例为1∶0.8，结晶温度为20℃，将蒽油和溶剂多次进行混合溶解、结晶、离心分离，将倾析器5分离的结晶悬浮液在一定压力下进行减压精馏，塔顶切取粗汽油，精馏塔中段切取精蒽，在进料口以下中段切取精咔唑。由倾析器1分出的溶剂送入常压蒸馏塔。塔顶采出溶剂，塔底排出菲渣。

4. 重质苯萃取-精馏法

鞍山焦化耐火材料设计研究院、吉林化工研究所和石家庄桥西焦化厂合作，建立了重质苯萃取-常压精馏的中试装置。该装置与前述溶剂萃取法中重质苯-糠醛法的相同之处，在于采用重质苯作溶剂从粗蒽中将菲脱除；不同之处在于用乳化精馏法将蒽与咔唑分离，而不是采用糠醛萃取法，其后建立的生产装置，则采用了减压精馏塔；减压精馏塔顶采出的蒽菲馏分，再用重质苯萃取、结晶，得精蒽产品。此法可称之为重质苯萃取-减压蒸馏-重质苯再萃取法。该法工艺流程如图7-13所示。

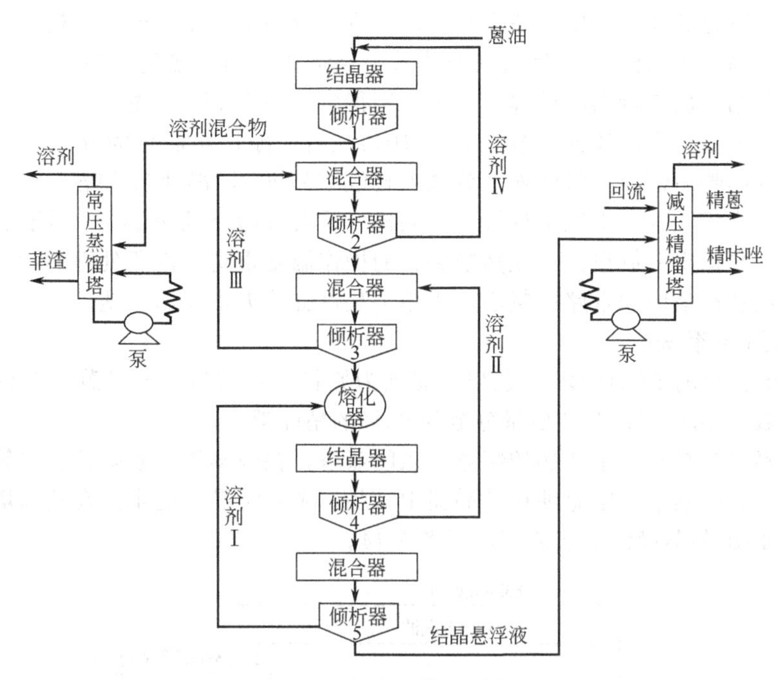

图 7-12　粗汽油萃取-精馏法

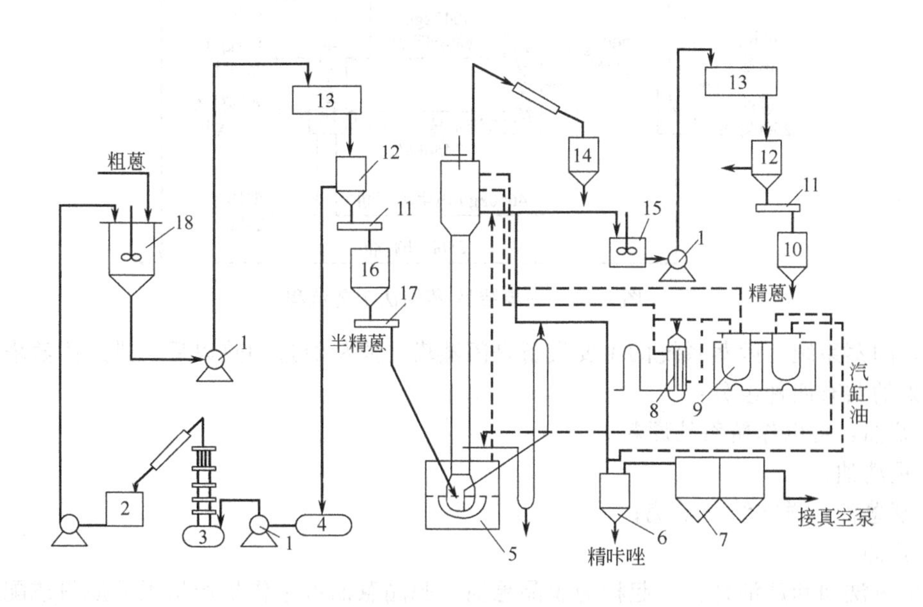

图 7-13　重质苯萃取-精馏法生产精蒽工艺流程

1—泵；2—新溶剂油槽；3—脱菲蒸馏釜及柱；4—含菲溶剂油槽；5—乳化精馏釜及塔；6—转鼓结晶机；7—薄壁捕集器；8—管式冷却器；9—汽缸油加热器；10—干燥器；11—刮板运输机；12—立式离心机；13—机械结晶机；14—轻油槽；15—蒽馏分中间槽；16—半蒽油料仓；17—螺旋输送机；18—洗涤器

将含蒽 30%的粗蒽和溶剂油按一定比例装入洗涤器 18 中，加热到 80～90℃，搅拌大约半小时，用泵 1 打入结晶机 13。冷却至 35℃，离心分离得到脱菲半精蒽（蒽和咔唑约为 90%）。母液流入含菲溶剂油槽 4，然后进入脱菲蒸馏釜 3，釜内菲残油经冷却结晶及离心分离后即得粗菲。脱晶油可用作工业燃料油，蒸出的溶剂油循环使用。

半精蒽送入乳化蒸馏釜 5 中，建立乳化层，进行全回流。用转鼓结晶机切取馏分。将切取的馏分转入蒽馏分中间槽 15，槽内预先装入一定量的轻油。温度保持在 85～90℃，在机械结晶机里冷却结晶后进行离心分离，经干燥制得含蒽 90%以上的精蒽。

当蒽馏分含蒽量下降，咔唑含量上升至 10%左右，停止切取蒽馏分，改为切取中间馏分、咔唑馏分和咔唑后馏分，将咔唑馏分放入转鼓结晶机 6，得到精咔唑。

由于咔唑可升华，故在工艺流程转鼓结晶机 6 后设有薄壁捕集器 7，用于捕集凝华的咔唑，尾气经真空泵抽出并放空。乳化精馏装置的操作温度很高，而所处理的物料凝固温度也很高，为防止物料在塔内和管路中凝固，采用了热汽缸油夹带保温措施。

5. 一步结晶-蒸馏法

法国 BEFS 公司的 PROABD 工艺以一蒽油为原料，先结晶形成半蒽，然后通过减压蒸馏生产质量分数为 96%的精蒽和质量分数为 95%的精咔唑。

原料蒽油经过预热与一定比例的粗蒽进入闪蒸塔，在闪蒸塔中脱除苊、芘等重组分，分离出副产品。离开闪蒸塔的富蒽油在结晶器中结晶，来自结晶器的半蒽在蒸馏塔中分离出精蒽和咔唑。一步结晶-蒸馏法工艺流程示于图 7-14。

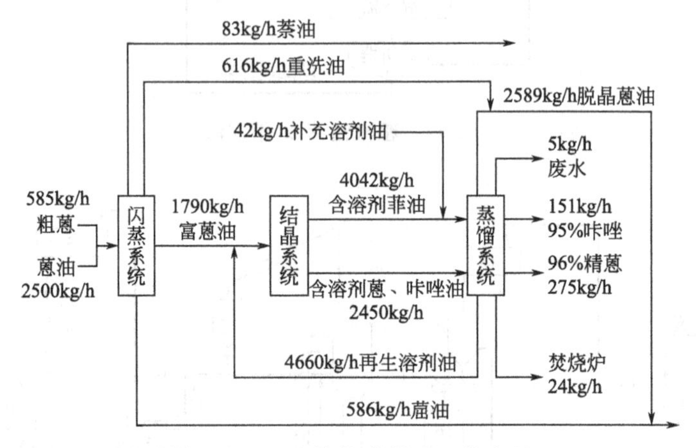

图 7-14　一步结晶-蒸馏法工艺流程

(1) 闪蒸系统　闪蒸系统的主要设备是闪蒸塔，原料经过预热以后，进入闪蒸塔，从闪蒸塔出来的共有四种组分：

① 萘油，可以作精萘的原料；

② 重洗油；

③ 富蒽油，送往结晶系统；

④ 蒀油。

其中重洗油和蒀油合在一起称为脱晶蒽油，脱晶蒽油可用作生产炭黑的原料或配各种专用油，还可进一步深加工，提炼其中的组分。

(2) 结晶系统　由于菲在溶剂油中的溶解度大大高于蒽和咔唑，因此可以选用溶剂油作溶剂使菲溶解，而蒽与咔唑则形成结晶，从而实现分离。

结晶系统的核心设备是 BEFS 的专利设备结晶器，结晶器之间是并联关系，每台结晶器都有自己单独的导热油循环回路，回路包括循环泵、蒸汽加热器、循环水冷却器（初冷器）和乙二醇冷却器（深冷器），每组结晶器拥有自己的原料槽、给料泵，其余的溶剂油槽泵、母液槽泵可共用。

结晶工艺是一个多级结晶过程，对于年产 2200t 精蒽的结晶系统，其结晶过程一般分为五级。在第一级结晶中有 2～3 次再加料、二次洗涤，其余几级是单纯的结晶过程。每个操作周期为 51～57h。

在第一级结晶开始前，首先将闪蒸系统来的富蒽油输送到结晶器的原料槽，并向结晶器中加入原料。经过初冷器、深冷器冷却到 10℃左右，使原料形成部分结晶。结晶器内温度达到 10℃时，关掉冷冻水，由结晶器向母液槽排放母液，而形成的晶体留在结晶器内。然后用蒸汽加热器对结晶器进行加热，晶体表面的物质由于纯度相对低而融化，融化的液体放回到原料槽中。当结晶器内温度回升到与原料槽温度相近时，就通过原料泵向结晶器内加料，加料完成后进行新一轮的冷却结晶，第一级结晶可根据情况选择再加料次数。

最后一次"再加料-结晶"过程完成后，把结晶器温度升到中间溶剂油槽温度，进行晶体洗涤过程。用于洗涤的流体是第一级以外的其余几级结晶排出的母液。洗涤后的液体基本上是溶剂油和富蒽油的混合物。洗涤完成后，进行第二级结晶。

第二级结晶包括以下步骤：加溶剂油，熔化，冷却结晶，放液。其余几次结晶与第二级结晶类似。结晶后，含有溶剂油的蒽被送到蒸馏系统。

(3) 蒸馏系统　蒸馏系统包括两个主要的蒸馏过程：一是溶剂油的再生，二是含溶剂油的蒽-咔唑的蒸馏。含溶剂的菲油预热到 220℃进入溶剂油再生塔，再生塔将溶剂油与菲残油分离。溶剂油中的重组分自塔顶第一层塔板采出，未被冷凝的轻组分经过塔顶冷凝器冷却，分离，根据工艺需要让溶剂油轻重组分重新混合，或者将轻组分切去。最后把回收再生的溶剂油送回结晶系统。

再生塔为板式塔，常压操作，塔顶温度 178℃，塔底温度 350℃。

含溶剂的蒽-咔唑先由顶部进入一个预蒸馏塔，塔顶的溶剂油蒸气在塔顶冷凝器中冷凝，回到结晶系统。塔及冷凝器在常压状态下操作，塔顶温度 178℃，塔底温度 239℃。塔底的蒽-咔唑通过计量泵到减压蒸馏的蒽-咔唑分离塔。塔内压力－85kPa，塔顶温度 1200℃，塔底温度 282℃。分离后产生四种产品：塔顶混合气体、侧线 96%液态精蒽、95%咔唑，塔底蒽残油。

该工艺的优点较多：

① 可不制取粗蒽，直接制取精蒽，简化生产过程。

② 综合利用蒽、菲、咔唑、萘、脱晶蒽油等产品，可有效降低成本。

③ 改善劳动条件，减少环境污染。整个工艺过程没有废水、废渣排出；废气经焚烧炉后，NO、SO_2。含量远低于国家标准。

④ 能量的综合利用合理，能耗低。

⑤ 产品收率高。蒽的收率大于 70%，咔唑的收率大于 60%。

⑥ 采用连续蒸馏，自动化程度高，处理量大，技术和经济指标比较先进。

虽然该工艺先进，优点较多，但也有一些缺点：

① 建设投资大。

② 工艺较难掌握。从宝钢和兖矿集团的操作情况看，完全消化这项技术还需要一段时间。

(三) 粗苯萃取共沸精馏法

蒽和菲易与双甘醇和乙二醇等脂肪二元醇生成低沸点共沸物，而咔唑不能，所以可先采用溶剂洗涤结晶法除去菲，再用共沸蒸馏的方法将蒽和咔唑分开。

共沸精馏生产精蒽的工艺流程如图 7-15，该工艺包括五部分，分述如下。

(1) 粗蒽精制　粗蒽精制的方法是用粗苯作溶剂，溶解粗蒽中的菲；目的是为下步共沸蒸馏作准备。粗蒽和粗苯以 1∶3 的比例加入混合器 1 中，搅拌并加热，温度保持在 60～

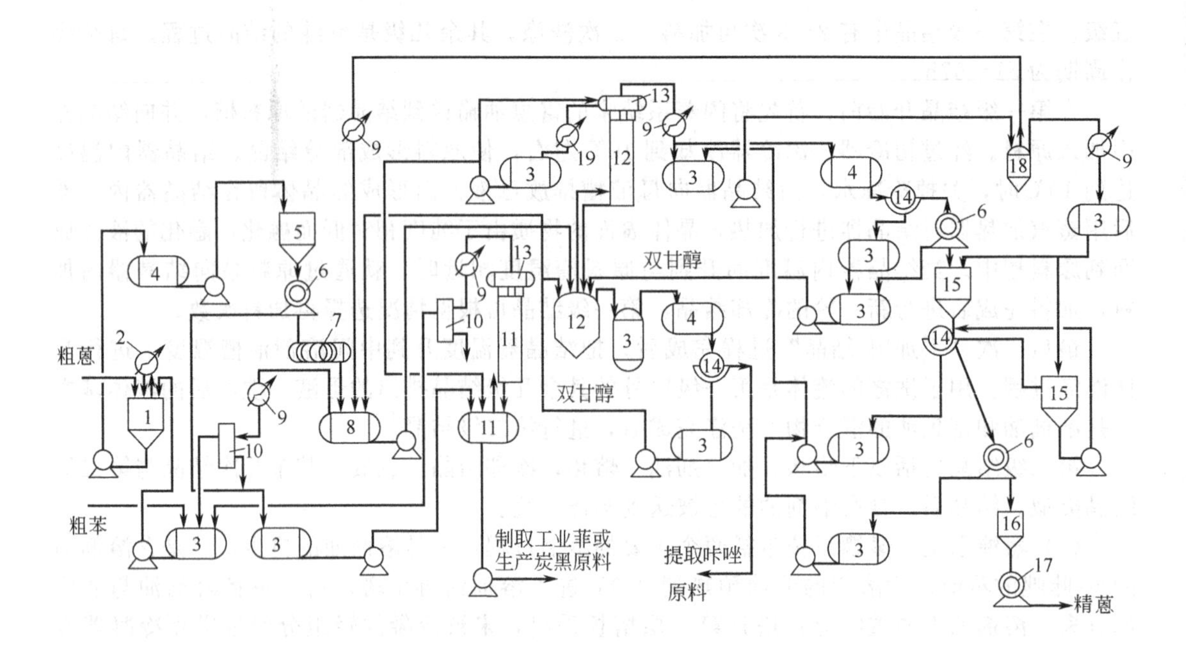

图 7-15 共沸精馏法生产精蒽的工艺流程

1—混合器；2—回流冷却器；3—接受槽；4—机械化结晶槽；5—搅拌器；6—离心机；7—螺旋给料机；8—混合槽；9—冷凝冷却器；10—分离器；11—粗苯回收蒸馏釜和柱；12—共沸蒸馏釜和柱；13—分缩器；14—真空过滤器；15—水洗涤器；16—储斗；17—真空干燥器；18—二甘醇回收蒸馏釜；19—冷却器

70℃，保温时间大约 6h，苯蒸气经冷凝后返回混合器，混合器内的物料用泵送入机械化结晶槽 4，冷却到 35～40℃，将该悬浮液连续送入离心机 6，离心分离液送入接受槽 3 再生使用。离心分离的结晶物含蒽约 55%，经螺旋给料机 7 送入混合器 8，同时用 3 倍于一次精蒽的双甘醇加入混合器，在混合器中连续搅拌，加热到 100℃，析出粗苯蒸气，经冷凝冷却器 9 进入分离器 10，然后进入溶剂接受槽 3。

(2) 共沸精馏　一次精蒽和双甘醇送入共沸间歇蒸馏釜 12 精馏。蒸出的水冷却送入接受槽 3，当分缩器 13 后的蒸气温度达到 200℃时，切取蒽和双甘醇的混合物。同时要连续地向蒸馏釜送入双甘醇，保证釜内蒽和双甘醇有恒定的比例。当蒽和双甘醇的比例为 1∶60 左右时停止向釜内送入双甘醇。将釜内双甘醇继续蒸馏，剩余的釜渣排入接受槽 3。

(3) 共沸物结晶　共沸物蒸气由精馏塔顶进入分缩器 13，用循环蒽油冷却，然后送入冷却器，用双甘醇冷却。冷却至 150℃的共沸混合物进入机械化结晶槽 4，冷却到 55℃左右，析出结晶蒽，然后真空过滤。双甘醇滤液经真空接受槽进入滤液接受槽。滤饼进入离心机进一步分离双甘醇。

(4) 洗涤　真空过滤后的滤饼中仍含有双甘醇，经过两次热水洗涤除去。洗涤后的滤饼离心脱水，用真空干燥器 14 干燥，直至含水要求小于 0.2%。

(5) 回收溶剂　洗涤结晶后的粗苯送入溶剂再生蒸馏釜 11，回收的粗苯返回洗涤系统。

蒸馏釜 11 底部残液含有浓度较高的菲，可用于制取工业菲或生产炭黑。共沸蒸馏釜残液中含有双甘醇，冷却分离出残渣后，双甘醇循环使用，固体残渣含有大约 55% 的咔唑和小于 50% 的双甘醇，可用于提取咔唑。

蒸出水中的双甘醇和洗涤水中的双甘醇用蒸馏法处理。

（四）吸附法制精菲

有些国家提出了在常温下用浮石吸附法制取精菲。其方法是用苯和异辛烷混合形成混合溶剂（苯和异辛烷体积比为0.8～1.2），所处理的原料是纯度约90%的菲（内含蒽、咔唑、氧芴等杂质的原料）。将原料和混合溶剂按（0.18～0.4）：1比例混合，得到的黑色溶液以一定的速度通过NaX型浮石层，从得到的溶液中蒸出溶剂，可获得纯度95%～96%的精菲，溶剂可再生使用。

（五）溶剂-升华法

最初，华东冶金学院与马钢焦化厂合作，采用“溶剂萃取-恒沸蒸馏-升华”方法，进行了以粗蒽为原料，从中提取精蒽和精咔唑的研究。整个过程分为溶剂洗涤、常压恒沸蒸馏提取精蒽、升华法提取咔唑、蒽和咔唑的精制四个阶段。所得精蒽纯度达94%，精咔唑纯度91%。

（1）溶剂洗涤　用溶剂萃取粗蒽的目的是去除粗蒽中的菲、芴和油类杂质，以富集蒽和咔唑组分。经过选择性试验，最后选择了焦化轻苯作为萃取溶剂，并进行了溶剂用量、洗涤次数（洗涤次数增加虽可提高杂质去除率，但蒽的洗涤损失也相应增加，因此存在一个最佳洗涤次数）、洗涤温度及其他条件的确定。

（2）常压恒沸蒸馏提取精蒽　选择一缩二乙二醇为恒沸剂，为防止蒽和咔唑高温下缩合成焦，炉膛温度控制在380℃以下。确定了恒沸剂用量及投料比，优选了最佳工艺生产参数。

（3）升华法提取粗咔唑　为防止咔唑升华蒸气遇冷结晶而堆积在釜内和堵塞管线，应注意整个装置的良好保温。为顺利引出升华的咔唑，建议选用真空抽吸。通过实验确定了加热炉温度、升华釜温度、升华时间、升华室吸力等操作参数。

（4）蒽和咔唑的精制　将恒沸蒸馏所得含蒽90.4%的精蒽用90～95℃热水洗涤。以除去蒽结晶表面的恒沸剂进行蒽的精制，可得含蒽93.7%的产品精蒽。粗咔唑精制过程是为了除去灰褐色咔唑结晶中的少量恒沸剂和油性杂质。精制过程包括热水洗涤和二甲苯重结晶两个阶段。其中二甲苯重结晶的目的是除去结晶夹带的蒽和菲等杂质。

该方法工艺流程简单、操作方便、对设备要求不高；产品纯度可根据用户要求调整，并能取得较高的蒽和咔唑提取率；用焦化厂自产轻苯作溶剂，价廉易得。

2000年，郑晋安发表专利，利用一套工艺流程同时生成蒽、菲、咔唑。此法采用二甲苯和钾熔法把蒽、菲、咔唑进行粗分离。然后再用蒸升法在常压蒸升釜中进一步分离，最后得到的产品精蒽纯度≥99%，精咔唑纯度≥98%，精菲纯度≥96%。他们所用的蒸升釜把蒸馏和升华结合起来，克服了各自的缺点。此工艺已经在我国山西晋丰化工厂投产。

此方法在原有的基础上改进了设备仪器，减少了能源的消耗，具有工艺简单、溶剂使用量少、生产周期短、采用全密闭生产方式、彻底消除污染等优点。

（六）化学法

此方法主要利用咔唑为含氮杂环化合物，氮原子具有给电子性和弱碱性，它可与硫酸反应生成硫酸咔唑而溶于硫酸中。咔唑杂环氮原子的氢可被碱金属取代。咔唑与氢氧化钾在一起熔融加热生成咔唑钾和水，蒽和菲不能发生以上反应，故可得到分离。

柳来栓、许文林提出了反应-水解法从粗蒽中提取高纯度咔唑的新工艺。它是将咔唑与氢氧化钾于有机溶剂中反应生成咔唑钾，利用咔唑钾和蒽在有机溶剂中溶解度差异极大的特点，实现蒽和咔唑的分离，得到的咔唑纯度为97%，收率为80.4%。张水华、杨锦宗以氯苯为溶剂，在不同温度下用氢氧化钾、硫酸和活性白土处理工业菲，然后冷却、结晶，可得纯度98.4%～99.2%的菲，收率83%以上，此法只适用于纯度比较高的工业菲进行提纯。

前苏联有文献报道，以含菲20%～30%的粗蒽为原料，利用四氯化碳保护，浓硫酸洗涤，可得到90%的菲。

化学法用到了酸或碱，环保问题较突出。

(七) 乳化液膜法

此法是由美国埃克森研究与工程公司的研究人员于1968年首先发明的。乳化液膜实际上可以看成一种“水-油-水”(W/O/W)型或“油-水-油”(O/W/O)型的双重乳状液高分散体系。将两个互不相容的液相制成乳状液，然后将其分散到第3相中，就形成乳状液膜体系。由于乳状液膜体系是一个高分散体系，因而能够提供很大的传质表面积，待分离的物质通过膜相在内部相和外部相之间进行传输，传质过程结束后，将内外相分离开，采取适当方法对乳化液进行破乳以回收膜相，并对内外相进行适当的处理以回收被浓缩的物质和溶剂。液膜分离最大的优点是萃取和反萃取同时进行，一步完成。

2000年，太原理工大学王志忠等发表专利，在有机溶剂糠醛的存在下，采用咪唑啉和Span80复合型乳化剂组成的混合表面活性剂和水，并加入氯化钠和尿素作助剂，在蒽与其他非蒽物质之间形成隔离膜，然后进行产品分离，得到精蒽。一次结晶所得精蒽纯度大于95%，收率大于80%，母液重复使用可提高蒽的总收率，产品重复精制可提高蒽含量。

此法克服了蒸馏法和溶剂萃取结晶法工艺流程长、设备投入大、溶剂使用量大的缺点，具有工艺设备简单、操作容易、精蒽收率高、产品质量稳定的优点，具有较好的经济效益和社会效益，是一种值得推广的工艺方法。

(八) 区域熔融法

熔融的液体混合物冷却时，结晶出来的固体物不同于原液体混合物的组成，一般的固体物纯度稍高。使晶体反复熔化和析出，晶体纯度不断提高，相当于精馏过程。

波兰研究人员以二甲基亚砜将粗蒽进行四次结晶，使咔唑含量降到0.005%以下并脱除芘，然后采用150个流股进行区域熔融结晶，将其他杂质含量降到0.005%以下可得分析纯蒽。前苏联科学家运用数学方法计算了区域熔融法精制粗蒽过程中通过加热区的最佳相数，进而根据精制程度和主要组分与杂质的熔点差讨论了杂质含量与通过加热区域流股数的关系。报道了用联苯作载体，区域熔融从多环芳烃分离蒽、菲和咔唑的研究情况。该法使用的Shibayama SS-950高速区域（分级）精制机，可用于任何一种区域熔融过程。分离效果取决于样品混合的均匀程度和原料的纯度等因素。

现代结晶工艺具有能耗低、收率高、污染小和操作方便等优点，蒽、菲和咔唑的熔点相差较大，区域熔融分步结晶法是一个待工程化的粗蒽加工方向。

(九) 超临界萃取法

超临界萃取是近年来兴起的一种新型分离技术。就是利用临界温度及临界压力附近具有特殊性能的气体溶剂在接近或超过临界点的低温高压条件下具有高密度时，对有效成分进行萃取，然后采取恒压升温或恒温降压的方法，将溶剂和所萃取到的有效成分加以分离的一种分离方法，它兼有蒸发和溶液萃取两个作用。常用的超临界流体有丙烷、丙烯和氨等。

T. Sako等在35℃、14MPa压力下，使用超临界液体CO_2或C_2H_4溶解工业菲，在55℃结晶出纯净菲。

Zoran Markovic等人以CO_2为溶剂，考察了在超临界条件下温度、压力对抽出物产率和抽提量的影响。结果表明，在20MPa、125℃的条件下，可以得到接近50%的最大抽出率，当压力增加、抽提时间延长之后，产率还能进一步提高。

由粗蒽精制所得的精蒽的质量标准如表7-7所示。

表 7-7　精蒽的质量标准

指标	纯蒽(试剂)	精蒽Ⅰ	精蒽Ⅱ	精蒽Ⅲ
外观	白色带微黄色	不规定	不规定	不规定
熔点/℃	215～217	213～215	不规定	不规定
纯蒽含量/%　≥	98.0	94.0	90±2	85±2
咔唑含量/%　≤	1.0	2.5	6.0	8.0

第二节　二蒽油馏分的加工

二蒽油馏分是煤焦油蒸馏分离出的又一重要馏分，二蒽油中所含主要组分见表 7-2。其中相对含量较高，且已开发出重要用途的组分主要是荧蒽、芘和䓛。这三种化合物的沸点和熔点都很高，荧蒽在煤焦油中的含量为 2.5%，芘和䓛在煤焦油中的含量分别为 0.6%和 0.8%。

荧蒽主要用于生产荧光染料，也可作为非磁性金属表面探伤的荧光剂。芘主要用于生产 1,4,5,8-萘四羧酸，1,4,5,8-萘四羧酸是制取热稳定性好的周萘酮颜料的原料。䓛可作为制取棕黄色还原染料的原料，这些物质还有可能用于制取有机半导体。

一、荧蒽、芘和䓛的性质和分布

荧蒽的分子式为 $C_{16}H_{10}$，结构式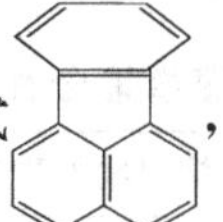，分子量为 202.2，沸点为 375℃，熔点为 109～110℃，相对密度为 1.252。外观为无色或带黄绿色针状晶体，不溶于水，微溶于冷乙醇，可溶于二硫化碳和醋酸，易溶于醚。

芘的分子式为 $C_{16}H_{10}$，结构式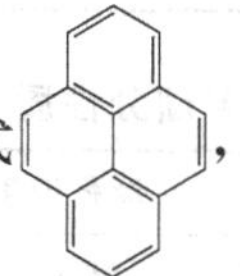，分子量为 202.26，沸点为 394.8℃，熔点为 150.2℃，相对密度为 1.096 (150.2℃)。外观为淡黄色单斜片晶，不溶于水，易溶于醚、苯和二硫化碳等。

䓛的分子式为 $C_{18}H_{12}$，结构式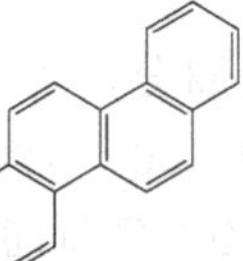，分子量为 228.30，沸点为 441℃，熔点为 258℃，相对密度为 1.274。外观为白色斜方晶体，不溶于水，极微溶于醚，微溶于二硫化碳，难溶于醇，可溶于热甲苯，易溶于浓硫酸。

提取荧蒽、芘和䓛的原料是二蒽油以及沥青馏出油等。蒽油、二蒽油中荧蒽、芘和䓛的含量见表 7-2。沥青馏出油中荧蒽、芘和䓛的含量见表 7-8。

表 7-8　沥青馏出油中各组分的含量

组分名称	质量分数/%	组分名称	质量分数/%
菲	14.3～15.1	䓛	1.8～2.0
咔唑	8.2～10.1	苊	0.53～0.88
荧蒽	6.0～6.6	酚-甲酚	0.2～0.4
芘	4.4～4.85	硫	<0.5
蒽	2.6～2.8		

二、荧蒽、芘和䓛的精制

(一) 原料的蒸馏

从表 7-2 和表 7-8 可以看出，二蒽油和沥青馏出油都是由许多沸点较高的组分组成的油类。为了经济有效地利用原料制取目的产品，一般是将原料油用减压精馏的方法先分离成若干个窄馏分。以沥青馏出油为原料的减压精馏装置，分离出的窄馏分及其性质，如表 7-9 所示。荧蒽窄馏分的性质见表 7-10，芘窄馏分的性质见表 7-11。

表 7-9 沥青馏出油减压精馏的窄馏分性质

馏分名称	产率/%	密度/(g/cm³)	初馏点/℃	馏程温度/℃			组分的质量分数/%				
				馏出10%	馏出50%	馏出95%	菲	蒽	咔唑	荧蒽	芘
头馏分	16.4	1.083	263	266	310	363	18.1				
菲馏分	15.8	1.147	310	318	342	358	50.1	8.4	18.2	1.94	
菲-荧蒽馏分	8.0	1.136	330	335	356	375	34.5	4.3	21.7	10.0	0.4
荧蒽馏分	5.0	1.148	374	376	380	389	5.8			50.5	5.5
荧蒽-芘馏分	6.5	1.163	377	380	388	396				26.0	8.5
芘馏分	9.0	1.165	385	388	395	410				15.0	37.5
芘-䓛馏分	7.7	1.164	420	422	438	482				0.6	0.9

表 7-10 荧蒽窄馏分性质

原料	荧蒽馏分产率/%	初馏点/℃	馏出物的质量分数/%							质量分数/%	
			369℃	374℃	378℃	382℃	385℃	389℃	404℃	荧蒽	芘
沥青馏出油	5.7	367		9.45	49.5	80.9	96.5			68	
蒽油	14.5	360	11.8	4.8				80.4	92	49.6	9.16

表 7-11 芘窄馏分性质

原料	芘馏分产率/%	初馏点/℃	馏程温度/℃			芘质量分数/%
			馏出 10%	馏出 50%	馏出 95%	
沥青馏出油	7.2	385	387	389	396	54.3
蒽油	5.8	380	383	387	395	39.6

表 7-10、表 7-11 中所示的荧蒽馏分、芘馏分，可分别提取荧蒽和芘。用于提取䓛的窄馏分，可用沥青油为原料，减压蒸馏，切取 400～420℃的䓛馏分；或用焦油蒸馏切取的 370～420℃二蒽油作原料，减压蒸馏，切取 400℃前馏出物小于 50%、445℃前馏出物大于 50%的䓛前馏分。

(二) 产品的精制

1. 荧蒽的精制

制取荧蒽时所用的原料，即上述含荧蒽 50%以上馏分。所采用的方法是溶剂萃取-重结晶法。所用溶剂，可以是苯或其他溶剂，如溶剂油 (30%)-乙醇 (70%)。

包括二蒽油或沥青馏出油减压精馏在内的荧蒽精制以及溶剂再生工序在内的荧蒽制取工艺流程见图 7-16。在 $N_T=20$ 的精馏塔内减压精馏，馏程低于 375℃的馏分可作为提取沸点较低产品的原料，或作为枕木防腐油、炭黑的原料。收集荧蒽≥50%的荧蒽馏分。

将荧蒽馏分放入带搅拌器和换热器的结晶器中，加入溶剂，在搅拌下，根据需要加热或冷却进行重结晶。所得到的粗荧蒽经离心分离脱油后，再返回结晶器加入溶剂重结晶。重结

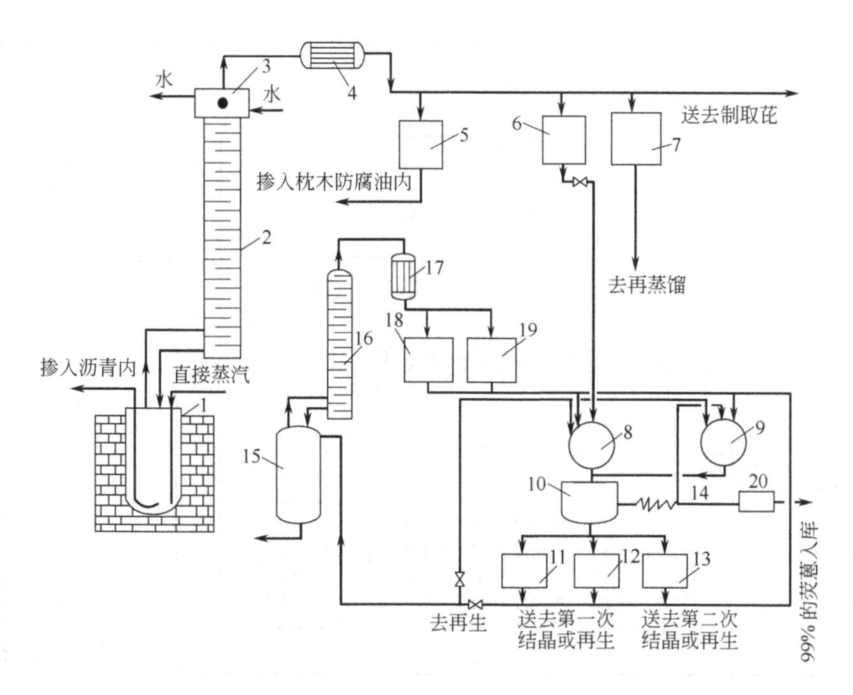

图 7-16 荧蒽生产工艺流程

1—蒸馏釜；2,16—精馏塔；3—分凝器；4,17—冷凝器；5—<375℃馏分储槽；6—荧蒽馏分储槽；7—中间馏分储槽；8,9—结晶器；10—离心机；11,12,13—母液槽；14—螺旋运输机；15—溶剂蒸馏釜；18,19—酒精和溶剂油储槽；20—干燥室

晶的次数，依原料和产品的质量确定。离心分离出的溶剂送入蒸馏釜再生。

2. 芘的精制

以沥青馏出油为原料，包括减压蒸馏、溶剂再生工序在内的芘精制工艺流程，如图 7-17 所示。将原料加入蒸馏釜 2，先在常压下脱水，然后在减压下按表 7-9 所示切取各种馏分。

将精馏所得芘馏分用溶剂萃取-重结晶法处理。溶剂用 75％乙醇和 25％煤焦油溶剂油配制的混合物。

将芘馏分与溶剂按 1∶1.2 比例在结晶器 15 混合，在连续搅拌下 30min 内由 70℃左右降温至 25～30℃，生成晶浆。生成的晶浆经螺旋输送机排入离心机。离心分离得到的液体送去再生或掺入溶剂中供芘馏分结晶之用。根据芘馏分中芘含量和对芘产品的质量要求，可采用一次或两次结晶。对于含芘 37.5％的芘馏分，经过一次重结晶，可得熔点 116～132℃、含芘 76％～80％的产品芘；若将此产品芘再结晶一次，可得熔点 130～150℃、含芘 90％～92％的产品。

从送去再生的离心分离液体中，回收的溶剂可循环使用。再生乙醇的含量应大于 85％。溶剂再生釜蒸出乙醇和溶剂油后的含芘残渣，与沥青馏出油混合回减压精馏。

3. 䓛的精制

前述减压精馏得到的䓛馏分为原料，经过物理方法和化学处理方法可得产品䓛。

䓛馏分先用苯、甲苯或苯与三甲苯混合溶剂，以 1∶1 比例混合，加热溶解，冷却结晶、过滤，得到粗结晶；再用洗油重结晶两次，得到粗䓛。

将粗䓛加入 2％～5％（质量分数）顺丁烯二酸酐，溶于干净的洗油（1∶5），加热至 125～135℃，粗䓛中的苯并蒽和并四苯可与顺丁烯二酸酐发生缩合反应而除去。然后，冷

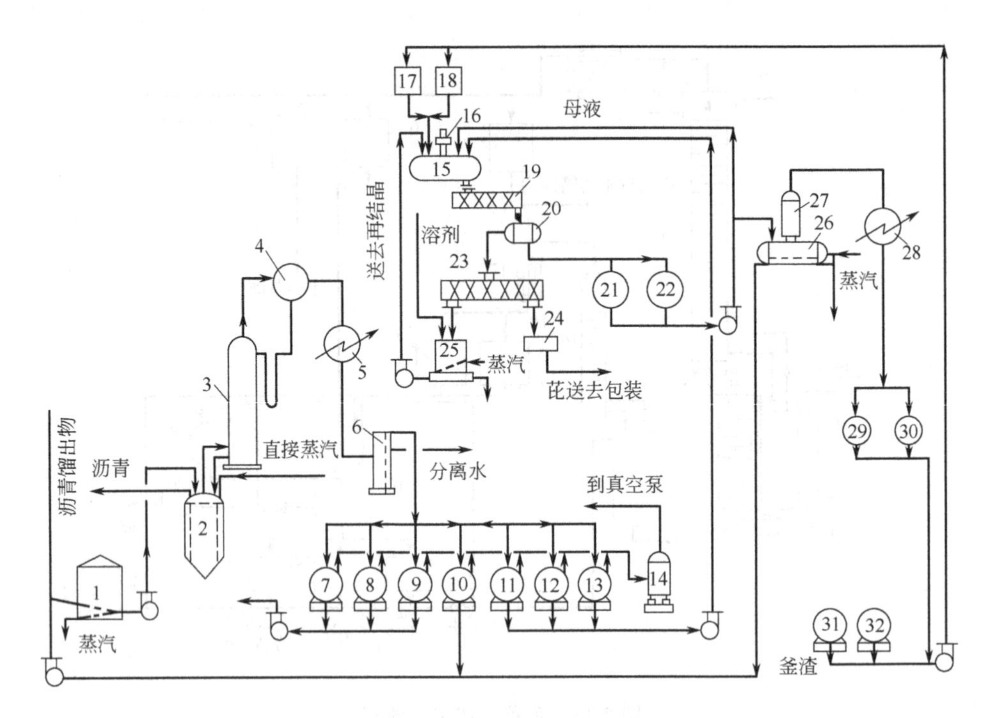

图 7-17　工业芘生产的工艺流程

1—沥青馏出油槽；2—蒸馏釜；3—精馏住；4—分缩器；5,28—冷凝冷却器；6—分离器；7～13—馏分槽；14—缓冲罐；15—结晶器；16—搅拌器；17,18,29～32—溶剂槽；21,22—离心母液接受槽；20—离心机；19,23—螺旋输送机；24—干燥器；25—混合槽；26—溶剂再生釜；27—溶剂再生柱

却、过滤，用苯洗涤，即得白色或浅黄色蒀结晶，熔点 254～255℃，纯度 95%以上。

第三节　蒽氧化制取蒽醌

精蒽的一个重要用途就是生产蒽醌。

蒽醌是淡黄色针状晶体，沸点为 379.8℃，熔点为 286℃，密度为 1.438g/cm³，熔融物的相对密度 d_4^{294} 为 1.067，熔融热为 32.57kJ/mol。易升华，升华时温度不得超过 400℃，在约 450℃明显分解。闪点为 185℃，不溶于水，难溶于乙醚、乙醇和氯仿，溶于热苯。不易被氧化，能被卤化、硝化和磺化。

蒽醌质量标准见表 7-12。

表 7-12　蒽醌的质量要求（GB/T 2405—2006）

项　目		指　标		
		优等品	一等品	合格品
① 外观		黄色或浅灰色至灰绿色结晶(粉末)		
② 干品初熔点/℃		284.2	283.0	280.0
③ 蒽醌质量分数/%	≥	99.00	98.50	97.00
④ 灰分质量分数/%	≤	0.20	0.50	0.50
⑤ 加热减量质量分数/%	≤	0.20	0.40	0.50

蒽醌是一种重要的化工原料和有机中间体，广泛用于染料、造纸、医药、农药等领域。蒽醌类染料是除偶氮染料以外数量最多、应用最广泛的染料，可做一系列耐洗、耐晒、色谱全、色泽鲜艳的高级染料，如阴丹士林类、冰染类、还原类、酸性及部分活性染料等，国际上称为蒽醌系染料。据统计，蒽醌染料有四百多个品种，在合成染料领域中占有很重要的地位。

蒽醌绝大部分用于染料方面，但用作制纸浆蒸解助剂的用量已在迅速增加。在碱法蒸煮液中只需加入少量蒽醌，即可加快脱木素的速率，缩短蒸煮时间，提高纸浆得率，减少废液负荷。目前使用蒽醌添加剂的造纸厂越来越多。蒽醌作为蒸煮添加剂的消费量增长得很快。

蒽醌还用作生产双氧水、煤气脱硫。蒽醌化合物衍生物还具有调节机体免疫力和抗肿瘤的作用，还用作降解树脂的光敏剂和农药中间体、浸润剂、乳化剂和高分子材料。

一、蒽制取蒽醌的氧化反应

主反应：

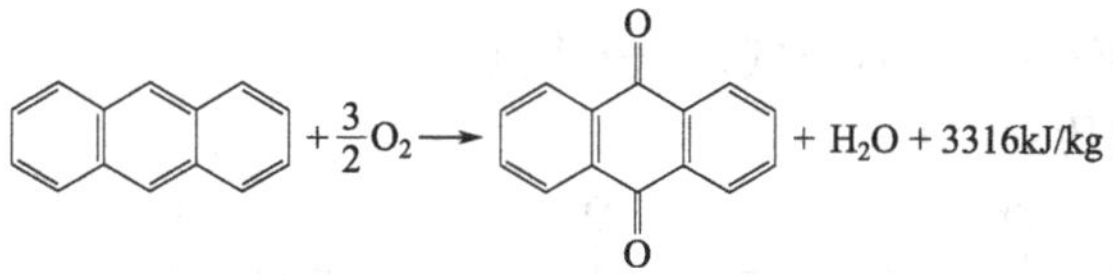

$$+\frac{3}{2}O_2 \longrightarrow + H_2O + 3316kJ/kg$$

副反应：

$$+\frac{11}{2}O_2 \longrightarrow + 4CO_2 + 2H_2O + 21357kJ/kg$$

$$+15O_2 \longrightarrow 14CO_2 + 4H_2O + 31120kJ/kg$$

$$+\frac{15}{2}O_2 \longrightarrow 8CO_2 + 2H_2O + 22039kJ/kg$$

$$+\frac{33}{2}O_2 \longrightarrow 14CO_2 + 5H_2O + 39607kJ/kg$$

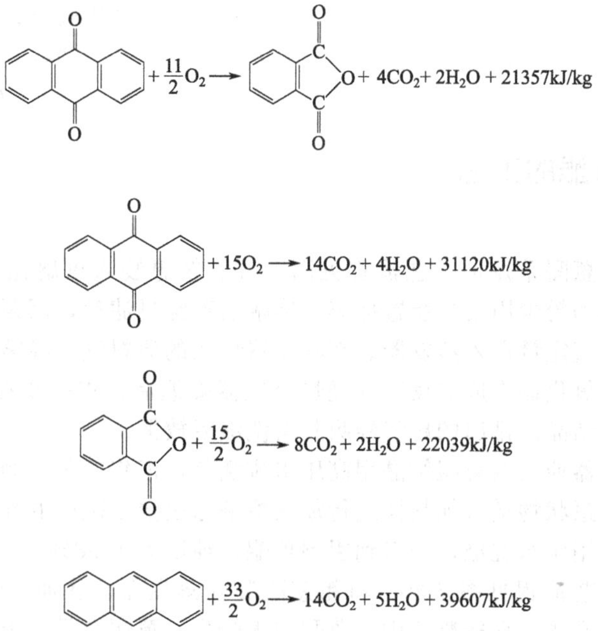

二、气相催化氧化原理

气相催化氧化一般以空气为氧化剂，将有机物与空气的混合气体在高温下通过固体催化剂，使有机物发生氧化反应生成目的产物。反应过程主要分为五步：一是有机物分子和氧在催化剂表面和孔内扩散；二是有机物分子和氧吸附在催化剂表面；三是被吸附

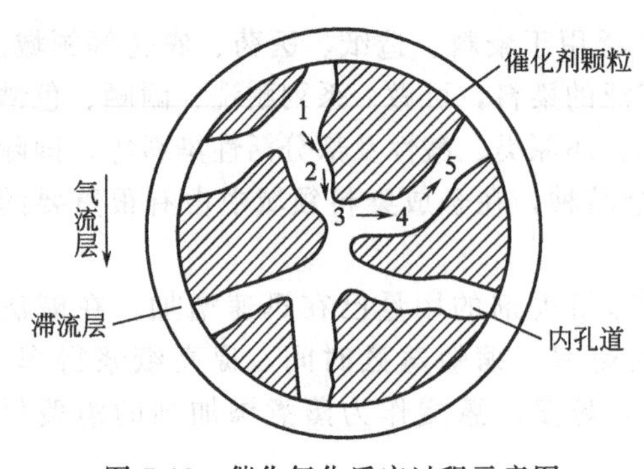

图 7-18 催化氧化反应过程示意图
1—反应物的扩散；2—反应物的化学吸附；
3—被吸附分子相互作用；
4—反应产物的脱附；5—反应产物的扩散

在催化剂表面的反应物分子相互作用；四是反应产物从催化剂表面脱附；五是反应产物从催化剂孔内扩散到反应气流中。催化氧化反应过程示意见图 7-18。

蒽气相氧化生产蒽醌是以 V_2O_5 为催化剂，V_2O_5 是具有氧缺陷的 n 型半导体过度金属化合物，氧以电子受主形式吸附在催化剂表面，形成活化吸附。反应物分子通过扩散到达催化剂活性表面时，可进行化学吸附与活性氧发生氧化反应生成氧化产物，氧化产物脱附离开催化剂表面扩散到气流层中。活性氧参与氧化反应后，造成阴离子缺位，V^{5+} 变为 V^{4+}，在高温下，空气中的氧原子向体相中的缺位扩散使 V^{4+} 又转化为 V^{5+}，这样相互转化，循环往复，完成氧化反应。

$$V_2O_5 + 蒽 \longrightarrow V_2O_4 + 氧化产物$$

$$V_2O_4 + O_2(空气) \longrightarrow V_2O_5$$

从蒽到蒽醌的反应历程：

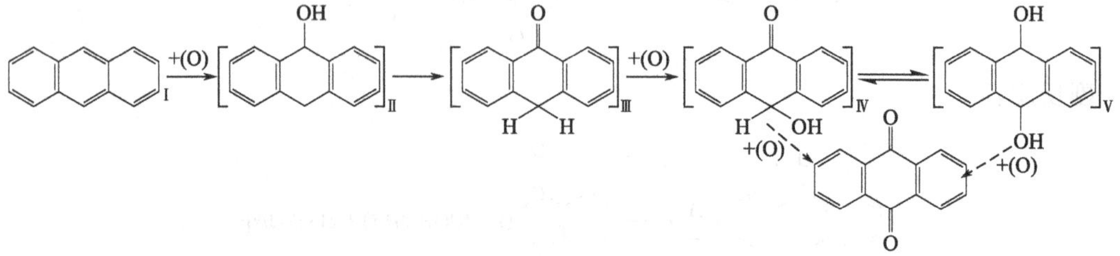

三、蒽制取蒽醌的工艺

1. 日本工艺

日本某厂蒽制取蒽醌采用的工艺流程见图 7-19。精蒽装入蒽熔化器，熔融后用泵送到储槽。操作中的气体和粉尘用集尘装置捕集。熔融的蒽经过滤后，用泵定量加入蒸发器。预热到一定温度后的空气定量送入蒸发器。在蒸发器形成的原料气，经雾滴捕集器与反应气热交换后进入氧化器。氧化器生成的反应气经热交换器降温后，进一步在预冷器冷却至露点，在冷凝器凝缩为针状结晶。排出的尾气经吸收塔洗涤后放散。

在预冷器和冷凝器捕集的蒽醌结晶用高压水流洗落，汇集于浆状物槽。在浆状物槽加入所需要的苛性钠，将浆状物送入加热器进行加热溶解除去溶于碱中的部分。碱处理后的浆状物进行过滤，滤饼再用温水洗涤，则得到粗制蒽醌，纯度大于 98%。

粗蒽醌的精制工艺流程见图 7-20。将粗蒽醌装入蒸发器，从加热炉导入过热蒸汽，同时用煤气加热使蒽醌升华。在冷凝器中，蒽醌与水分离。蒽醌结晶在干燥器干燥，在粉碎机粉碎为成品蒽醌，纯度大于 99%。

2. 德国工艺

德国某厂采用的工艺流程见图 7-21。原料采用纯度 95%的精蒽，借助蒸汽和预热过的空气使液态蒽在汽化器中汽化，再与另一部分空气一同进入反应器。从反应器排出的反应物用空气急冷使蒽醌呈粉末形式凝结沉积，熔融后再真空精馏则得到纯度为 99.96%的蒽醌。

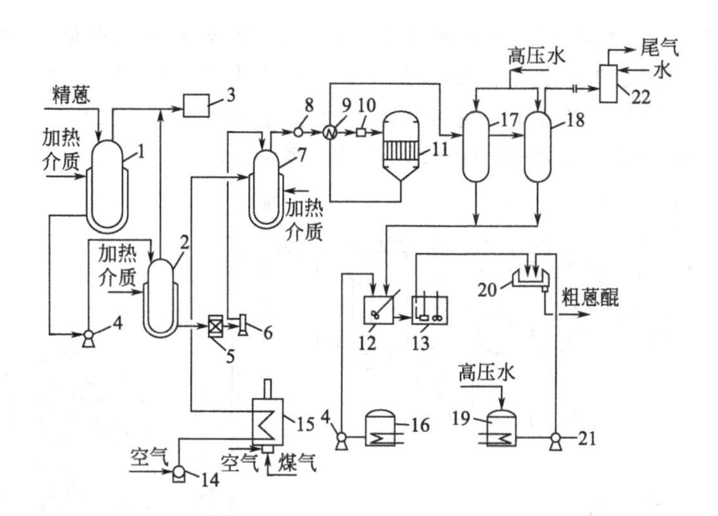

图 7-19　日本某厂蒽制取蒽醌的工艺流程

1—蒽熔化器；2—蒽储槽；3—布袋除尘器；4—泵；5—蒽过滤器；6—计量加料泵；7—蒸发器；8—雾滴捕集器；9—热交换器；10—开车用加热器；11—氧化反应器；12—浆状物槽；13—浆状物加热器；14—鼓风机；15—空气预热器；16—碱槽；17—预冷器；18—冷凝器；19—高压水槽；20—分离机；21—高压水泵；22—洗涤器

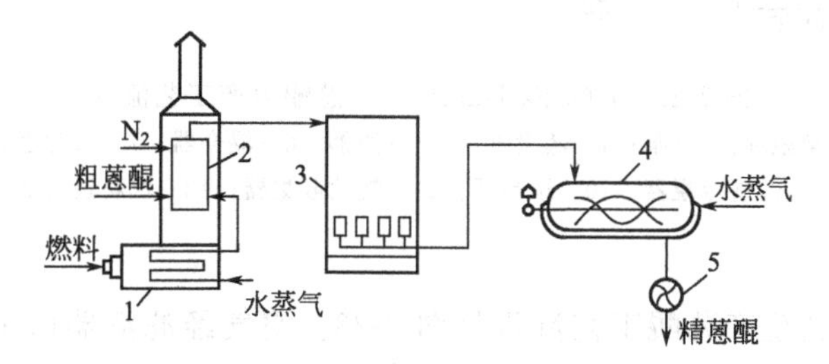

图 7-20　粗蒽醌精制工艺流程

1—加热炉；2—蒸发器；3—冷凝器；4—干燥器；5—粉碎机

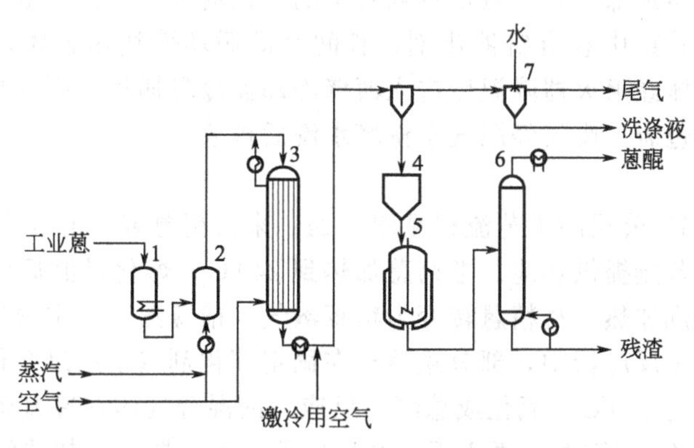

图 7-21　德国某厂蒽的气相氧化工艺流程

1—熔融罐；2—汽化器；3—多管反应器；4—粗蒽醌罐；5—熔融和聚合罐；6—真空精馏塔；7—气体洗涤器

3. I. G. Farben A. G 法工艺

I. G. Farben A. G 法工艺流程见图 7-22。在大于 270℃下，将汽化的蒽和热空气及水蒸气混合，从氧化器底部导入。在氧化器中分层堆放了 1400L 催化剂。反应温度由各层的加压循环水管来控制，在反应器的下部即发生反应。反应器下部温度为390℃，上部温度为339℃。催化剂由钒酸铵和氯化铁制备而成。空气流速为2150m^3/h，气相质量浓度为纯度94%的蒽20g/m^3。反应气体离开反应器后，先通过热交换器与二次空气换热，再依次通过薄壁冷凝器、冷却箱和粉尘过滤器而排放。产品纯度为99.6%。

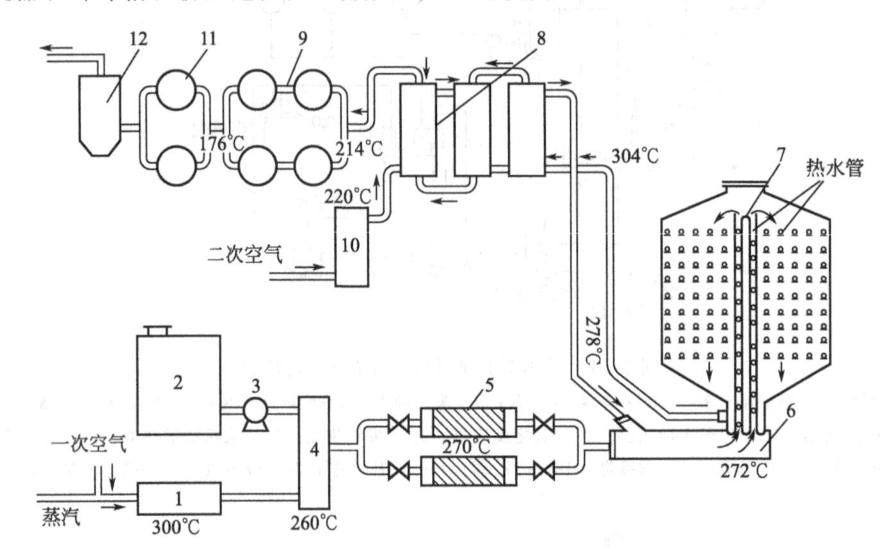

图7-22 I. G. Farben A. G法蒽醌生产工艺流程

1—加热器；2—熔融罐；3—泵；4—蒸发器；5—过滤器；6—混合器；7—氧化器；8—热交换器；9—薄壁冷凝器；10—预热器；11—链轮收集器；12—填料过滤器

4. 国内工艺

国内精蒽气相氧化生产蒽醌工艺流程见图7-23。空气经滤清器由L形鼓风机压缩进入缓冲器，经热风炉加热后从氧化器顶部进入。精蒽由提升机加到熔蒽罐由夹套油加热熔化。经液下泵把液蒽打到汽化器内。液蒽在过热蒸汽的鼓泡下变成蒽蒸气，进入混合管道和热风均匀混合后进入氧化器顶部，蒽经氧化器列管中的催化剂催化氧化后成蒽醌气体。氧化器为固定床催化反应器，管束中装有钒催化剂，管间充满循环熔盐热载体，控制反应器温度在(375±1)℃。蒽醌气体经阻火器降温后进入薄壁冷却器冷凝捕集，固体蒽醌由搅龙推出到接料箱中，压缩过筛后包装。废气经尾气水洗塔水洗后排放。

5. 瑞士工艺

瑞士CIBA-GEIGY公司的工艺流程见图7-24。来自精蒽装置的纯度为96%的精蒽进入熔化器，熔化器由联苯醚提供热能。把精蒽加热到240℃，熔化过滤后的液态精蒽送到蒸发器，经过1.2MPa蒸汽加热，将精蒽转变为精蒽蒸气。精蒽蒸气、水蒸气与热空气混合进入第一台反应器，在这个反应器中，部分蒽蒸气在固定催化剂（采用复合催化剂，除钒外还有锰、铁等）床上和大约400℃下氧化成蒽醌。反应后的混合气体在冷却器中由空气环路进行冷却，当温度恢复到约400℃时，送入下一个反应器，反应器与冷却器的压力差为4～5kPa。经过五组反应器、冷却器，蒽几乎全部转化为蒽醌，最后的混合气体被冷却到250℃左右进入凝华器进行进一步冷却，在这里蒽醌蒸气转化为固体。凝华后的蒽醌堆密度为0.1g/m^3由底部刮刀送到过滤器，然后由提升机送入压实系统，经过三级压实后，蒽醌的堆密度达到0.6～0.7g/m^3时可以进行包装。

该工艺的最大特点是蒽的氧化反应分多步进行，限制每一步反应的放热量，并及时移走反应热，使反应过程中的温升限制在一个较小的范围内，使副反应减弱，提高蒽醌收率。

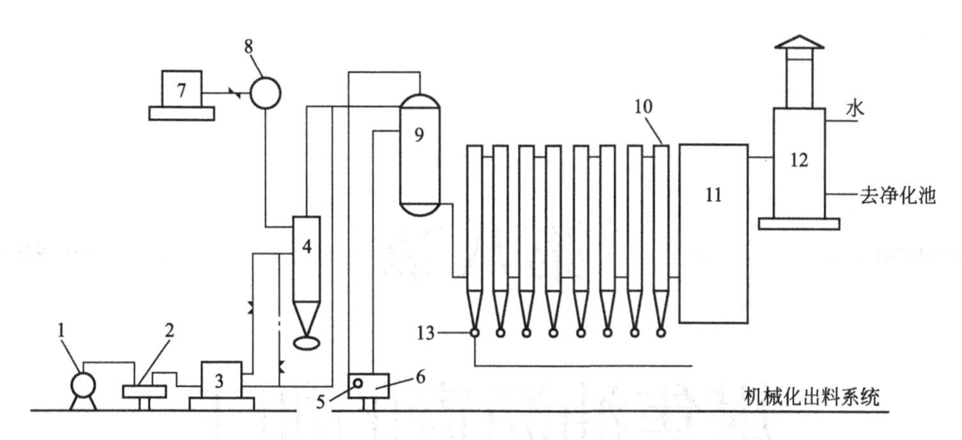

图 7-23　精蒽气相氧化生产蒽醌工艺流程

1—风机；2—气包；3—热风炉；4—汽化器；5—熔盐液下泵；6—熔盐釜；7—熔蒽罐；8—窥视镜；9—氧化反应器；10—薄壁冷却器；11—沉降槽；12—尾气水洗塔；13—星形密封阀

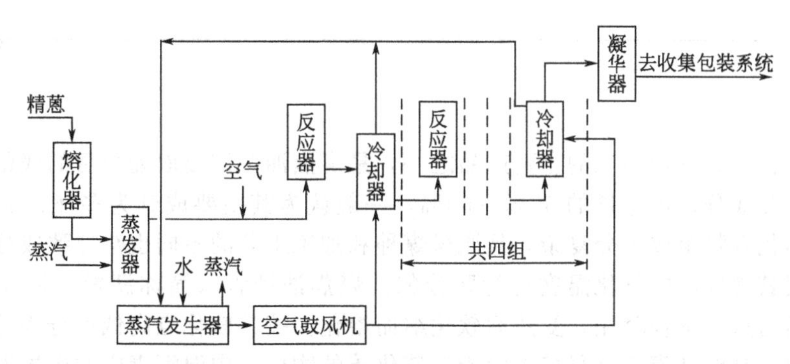

图 7-24　瑞士 CIBA-GEIGY 公司蒽的气相氧化工艺流程

为了使蒽能够顺利氧化成蒽醌，并减少副反应的发生，催化剂最为关键，各种催化剂的试验结果见表 7-13。

表 7-13　蒽氧化制取蒽醌用各种催化剂的试验结果

试验号	催化剂组成	担体平均直径5mm	煅烧条件		反应条件			蒽醌收率/%	未反应蒽/%	原料蒽纯度/%
			煅烧温度/℃	煅烧时间/h	空速/h^{-1}	气相质量浓度/(mg/L)	盐浴温度/℃			
1	V_2O_5 : K_2SO_4 : Na_2SO_4 100 : 15 : 10(摩尔比)	碳化硅	500	4	8000	33	420	96.1	2.9	99
2	V_2O_5 : K_2O : Cs_2O 100 : 20 : 5(摩尔比)	浮石	450	4	8000	33	420	101	0	99
3	V_2O_5 : K_2O : Li_2O : Rb_2O 100 : 10 : 10 : 5(摩尔比)	氧化铝	420	2	8000	33	410	97.7	4.2	99
4	V_2O_5 : TiO_2 : Cs_2O : K_2O 10.9 : 100 : 2.2 : 1.5(质量比)	碳化硅	450	8	7000	33	400	101.6	0.6	99
5	V_2O_5 : TiO_2 : K_2O : Na_2O : P_2O_5 : Nb_2O_5 2.5 : 100 : 1.5 : 1.0 : 1.0 : 1.0(质量比)	碳化硅	450	5	5000	33	400	106.8	0.3	99
6	V_2O_5 : Ce_2O : K_2O : TiO_2 8.7 : 2 : 1 : 100(质量比)	浮石			8000		420	94.2		98.5
7	V_2O_5 : B_2O_5 : K_2SO_4 : SiO_2 6 : 10 : 25 : 59(质量比)	浮石			3000		380	89.9		98.5
8	V_2O_5-K_2SO_4-$MnSO_4$-Fe_2SO_4	浮石					400～410	81.3		85～86

Chapter 08

第八章

煤焦油沥青的加工

煤焦油沥青是煤焦油加工的主要产品之一，是煤焦油蒸馏提取馏分后的残留物。煤沥青是煤焦油的主要成分，占总量的50%～60%，一般认为其主要成分为多环、稠环芳烃及其衍生物，具体化合物组成十分复杂，且原煤煤种和加工工艺的不同也会导致成分的差异，现在主要是根据其表现出的软化温度进行区分的。煤焦油沥青（简称沥青）常温下为黑色固体，无固定的熔点，呈玻璃相，受热后软化继而熔化。按其软化点高低可分为低温、中温和高温沥青三种。高温沥青含有很多不溶于二硫化碳的物质，中温沥青中的电极沥青可以挑选出一些合乎涂料技术要求、供涂料生产用的沥青品种，低温沥青亦称软沥青。按照软化点的不同，煤焦沥青有稠状及固体状品种，色黑而有光泽，有臭味，熔化时易燃烧并有毒。中国煤焦油沥青的技术指标见表8-1。

表8-1　中国煤焦油沥青技术指标

指标名称	低温沥青		中温沥青		高温沥青	
	1号	2号	1号	2号	1号	2号
软化点/℃	35～45	46～75	80～90	75～95	95～100	95～120
甲苯不溶物含量/%	—	—	15～25	≤25	≥24	—
灰分/%	—	—	≤0.3	≤0.5	≤0.3	—
水分/%	—	—	≤5.0	≤5.0	≤4.0	≤5.0
喹啉不溶物/%	—	—	≤10	—	—	—
结焦值/%	—	—	≥45	—	≥52	—

注：1. 水分只作生产操作中控制指标，不作质量考核依据。
2. 沥青喹啉不溶物含量每月至少测定一次。

低温沥青也叫软沥青，用于建筑、铺路、炉衬黏结剂和电极碳素材料，也可用作制造炭黑的原料。中温沥青用于生产油毡、建筑物防水层、高级沥青漆、煤沥青延迟焦和改质沥青等，中温沥青还可用来制取针状焦和沥青碳纤维等新型碳素材料，也可通过回配蒽油制取软沥青。高温沥青可用来生产各种碳素材料的黏结剂和电极焦。

作为筑路及建筑材料，煤沥青一般与石油沥青混合使用。煤沥青和石油沥青相比，有明显的质量差距和耐久性差距。煤沥青塑性差，温度稳定性差，冬季脆，夏季软化，老化快，而两者的混合沥青性能优于各自单独使用。

第一节　沥青的性质

沥青的性质影响其在工业生产中应用，因此本节从物理性质、化学性质和热力学的性质对其进行阐述，以便于更好地应用于工业生产中。

一、沥青的物理性质

沥青最重要的工艺性质包括密度、黏度、塑性、表面张力、润湿性。

1. 密度

沥青的密度一般在1.25～1.40g/cm³，并随软化温度的提高而成线性增加，如图8-1所示。

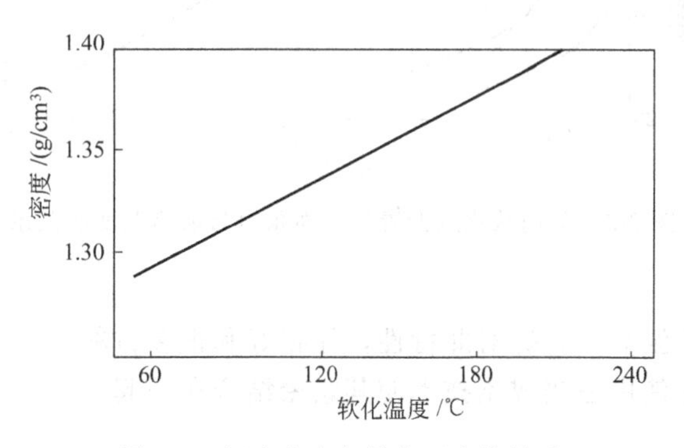

图8-1　沥青密度与软化温度的关系

2. 黏性

黏性是表征沥青黏滞性的指标，也是用来划分沥青等级（标号）的一个主要依据。即沥青试样在规定的温度下，通过规定尺寸的流孔流出规定体积所需的时间。所谓黏滞性，是指沥青材料在外力的作用下，沥青粒子产生相互位移时抵抗变形的性能。沥青的黏性由其性质和温度而定。表示沥青黏性的物理量是黏度，表示沥青黏度的单位有蒽氏黏度 E_t、运动黏度 v_t，二者的关系是

$$v_t = 0.075E_t - 0.063/E_t$$

此外，还有动力黏度（Pa·s）。流动时的内部阻力。不同软化点沥青的黏度与加热温度的关系见图8-2。

3. 塑性

塑性是指在外力作用下，材料能稳定地发生永久变形而不破坏其完整性的能力。沥青在外力作用下，产生变形而不破坏，除去外力后，仍能保持变形后的形状不变。

沥青的塑性小，随着软化点的增高而塑性减小。沥青的塑性用延伸度或伸长度表示，即在一定温度下，能够拉成细丝的长度。

4. 表面张力

表面张力是表示液体表面状态特性的量，数量上等于形成单位面积时所消耗的功。沥青的表面张力和黏性、温度及化学组成有关。

不同软化点沥青的表面张力和加热温度的关系见图8-3。

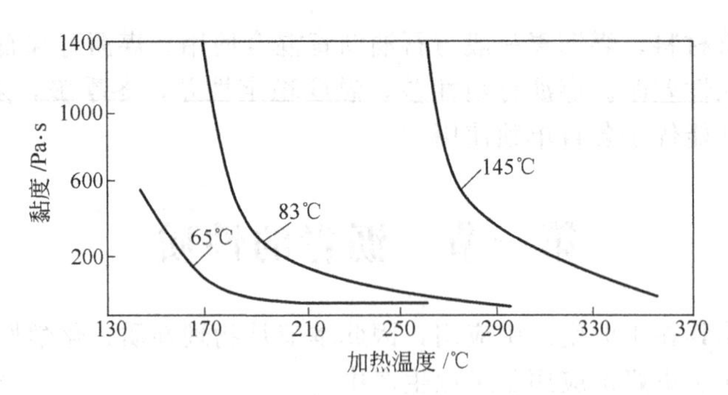

图 8-2 不同软化点沥青的黏度与加热温度的关系

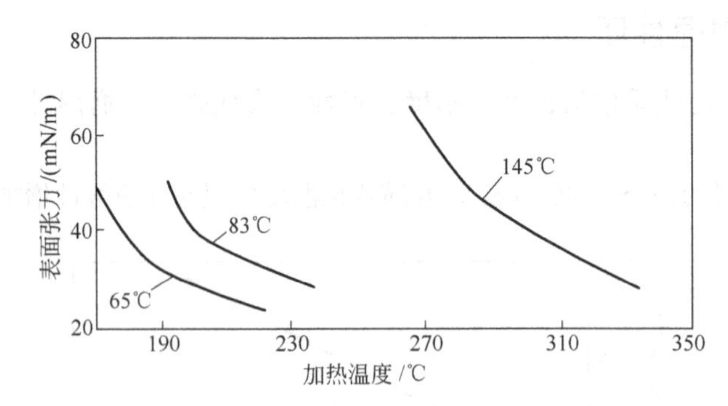

图 8-3 不同软化点沥青的表面张力与加热温度的关系

5. 润湿性

沥青具有较高的润湿能力，针对此特性，能很好和很多材料润湿，如无机矿物质、天然炭、合成炭和焦炭，并使用适当成型技术使其紧密结合在一起。

二、沥青的化学性质

沥青的化学性质主要包括沥青的元素组成、组组成和化学组成。

1. 沥青的元素组成

组成沥青的主要化学元素是碳和氢。碳和氢的组成比例直接影响着沥青的物理和化学性能。沥青的含碳量大于 90%，含氢量一般不超过 5%，还有一些杂质元素如氧、氮、硫等。沥青的元素组成受炼焦煤的种类、工艺条件、加工过程等因素的影响。

2. 沥青的组组成

沥青的组组成的划分一般是用溶剂萃取的方法将沥青分成不同的物质群。常用的溶剂是苯或甲苯和喹啉，萃取法可将沥青分离成苯（或甲苯）可溶物、不溶物（用 BI 或 TI 表示）以及喹啉不溶物（用 QI 表示）。QI 相当于 α 树脂，苯不溶物与喹啉不溶物之差，即 BI—QI 相当于 β 树脂。

苯或甲苯不溶物（即 BI 或 TI）值是沥青不溶于甲苯的残留物（与 α 组分相近），是一组混合物。相对分子质量在 800 以上，其组分含量与焦油和焦化条件有关。焦化温度越高，热解越深，BI 含量越高。BI 组分虽然黏结性不好，但在加热后有可塑性且参与生成焦炭网格，其焦化值可达 90%～95%，而且升温速率影响不大，对骨料焦结起重要作用。在一定范围内，沥青的结焦值随着 BI 的增加而增加。BI 的最重要功能是提高糊料强度，提高炭阳极强度。BI 的最佳含量：阳极糊用沥青为 15%～25%，阳极炭块为 25%～35%。BI 含量对碳制品机械强度、密度和电导率有影响。

喹啉不溶物 QI 又称高分子树脂。这一组混合物，通常含有 2 种不同的粒子，一位为初始的称原生 QI，有机物含量约为 98%，是焦化过程中的热解粒子，直径小于 1μm。焦煤等杂质微粒含量约为 2%，直径为 10μm，通过操作的改进，沉降洗涤可以减少这些微粒。另一位次生 QI，是热聚合过程中 380℃产生的中间液晶粒子，直径为 1～100μm。沥青生产厂有能力控制次生 QI 产量和大小，采用中等真空蒸馏技术，降低蒸馏温度，可以降低次生 QI，QI 组分是沥青中争议较大、研究较多、最为重要的组分之一。一定量分布均匀的原生 QI 粒子，有利于提高制品的机械强度和导电性能，次生 QI 对制品焙烧中的膨胀有一定限制作用。增加 QI 可使沥青焦炭结构增强，但是 QI 过高，使沥青流动性降低；过低的 QI 含量会使糊料偏析、分层。即 α 树脂含量对碳制品机械强度、导电性和膨胀性有影响。

β 树脂代表黏结性的指标，β 树脂所生成的焦结垢呈纤维状，具有多石墨化性能，所制得的碳制品电阻系数高，机械强度高。

因此，对电极沥青黏结剂，这些指标均做了相应的规定，此外对于水分、灰分含量也做了相应的规定。

3. 沥青的化学组成

煤焦油沥青的化学组成大多数为三环以上的芳香族烃类，还有含氧、氮和硫等元素的杂环化合物以及少量的高分子碳素物质。

三、沥青的热力学性质

沥青的热力学性质包括温度的稳定性、热膨胀系数、热导率、燃点和闪点、比热容等。

1. 温度的稳定性

沥青是无定形的非结晶高分子化合物。当温度升高时，沥青就软化；当温度降低时，沥青就变脆，通常称为“玻璃态”，因此它的力学性质显著受温度的影响。随着温度的提高沥青逐渐变软，表现为具有可塑性。当温度继续提高后，沥青转化为液态，此时沥青的黏性比较大，称作“黏流态”，沥青处于黏流态时的温度即为沥青的软化温度。沥青没有严格的软化温度。

常用沥青软化点的测定方法有环球法、梅特勒法等。

2. 热膨胀系数

物体由于温度改变而有胀缩现象。其变化能力以等压（p 一定）下，单位温度变化所导致的体积变化，即热膨胀系数表示。值得注意的是热膨胀系数在较大的温度区间内通常不是常量。沥青的热膨胀系数随着软化点温度的不同而不同，如中温沥青为 0.00055，高温沥青为 0.00047。软化点升高，热膨胀系数减小。

3. 热导率

沥青导热性比较差，是不良导体，同样体积的水和沥青加热，达到相同的温度所需时间沥青至少是水的 2 倍。不同温度下沥青的热导率见表 8-2。

表 8-2　不同温度下沥青的热导率

温度/℃	热导率/[W/(m·K)]			温度/℃	热导率/[W/(m·K)]		
	软化点 75℃	软化点 126℃	软化点 150℃		软化点 75℃	软化点 126℃	软化点 150℃
68.8			0.13147	182.2	0.10676		
107.5		0.13942		188.0		0.16747	
110.0	0.09755			202.0			0.16035
132.5	0.09797			255.0		0.17668	
168.0			0.15449	270.0			0.16957
178.0	0.10551						

4. 燃点和闪点

燃点是油品燃烧时的温度。闪点是指易燃液体所挥发的蒸气和空气混合后，当电火花与之接近时，能发生闪电状燃烧的最低温度。沥青的闪点随着软化点的升高而增高，一般燃点和闪点相差约 10℃。中温沥青的闪点为 200～250℃，高温沥青闪点更高。

5. 比热容

沥青的比热容不大。固态沥青比热容一般在 1.25～1.45kJ/(kg・℃)，液态沥青平均比热容一般在 1.44～2.04kJ/(kg・℃)。

第二节　沥青生产工艺

一、中温沥青的生产

在石墨的生产过程中中温沥青一般作为黏结剂使用，其原理为在电极加工过程中使分解的炭质原料形成塑性糊，压制成各种形状的工程结构材料。沥青在焙烧过程中发生焦化，将原来分散的炭质原料黏结成碳素的整体，同时具有所要求的结构强度。

控制合理的工艺指标即可使在焦油蒸馏生产过程中所得的残液为中温沥青。常见沥青的生产工艺过程见图 8-4。来自于二段蒸发器底部的沥青温度约为 370℃，经沥青汽化冷却器冷却到 230℃左右，进入沥青高位槽进行自然冷却，再经给料器放入浸于水槽中的链板输送机上，得到固体沥青。从给料器放出的沥青和由高位槽顶出来的沥青烟靠在喷射器高速喷射洗油产生真空，将沥青烟吸入，经洗油部分吸收后，再进入吸收塔，进一步用洗油吸收并除去雾沫后排入大气。洗油循环使用，浓度达一定值后更换。运用此法可生产中温沥青，达到表 8-1 中 1 号指标，可作为电极沥青使用。

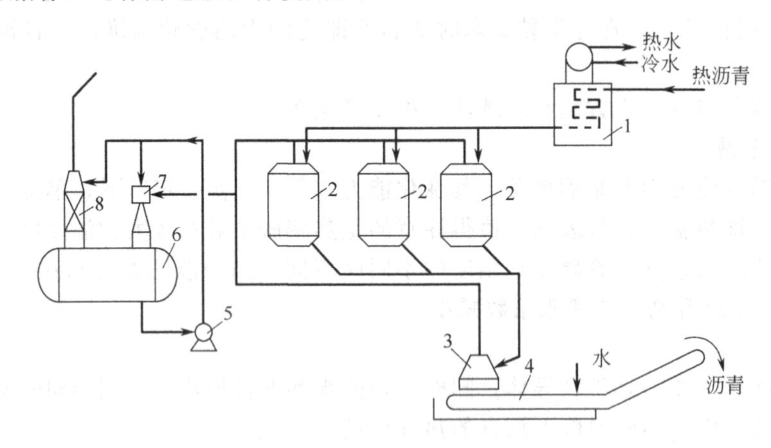

图 8-4　沥青冷却及沥青烟净化工艺流程

1—沥青汽化冷却器；2—沥青高位槽；3—给料器；4—链板输送机；

5—循环油泵；6—洗油循环槽；7—喷射吸收器；8—洗涤器

二、改质沥青的生产

由于中温沥青软化点较低，且 β 树脂含量低，用其作为黏结剂制取的各类电极质量较差，不能满足日益发展的电炉炼钢、制铝工业及碳素工业的需求。因此改质沥青的生产势在必行。而改质沥青两个重要指标是甲苯不溶物 BI 和喹啉不溶物 QI，BI（甲苯不溶物）是由多种不同化学成分的高分子碳氢化合物组成的混合物，在碳材料生产中主要起黏结作用；QI（喹啉不溶物）可以分为原生 QI 和次生 QI 两部分，原生 QI 是在煤焦化过程中形成的，次生 QI 是煤焦油和煤沥青在高温聚合过程中形成的，QI 是高度缩合的稠环芳烃，在黏结剂中起骨料作用。

改质沥青目前通用的生产方法是采用沥青于反应釜中通过高温或者通入过热蒸汽聚合，或者通入空气氧化，使沥青的软化点提高到 110℃左右，达到电极沥青的软化点要求。热聚法生产改质沥青是以中温沥青为原料，连续用泵送入带有搅拌的反应釜，经过加热反应，析出小分子气体，釜液即为电极沥青。电极沥青的规格可通过改变加热温度和加热反应时间来控制，软化点可以通过添加调整油控制。重质残油改质精制综合流程（CHERRY-T）法生产改质沥青，可生产软化点为 80℃左右，树脂高达 23%以上的任何等级改质沥青，产率比热聚法高 10%。此法是将脱水焦油在反应釜中加压到 0.5～2MPa，加热到 320～370℃，保持 5～20h，使焦油中有用组分，特别是重油组分，以及低沸点不稳定的杂环组分，在反应釜中经过聚合转变成沥青质，从而得到质量好的改质沥青。对中温沥青进行加热改质处理时，沥青中的芳烃发生热聚合和缩合，产生氢、甲烷和水。同时有一部分 β 树脂转化为 α 树脂，一部分苯（或甲苯）可溶物转化为 β 树脂，从而获得优质沥青，简称改质沥青。改质沥青的质量指标应符合表 8-3 的规定。

表 8-3　改质沥青新老质量指标对比

标准名称	指标名称				
	软化点/℃	BI/%	QI/%	β 树脂/%	结焦值/%
新标准	108～114	28～32	8～12 或 6～10	≥18	≥56
老标准	100～115	28～34	8～14	≥18	≥54

常用改制沥青的生产工艺介绍如下。

1. 釜式连续加热聚合法

以中温沥青为原料，连续用泵送入带有搅拌的反应釜，经过加热至 390～400℃，大分子间会相互作用，小分子以气体的形式析出，釜液即为改质沥青，其软化点和性质指标可通过改变加热温度和沥青在釜内停留的时间来控制。在实际的操作过程中，有时通过釜中通入过热蒸汽来进行调制，有时通过向釜中加入空气进行氧化来进行调制。工艺流程一般为两种，一种是间歇式法，中温沥青在卧式釜中加热到一定温度和一定时间后放料，即为改质沥青。另一种是连续法，中温沥青不断地从立式釜上部进入第一釜，然后从第一釜上部窜至第二釜上部，最后沥青从第二釜下部连续不断地放出。间歇式的方法工艺比较简单，但是不能大规模的生产，由于是间歇操作，质量不易稳定，放料困难。连续式虽然工艺复杂但是指标比较好控制，生产规模较大，生产的改质沥青性能比较稳定，目前正广泛使用。

2. 热沥青循环聚合法

热沥青循环聚合法的工艺流程见图 8-5，80～90℃的中温沥青与 β 树脂反应器来的 370℃的热沥青混合后在进入 1# 管式炉，加热到 380℃后再进入 β 树脂反应器，沥青在此聚合产生一些 β 树脂，一次聚合后沥青通过 β 树脂反应器循环泵一部分进入 α 树脂反应器循环系统，与 α 树脂反应器底部出来的沥青混合后进入 2# 管式炉，加热到 400℃后再进入 α 树脂反应器，沥青在此聚合生成 α 树脂。经过聚合后的沥青通过闪蒸塔的中上部进入闪蒸塔进行闪蒸，闪蒸出来的油气与从闪蒸塔中下部进入闪蒸塔的两反应器顶部出来的油气一起进入分馏塔，分离出轻油馏分、三混馏分、蒽油馏分。闪蒸出油气后的沥青即为改质沥青。该工艺的特点是生产稳定，可大规模使用，所生产的改质沥青不含中间相，产品质量较高等。

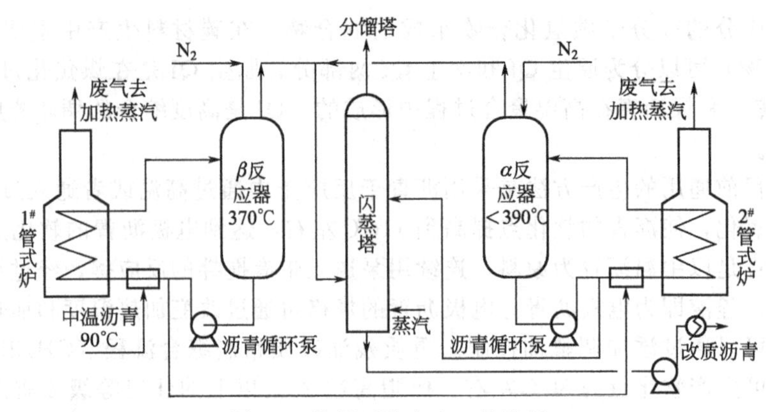

图 8-5 热循环聚合法工艺流程

3. 加混合闪蒸油的高温短流程方案

此工艺原理是用两个釜来聚合高温沥青，以提高改质沥青的甲苯和喹啉不溶物，用一个釜用来加闪蒸油和焦粉，降低过高的改质沥青软化点，同时提高改质沥青的甲苯和喹啉不溶物含量。其工艺流程见图 8-6。

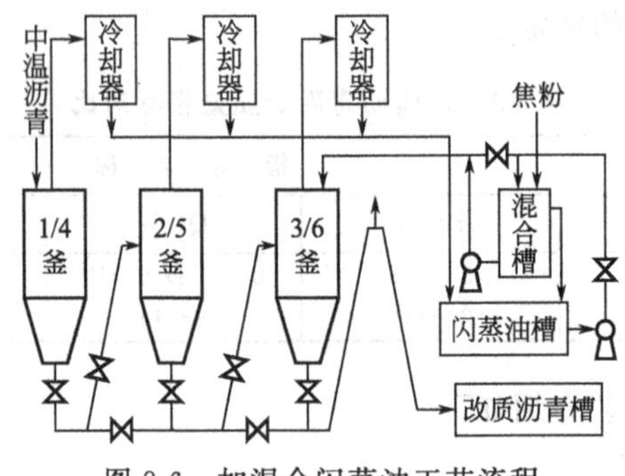

图 8-6 加混合闪蒸油工艺流程

4. 沥青精制法

将脱水焦油在反应釜中加压到 0.5～2.0MPa，加热到 300～470℃，保持一定时间，焦油中的重油组分以及低沸点不稳定的杂环系组分在反应釜中经过聚合形成沥青质，软化点为 75～100℃，此改质沥青称之为 F 沥青，见图 8-7。

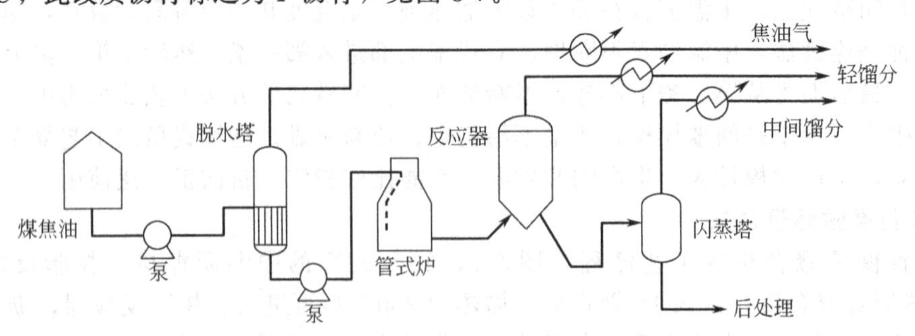

图 8-7 CHERRY-T 生产改质沥青工艺流程

第三节 沥青焦的生产

沥青焦是煤沥青在焦炉中经高温（>1100℃）焦化的最终产品。生产沥青焦主要用中温沥青或高温沥青为原料。沥青焦是生产人造石墨制品和铝电解工业所用阳极糊及预焙阳极的原料。

将焦化油（原料油和循环油）经过加热炉加热迅速升温至焦化反应温度，在反应炉管内不生焦，而进入焦炭塔再进行焦化反应，故有延迟作用，称为延迟焦化技术。延迟焦生产工艺流程可分为原料准备、延迟焦化、延迟焦处理和煅烧几个工序。

一、原料准备

延迟焦的生产原料是软沥青混合料，原料准备就是用沥青、脱晶蒽油再加焦化轻油按规定指标进行配制的过程。配制后的软沥青质量指标如下。

相对密度 d_4^{100}	1.16～1.20(平均1.8)	黏度(140℃)/Pa·s	0.01～0.04
软化点(环球法)/℃	35～40	初馏点～300℃馏出量/%	10以下
康拉丝残炭/%	27～35		

例如，用78.3%沥青、19.2%脱晶蒽油、2.5%焦化轻油配制后，就可以满足上述指标。

二、延迟焦化

延迟焦化是采用高温热缩聚的方法，将（达到规定指标的）软沥青制造成焦炭，并分离出不能成焦的油类和煤气。所需热量由加热炉中煤气燃烧提供，在焦化塔生成焦炭，分离出高温油气；高温油气与软沥青在分馏塔内密切接触，分离出煤气、轻油、重油，在塔底则形成可用于生成延迟焦的混合油，工艺流程如图8-8所示。

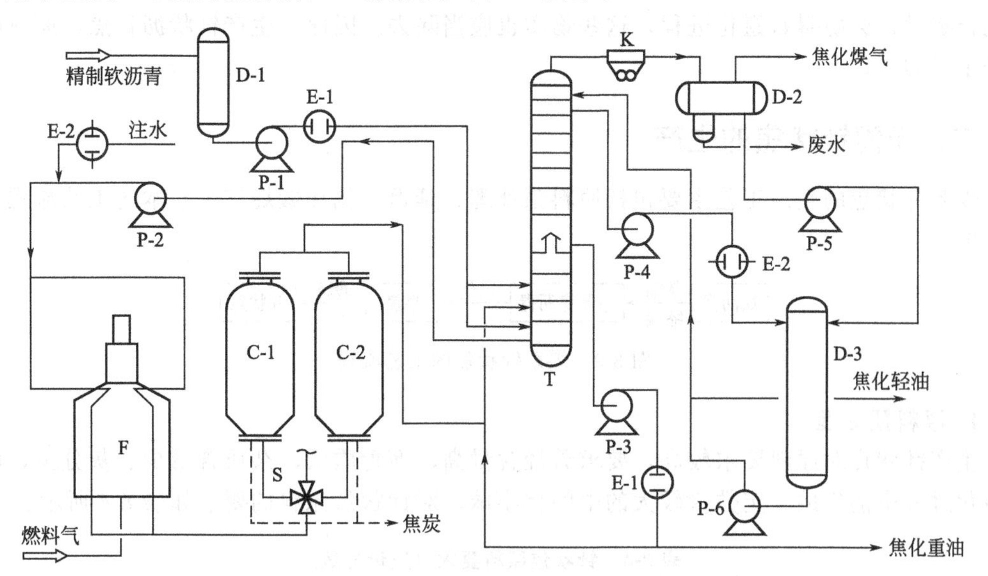

图8-8　延迟焦化生产工艺

C—焦化器；D—容器；E—换热器；F—加热炉；K—空冷器；P—泵；S—四通阀；T—分馏塔

由原料预处理工艺获得的精制软沥青进入原料缓冲罐后，用原料泵送出，与高温的焦化重油换热后进入分馏塔底。在分馏塔底与焦化塔顶来的高温焦化油气接触换热，使部分重质组分冷凝下来。未冷凝下来的组分沿分馏塔上升，分馏出焦化煤气、焦化轻油和焦化重油。分馏塔底的焦化油经加热炉进料泵送入加热炉，加热后送入焦化塔。

第四节 沥青针状焦

在超高功率电炉钢生产中，针状焦是制造超高功率电极的骨料。采用高功率或超高功率电炉炼钢时，可使冶炼时间缩短30%～50%，节电10%～50%，从节能角度来看经济效益十分明显。随着我国电炉炼钢比例的逐年提高，对超高功率石墨电极的需求量也逐年增加，进一步促进了针状焦的发展。但是国内针状焦的产能不能满足生产的需要，只能依赖进口。我国是焦炭生产大国，焦炭总产量占世界产量的一半以上，具有充足的高温煤焦油资源，可以为煤系针状焦的生产提供优质的原料。因此进一步开发和完善自主知识产权的煤系针状焦生产技术和扩大煤系针状焦的产能迫在眉睫。

针状沥青焦从外观上和普通沥青焦不同。普通沥青焦具有一般焦炭的形状，气孔粗大，气孔率可以达到50%；针状沥青焦为针状结晶，具有发达的纤维状结构。特点是热膨胀系数小，比电阻小，假密度大（气孔率小），真密度大，反应性小，容易石墨化。

一、制取针状焦的理论基础

煤焦油沥青在焦化初期（380～500℃），用显微镜观察，可看到其熔融区域内有称之为“中间相”的各向异性的“小球体”即球晶，进一步加热，小球体会互相融合形成流态化状纤维结构。这种结构极易形成石墨化晶格，这就是具有上述针状沥青焦特性的基本原因。

由于煤焦油中软沥青含有大量的喹啉不溶物杂质（3%以上），如果不降低或不除去，就会妨碍沥青中小球体的生成和融合，无法形成针状沥青焦。此外含有O、N、S等元素的杂环化合物时，会妨碍石墨化进程，这些物质也应当除去。因此，生产针状沥青焦，原料的质量是主要的。

二、沥青针状焦的生产

煤系针状焦的生产工艺主要包括原料预处理、延迟焦化和煅烧三个基本的工艺流程，见图8-9。

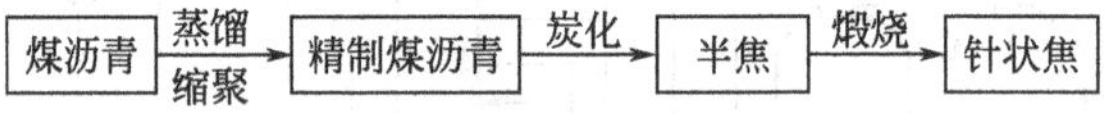

煤沥青 —蒸馏/缩聚→ 精制煤沥青 —炭化→ 半焦 —煅烧→ 针状焦

图8-9 煤系针状焦的工艺流程

1. 原料预处理

生产针状焦对原料要求较高，要求芳烃含量高、沥青质低、杂质含量少、灰分少，原料在炭化过程中能生成一定数量较大的中间相小球。对针状焦原料的要求如表8-4所示。

表8-4 针状焦原料要求（质量分数）

Ar(芳烃)/%	HIs(沥青质)/%	A(灰分)/%	S(硫分)/%	其他(钒和镍)/(mg/kg)
30～50	<2.0	<0.05	≤0.5	<50

原料预处理方法常用的有以下几种：过滤法、离心法、溶剂法、加氢法、闪蒸改质法等。

（1）过滤法　过滤法是煤沥青加热后，用滤网过滤除去喹啉不溶物的方法，属于物理处理方法。采用热溶过滤法对煤焦油沥青进行预处理，可有效地脱除QIs组分，达到生产的要求，但是滤网的寿命较低。影响过滤法效果的因素有加热温度、过滤压力、滤网目数、滤饼厚度等。

（2）离心法　离心法是采用离心机借助离心力的作用将喹啉不溶物从煤沥青中去除的方法。在适宜的温度和一定的黏度下将煤沥青加入离心机，煤焦油和喹啉不溶物的密度不同，使离心液和含有QIs的残渣受到不同的离心力，达到分离的目的离心液即为制备针状焦的精制沥青。离心法的精制沥青收率高，但质量一般，而且投资成本较大。

（3）溶剂法　溶剂法是将脂肪烃和芳香烃按一定比例混合成溶剂来处理煤沥青中的QIs的方法。根据分离方法的不同，常见的溶剂法有溶剂-沉降法、溶剂-过滤法、溶剂-抽提法、溶剂-离心法、溶剂-絮凝法等。用溶剂法处理煤沥青后制备的针状焦收率高，产品质量好，但是生产工艺相对复杂，投资成本较高。

（4）加氢法　加氢法是利用氢气对煤沥青进行加氢处理的方法，在一定温度和压力下，通过加氢催化剂的作用，氢气与煤沥青发生化学反应生成加氢油，进一步发生热裂化反应生成热裂化油，将热裂化油中的轻组分和非挥发组分去除后，残留的即为精制煤沥青。加氢法可以有效地去除煤沥青中的硫和氮。

（5）闪蒸改质法　闪蒸法是在特定的闪蒸塔内，在一定温度和真空度下，将混合煤沥青闪蒸出闪蒸油，再用聚合釜进行聚合后，获得精制沥青的方法。闪蒸法收率适中，工艺简单。煤沥青中喹啉不溶物QIs组分的含量对针状焦的质量及性能有很大的影响，研究有效的预处理方法是生产优质针状焦的首要任务。

2. 延迟焦化

延迟焦化也属于炭化过程，是针状焦生产过程中的关键工段。为了制备优质针状焦，除了对原料要进行预处理外，还需要考虑炭化条件的影响，在生产中主要控制温度、升温速率、气流量、压力及循环比。

3. 煅烧

煅烧温度一般控制在1400～1500℃，通过煅烧可排除易挥发分和水分，提高针状焦的密度和机械强度，提高导电、导热性能及化学稳定性。在煅烧过程中，硫和氮等杂原子的逸出会导致焦化时发生体积膨胀，使针状焦的产品质量水平下降，严重时还会导致针状焦开裂。

成焦机理：针状焦的成焦机理包括液相炭化理论和气流拉焦理论。

（1）液相炭化理论　液相炭化理论是在较高的温度下煤沥青制备中间相时的理论基础，煤沥青在高温（300～500℃）时主要发生热分解和热缩聚两种化学反应，热分解是将大分子转化成小分子的吸热反应；热缩聚是将小分子转化成大分子的放热反应。煤沥青在350℃加热时，聚合芳香环发生热裂解反应，热裂解反应首先在聚合芳香环所带的侧链发生，这是分子最不稳定的键。生成存在于液相中的聚合芳香环自由基和低分子气体，不同自由基之间相互反应生成稳定的芳烃和缩合稠环芳烃。温度升高至400℃左右时，稳定的芳烃发生热聚合反应，生成十几到二十几环不等的平面圆盘状多环缩合芳烃大分子。这些平面大分子在高温作用下进行布朗热运动，并在外界作用力下改变取向，在分子间范德华力的作用下，逐渐堆垛形成层积体，层积体在表面张力的作用下，达到体系稳定的最低能量状态，形成中间相小球体。中间相小球体不断吸收母液中的分子逐渐长大，相互运动的中间相小球体相遇碰撞后融并形成大的球体，体系仍处于相对稳定的热力学状态。中间相小球不断长大，最后球体形状难以维持，小球开始解体，形成了广域流线型、纤维状或镶嵌型等非球状的中间相。

（2）气流拉焦理论　针状焦的制备包括中间相小球的成核、长大和融并，及中间相的煅烧，在整个生产过程中，煤沥青体系中不断有气体连续地沿着一定方向进行流动，控制气流的流速，使流动的各向异性中间相区域沿着气流方向进行有序取向，并在向列型有序排列中固化，生成的产物即为针状焦。这就是气流拉焦作用。煅烧成焦过程中产生的气体在液态或固化之前才能起到气流拉焦作用。如果气体产生过早，中间相各向异性并未完全发展，在黏度较低的条件下，气流使体系内分子产生随机运动，使中间相变为无序的组织结构。如果气体产生的太晚，接近于煅烧的末期，体系的黏度明显增大，并开始固化，产生的气体会以气泡的形式滞留在系统内生成多孔焦和片状焦。

工业生产中常见的针状沥青焦的生产工艺流程如图 8-10。从外界送来的煤焦油沥青进到沥青储槽中用原料泵抽出，经圆筒管式炉对流段加热送到软沥青中间槽。芳烃溶剂和脂肪烃溶剂按比例通过混合器后，与加热后的沥青按比例通过混合器充分混合，再送到静置沉降槽使其保温静置沉降，分成轻相和重相，轻相经换热器换热进入管式炉辐射段被加热后进入分馏塔的中部，混合溶剂从塔顶蒸出，冷却后送回溶剂混合器加少量新鲜溶剂后循环使用。分馏塔的底部排出的精制沥青经过冷却后送到精制沥青储槽作为延迟焦化的原料。原料进入延迟焦化装置生成生焦，生焦再进行煅烧形成针状焦产品。重相用泵送到重相蒸馏釜加热，蒸出溶剂经冷却后，经真空计量进入溶剂混合器。

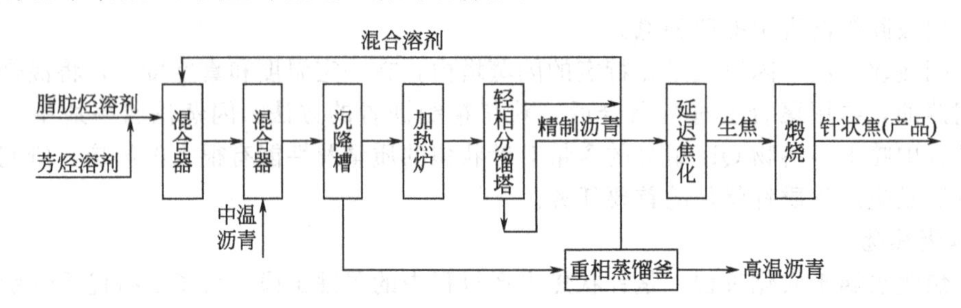

图 8-10 针状沥青焦生产工艺流程

第五节 沥青基碳纤维

沥青基碳纤维按原料来源可分为石油沥青基碳纤维和煤沥青基碳纤维，按性能可分为通用型和高性能型两种，其中通用型碳纤维为各向同性型，它的制备工艺比高性能型碳纤维简单，所需沥青原料要求也相对较低。通用型沥青基碳纤维材料在结构上存在着一系列的不均匀性，既有有序排列程度较高的晶区，也有有序程度较低的非晶区，晶区与非晶区相互交织、相互缠绕，形成多层次不规则网状结构，呈现出一种互锁机制，正是因为这种机制的存在，才造成了通用型沥青基碳纤维材料较强的韧性与较高的强度。倘若能将通用型沥青基碳纤维材料发展推广至民用领域，由于其较低成本与较高材料属性的优势，必将替代许多结构上通用的多种金属材料，同时也延伸了煤化工行业的下游产业，提高了煤炭资源的附加值。

高性能碳纤维是火箭、导弹、飞机、人造卫星等所使用的高级复合材料的组成部分，中等强度的高性能碳纤维，主要用于汽车、造船工业以及设备元件和生活用产品的制造。

一、通用沥青碳纤维的制取

通用沥青碳纤维的制取工艺包括原料净化、可纺沥青的调制、熔融纺丝、沥青纤维的不熔化和炭化处理。从焦油沥青制备碳纤维的流程示意如图 8-11 所示。

1. 原料净化

原料净化的目的是去除喹啉不溶物，要求喹啉含量小于 0.8%。净化方法有溶剂法、热过滤法、真空过滤法等。

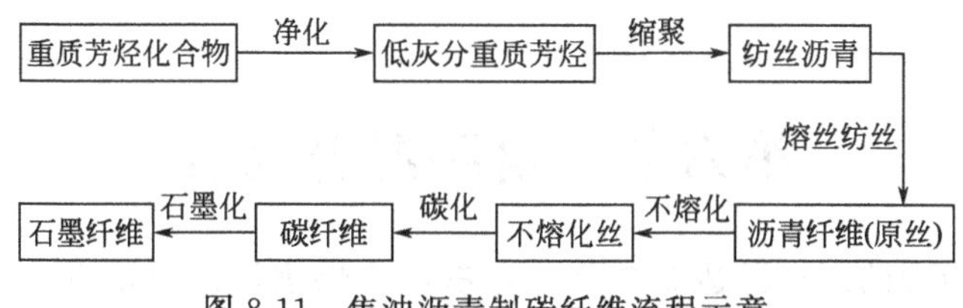

图 8-11　焦油沥青制碳纤维流程示意

2. 可纺沥青的调制

可纺沥青调制的目的是使原料沥青满足纺丝需要的流变性能、不熔化处理需要的化学反应性、炭化和石墨化的炭化收缩和石墨化性能等。调制方法有以下几种。

(1) 空气氧化法　在350℃左右，用空气氧化沥青，使沥青中引入氧原子活性中心，进行脱氢缩聚反应和交联反应。

(2) 热处理法　将沥青在氮气中于380℃时干馏，然后减压蒸馏，除去低沸点组分。在减压残渣中添加二异丙苯过氧化物，使氢碳原子之比为0.47～0.49、含碳量为92.4%～92.7%的沥青，具有较好的可纺性。

(3) 溶剂抽提法　用氯仿抽提沥青，在可溶组分中加入少量的四甲基秋兰姆化二硫，在一定温度下处理，得到可纺性好的沥青。

(4) 共聚合法　沥青中添加聚合物如聚乙烯，在氮气保护下加热到一定温度共聚合，除去低沸点组分，可得到可纺性沥青。

3. 熔融纺丝

熔融纺丝可采用一般合成纤维工业中常用的纺丝方法，如挤压法、离心法和熔喷式等。

4. 不熔化处理

沥青纤维不熔化处理的目的是将沥青交联，形成不熔不溶的交联结构，保持纤维状态。沥青纤维的不熔化处理，一般是在空气中进行的。

5. 炭化处理

不熔化纤维的炭化处理是在惰性气氛中加热到1100℃左右，使分子间或分子内部进一步交联缩聚，形成具有一定石墨化程度的网状结构，即为碳纤维。

二、高性能沥青碳纤维的制取

高性能沥青碳纤维的制取和通用沥青碳纤维的制取工艺过程，不同之处是净化后的沥青，需经过加热缩聚或加氢处理成为中间相沥青后再进行纺丝。高性能沥青碳纤维的生产流

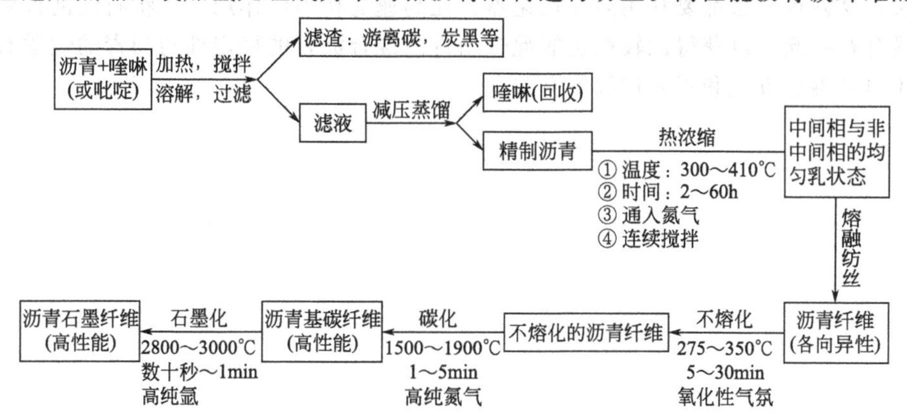

图 8-12　高性能沥青基碳纤维生产流程

程见图 8-12。

第六节 筑路混合沥青

目前，我国煤沥青的产量已达 200 万吨左右，占煤焦油总量的 50%以上。现在煤沥青主要应用于碳素制品生产黏结剂、耐火材料、浸渍剂及配制燃料油及筑路材料等方面。而国外混合沥青筑路材料已有多年的生产与公路应用的实践经验。同时煤沥青价格低廉，既能降低改性沥青的成本，又能有效解决国内煤沥青产量的过剩问题，足以表明煤沥青材料用于生产混合筑路沥青具有较好的工业应用前景。煤焦油沥青芳烃与石油沥青组分的共溶性很好，黏合组分的分布很均匀。由于石油沥青和煤焦油沥青综合了这两种沥青的优点，混合沥青的黏结性、热稳定性和延伸性均得到了改善。

一、混合原理

混合沥青是指将煤沥青与石油沥青按一定比例掺混形成一种综合性能比单一沥青更为优异的改性沥青品种。混合沥青既改善了煤沥青本身对温度比较敏感、低温易开裂、高温易软化的缺点，又发挥了其对各种类型的碎石料良好的润湿性能和黏附性能、抗油侵蚀路面摩擦系数大等优点。将煤沥青与石油沥青按照适当的比例混合得到混合沥青，还有助于降低沥青的烟气毒性，使沥青对环境更友好。此外，煤沥青与石油沥青混合，有助于改善沥青流动性等。通过将煤沥青与石油沥青按照适当的比例混合获得混合沥青，在混合阶段之间没有发生化学反应，但润湿性能得到改善，同时混合沥青降低了煤沥青多环芳烃的释放量。

煤焦油沥青与石油沥青混合物，其中含有 30%的特种煤焦油沥青，这种混合沥青的抗变形强度好。在沥青组分中富集了高沸点的结晶态芳烃，他们是在高于 70～80℃时从煤焦油-石油沥青混合基质中分离出来的一种微晶，这种微晶可能将热塑性体系黏结起来，并且在低温时提高黏合剂的弹性组分。

二、制造方法

制备混合沥青的方法较多，如热熔混合法、溶剂混合法乳液/悬浮液混合法、干粉混合法等。干粉混合法工艺较复杂，需将沥青冷冻粉碎再混合。乳液/悬浮液混合法难以得到长期稳定的混合沥青。依据相似相溶原理的热熔混合法和溶剂混合法是较常用的两种混合沥青制备方法，这两种方法都要利用高速均化器，在高速剪切力的作用下，将石油沥青和煤沥青均匀地混合在一起，以获得比较稳定的混合沥青。混合沥青的稳定性与沥青的性质有很大的关系，还与其混合方式和工艺过程等有关。

Chapter 09

第九章 低温煤焦油加工技术

随着现代化水平的提高社会对石油的需求量越来越大，而石油是有限资源。因此世界主要工业化国家又纷纷重视和加快了新一代煤低温干馏技术的研发和开发，如快速热解和快速氢化热解技术等，用低温煤焦油生产动力油和其他产品的利润空间空前增大，这给生产低温煤焦油和低温煤焦油加工技术带来了很好的发展机会，但低温煤焦油的深度加工技术和利用方式还有待进一步提高和完善。

第一节 低温煤焦油的生产方法

一、低温干馏的概念

低温干馏是采用较低的加热终温（500～600℃），使煤在隔绝空气条件下，受热分解生成半焦、低温煤焦油（见煤焦油）、煤气和热解水过程。低温干馏的设备称为低温干馏炉。与高温干馏（即焦化）相比，低温干馏的焦油产率较高而煤气产率较低。一般半焦产率为50%～70%，低温煤焦油 8%～25%，煤气 80～100m³/t。

低温干馏过程可分为两段：第一段是干馏所用的煤或页岩的干燥和脱水阶段，第二段为低温干馏阶段，即把沥青物和它的热分解产物（煤焦油，水煤气）以及煤的碳分子裂解变成焦炭，气体和液体馏出物引导出来。

烟煤和褐煤低温干馏生成低温煤焦油、煤气、水、汽油（轻油）及低温半焦，其中低温煤焦油为最宝贵的产品，因此这种产品的数量和质量是低温干馏经济性的决定因素。在工业上，只有烟煤才能高温干馏及低温干馏通用。褐煤多用作低温干馏及造气原料。

煤在低温干馏热分解过程中的变化基本上和煤的热分解过程相同。不同种类和性质的煤热分解过程也有所差异，其所得产品的性质及产率也不同。煤的性质对低温干馏的影响可参考表 9-1。

油页岩低温干馏过程基本上和煤相同，在 300～350℃时煤气和煤焦油蒸气开始急剧发生。根据油页岩的性质，在干馏过程中，有可能发生吸热或放热反应，一般到 500℃时煤焦油可完全馏出。

表 9-1 煤的性质对低温干馏的影响

煤的种类 性质及产率	木材	泥煤	褐煤	烟煤
碳化程度	→	→	→	→
半焦产率	→	→	→	→
粗煤焦油产率	→	→	→←	←
分解水	←	←	←	←
煤气产率	→	→←	←	←
半焦性	←	←	←	←
煤焦油中芳烃	→	→	→	→
煤焦油中含蜡量	→	→	→←	←
煤焦油和水中含脂族醇量	←	←	←	←
煤焦油和水中含酸量	→	→	→	→
煤气发热量	→	→	→	→

二、低温干馏产品

低温干馏产物的产率和组成取决于原料的性质、干馏炉结构和加热条件。一般低温焦油产率为6%～25%，半焦产率50%～70%，煤气产率80～200m^3/t原料。

(1) 低温煤焦油　呈黑至赤褐色，密度0.95～1.1g/cm^3，密度愈小含蜡愈多，质量也愈好。通常，煤低温干馏的重煤焦油的质量较差，可作焦化材料。由电捕煤焦油器得到的煤焦油质量好（水分低，只为0.15%～0.3%），凝固点高。低温煤焦油中含酚类可达35%，有机碱为1%～2%，烷烃为2%～10%，烯烃为3%～5%，环烷烃可达10%，芳烃为15%～25%，中性氧化物（酮、酯和杂环化合物）为20%～25%，中性含氮化合物（主要为五元杂环化合物）为2%～3%，沥青为10%。由低温煤焦油中可提取酚类、烷烃和芳烃等，低温焦油适于深度加工，经催化加氢可获得发动机燃料和其他产品。

(2) 低温煤气　其中含一氧化碳8%～12%，属于有毒煤气，对人体有害，重者有致命危险。此种煤气除供干馏热源外，过剩煤气可作民用煤气、化学合成原料气和发电热源利用。

(3) 废水　干馏过程中产生的水，由于其中氨和酚含量较高，直接外排将造成严重污染，必须处理合格后才能外排。

(4) 轻油（低温汽油）　呈淡黄色，含不饱和化合物和硫较多，属半成品，必须精制后才能使用。

(5) 半焦　是良好的无烟固体燃料，由于活性较高，亦可作为造气和制水煤气的原料。褐煤半焦呈粉粒状时，可用作沸腾床汽化原料或发电站锅炉原料。烟煤半焦，呈块状，机械强度较大，活性大，可代替冶金焦用。比电阻高的半焦是铁合金生产的优质炭料。

三、油页岩的低温干馏

将含油页岩在外热式或内热式炉内加热到500～650℃进行干馏。页岩首先进入炉顶储槽（如图9-1的d部分）。储槽的作用是当皮带运输机发生故障时，使炉子仍能维持3～4h生产。储槽下面是预热段（图9-1的a部分），用热的烟道气（在燃烧炉中燃烧煤气而得）

将冷页岩先加热到120℃，除去大部分的水分。热的干页岩进入干馏段（图9-1中的b部分)，利用下面汽化段（图9-1中的c部分）所发生热量进行干馏，干馏产品被抽风机引出。在干馏段的下部还送入预先在蓄热式加热炉加热到600℃左右的循环煤气；循环煤气的作用是补充热量并帮助带走干馏产品。

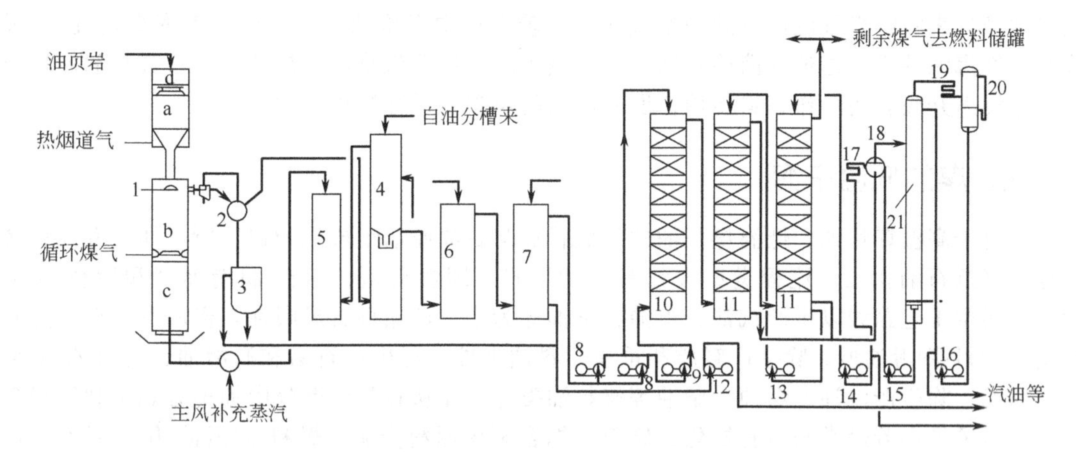

图9-1 页岩干馏原理流程

1—蓄热式加热器（a—储槽；b—预热段；c—干馏段；d—汽化段)；2—集气管；3—油泥罐；4—洗涤器；5—主风氨回收塔；6—煤气氨回收塔；7—初冷塔；8—煤气鼓风机；9—煤气升压鼓风机；10—终冷塔；11—汽油吸收塔；12,13,14,15,16—泵；17,18,19—换热器；20—回流罐；21—蒸脱塔

干馏完毕的页岩再向下进入汽化段，遇到由炉底吹出的水蒸气及空气，页岩中的残炭燃烧并产生“水气反应”，不但供给干馏段所需热量，还发生较多的可燃煤气，上升到干馏段后混入干馏煤气中一同被抽出。燃烧完毕的页岩灰先被炉底吹出的水蒸气及空气冷却，最后落入灰盘中，利用灰盘中的水冷却后，因灰皿的转动和固定刮板作用由灰盘中排出，落到运灰皮带中运走。

由所有干馏炉出来的干馏产品首先在煤气总管集合，并在此喷入少量冷水，以便除去煤气中的页岩粉尘。这些粉尘含有煤焦油，一般称作油泥，在油泥罐中分出油及水后，油泥即被运走（晒干后也可作为劣质燃料）。除尘后的煤气首先进入洗涤塔，用循环水喷淋、冲洗并冷却，一部分煤焦油冷凝，煤焦油和热水一起流入塔旁的油水分离器（图中未画出)。煤焦油回收，热水则又进入塔的下部（饱和塔)，与鼓风机送来的空气逆流接触，一面使空气（工厂中一般称为主风）在进入炉底前升高温度并饱和水蒸气，一面使热水冷却，以便再进入洗涤塔循环使用。

在洗涤塔（下部为饱和塔，上部为洗涤塔）内，一部分氨被水所吸收。含氨的水在饱和塔内又蒸发一部分氨，混入主风中。此时如果主风直接进入干馏炉，则炉内汽化段的高温足以使氨分解而损失。为此，由饱和塔出来的主风先进入主风氨回收塔，用硫酸铵溶液循环吸收所含的氨（硫酸铵保持40%浓度，并经常加入浓硫酸，保持游离酸浓度约为4%)，然后才进入干馏炉。主风氨回收塔约可回收10%的氨。

干馏煤气离开洗涤塔进入煤气氨回收塔，用硫酸铵溶液吸收氨。硫酸铵溶液循环使用，保持40%浓度。连续抽出一部分送去蒸馏和结晶。煤气氨回收塔中同时也收得一部分煤焦油，由氨液槽（未画出）面上分出，送入煤焦油沉降罐。

干馏煤气离开氨回收塔后进入初冷塔，用水冷却煤气并回收煤焦油。煤气由塔流出并进入煤气排送机。由干馏炉出口至煤气排送机入口，均为负压，煤气排送机的出口是正压，并分成两路，一路是循环煤气，在蓄热式加热炉中加热后，回到干馏炉中段；另外一路为剩余煤气，经回收煤气汽油后作为燃料。

要回收剩余煤气中的汽油，先将剩余煤气用煤气升压机进一步升高压力，并进入终冷塔，用冷水喷淋，使煤气进一步降低温度，同时回收最后一部分煤焦油，然后进入吸收塔用轻柴油馏分来吸收煤气汽油（此种型式适合于较大厂中轻质油回收，回收效率高）。已经吸收有煤气汽油的吸收富油（简称富油）送入蒸脱塔，用蒸汽将煤气汽油蒸出。吸收剂循环使用。煤气离开吸收塔后作燃料使用。所有回收的煤焦油送往煤焦油加工厂。

四、煤的低温干馏

相对于高温煤焦油，低温煤焦油的组成特点与石油原油组成更相似，所以加工方式和途径也很接近石油化工。流程类型大致有 3 种形式，即燃料型、燃料-润滑油型和燃料-化工型。燃料型工艺路线以生产汽油、煤油、柴油等为主，产品很有局限性，资源没有得到充分利用；燃料-润滑油型，除生产轻质和重质燃料油类外，还生产石蜡和润滑油；燃料-化工型工艺路线，除生产汽油、煤油、柴油等燃料油类外，还从石脑油馏分中抽提芳烃，利用裂解技术取得烯烃和芳烃类基本有机化工原料，综合利用原料资源。燃料-润滑油-化工型工艺路线是发展的方向。

低温干馏采用不同的原料煤，如烟煤、褐煤和泥炭，所得到的低温焦油有很多共同性，也有一定的差异。干馏终了温度不同，采用的低温干馏工艺不同，也使低温焦油发生差异。它们的低温焦油都含有较多的沥青烯、胶质和酚类化合物，因此在热加工时易于结焦，中性油类产率则很低。它们在中性油方面也有很大差异性，如烟煤焦油中性油中芳烃占一半以上，其中多环芳烃又占芳烃的一半以上，蜡分则较低。由褐煤低温煤焦油加工后可得到各种液体燃料、石蜡、沥青、电极焦、润滑油、酚和防腐油等，加工流程如图 9-2 所示。

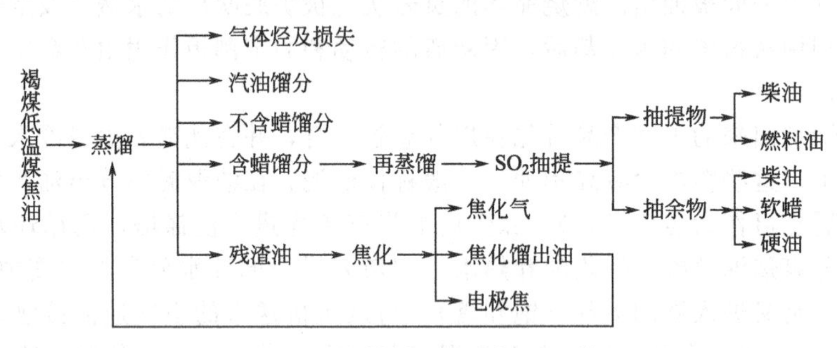

图 9-2 褐煤低温焦油加工工艺

烟煤低温煤焦油经加工后可以得到液体燃料沥青、酚等。加工方式有先蒸馏后提酚或先碱洗脱酚后蒸馏等，工艺流程如图 9-3。

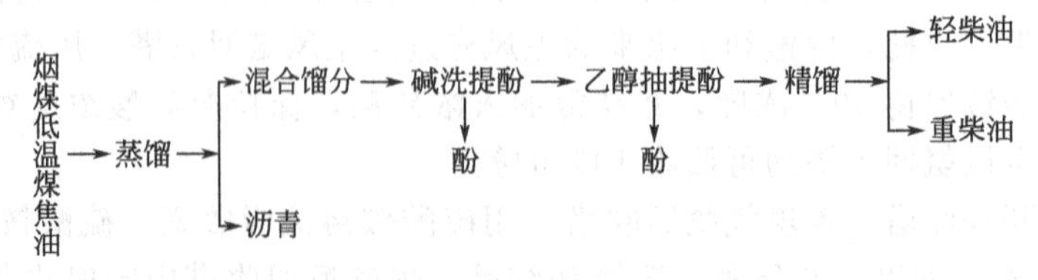

图 9-3 烟煤低温焦油加工工艺

对蒸馏提取酚后的轻质馏分可通过催化重整、加氢进行改质；对重质馏分可通过热裂化、催化裂化、残油焦化加氢等方法进行裂化加工；对裂化气体，采用叠合反应、烃化反应制造叠合汽油或化工原料，见图 9-4。

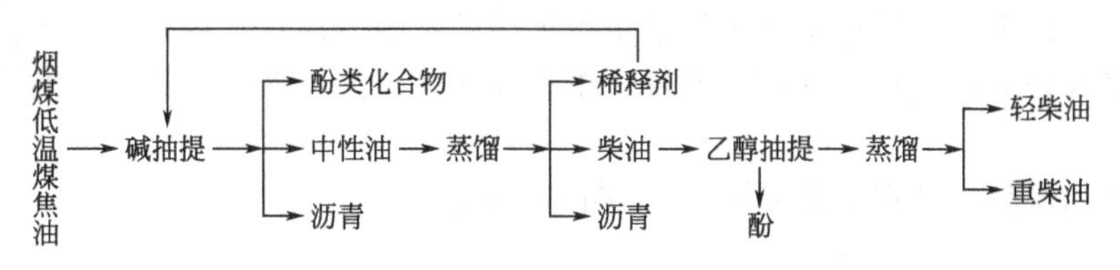

图 9-4　烟煤低温焦油加工工艺

国外以低温煤焦油为原料生产化工产品为主要应用的近代化工厂中，典型的有英国的波尔索威尔（Bolsover）厂和法国马里诺（Marienau）的洛林厂。波尔索威尔厂的主要产品是汽油、柴油、燃料油、酚和酚类化合物以及高沸点焦油酸、沥青、杂酚油、浮选油、橡胶溶剂等；马里诺低温煤焦油精炼厂的主要产品是酚和酚类化合物、酚油、脱酚油、脱萘洗油、重油、沥青等。

原则上很多低温干馏方法，但工业上成功的只有几种。这些方法按炉的加热方式可分为外热式、内热式及内热外热混合式。外热式炉的加热介质与原料不直接接触，热量由炉壁传入；内热式炉的加热介质与原料直接接触，因加热介质的不同而有固体热载体法和气体热载体法两种。

（1）内热式气体热载体法　鲁奇-斯皮尔盖斯低温干馏法是工业上已采用的典型方法。此法采用气体热载体内热式垂直连续炉，在中国俗称三段炉，即从上而下包括干燥段、干馏段和冷却段三部分。煤低温干馏褐煤或由褐煤压制成的型块（25～60mm）由上而下移动，与燃烧气逆流直接接触受热。炉顶原料的含水量约 15%时，在干燥段脱除水分至 1.0%以下，逆流而上的约 250℃热气体冷至 80～100℃。干燥后原料在干馏段被 600～700℃不含氧的燃烧气加热至约 500℃，发生热分解；热气体冷至约 250℃，生成的半焦进入冷却段被冷气体冷却。半焦排出后进一步用水和空气冷却。从干馏段逸出的挥发物经过冷凝、冷却等步骤，得到焦油和热解水。德国、美国、前苏联、捷克斯洛伐克、新西兰和日本都曾建有此类炉型。中国东北也曾建此种炉。20 世纪 60 年代初，在中国曾采用的气燃式炉也属此类型，后因大量廉价天然石油的开采而停产。

（2）内热式固体热载体法　鲁奇-鲁尔盖斯低温干馏法（简称 L-R 法）是固体热载体内热式的典型方法。原料为褐煤、非黏结性煤、弱黏结性煤以及油页岩 20 世纪 50 年代，在德国多尔斯滕建有一套处理能力为 10t/h 煤的中间试验装置，使用的热载体是固体颗粒（小瓷球、砂子或半焦）。由于过程产品气体不含废气，因此后处理系统的设备尺寸较小，煤气热值较高，可达 20.5～40.6MJ/m^3。此法由于温差大，颗粒小，传热极快，因此具有很大的处理能力。所得液体产品较多、加工高挥发分煤时，产率可达 30%。煤低温干馏是首先将初步预热的小块原料煤，同来自分离器的热半焦在混合器内混合，发生热分解作用。然后落入缓冲器内，停留一定时间，完成热分解。从缓冲器出来的半焦进入提升管底部，由热空气提送，同时在提升管中烧去其中的残碳，使温度升高，然后进入分离器内进行气固分离。半焦再返回混合器，如此循环。从混合器逸出的挥发物，经除尘、冷凝和冷却、回收油类，得到热值较高的煤气。

第二节　低温煤焦油的蒸馏

低温煤焦油与高温煤焦油类似，都是多组分液体混合物，分离后的产品也是符合某种技术指标要求的窄馏分。因此，低温煤焦油的蒸馏分离方法，也可根据规模大小区分为间歇蒸馏与连续蒸馏。间歇蒸馏操作中常用的是单釜加热的蒸馏分离；连续蒸馏则包括多釜加热式连续蒸馏与管式炉加热的连续蒸馏。不过，单釜加热式蒸馏与多釜加热式蒸馏均属于落后的生产工艺。

常见的低温煤焦油处理工艺如图 9-5～图 9-8 所示。

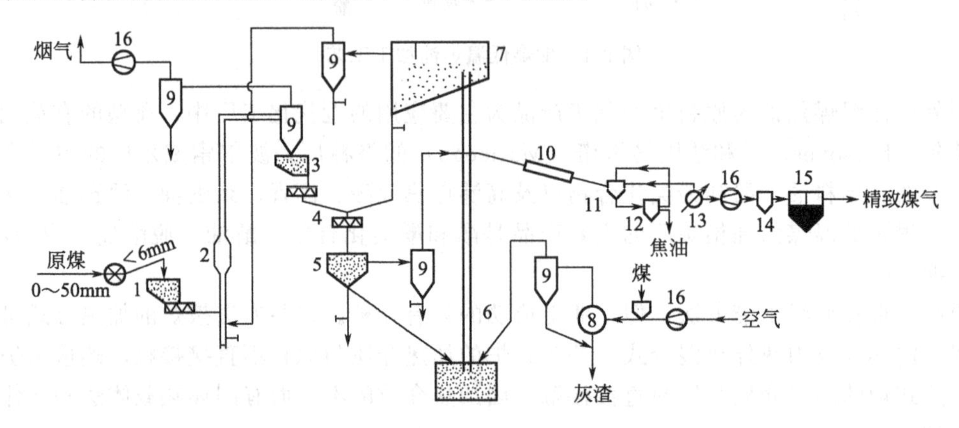

图 9-5 低温焦油工艺流程

1—原料煤储槽；2—干燥提升管；3—干煤储槽；4—混合器；5—反应器；6—加热提升管；7—热半焦储槽；8—流化燃烧炉；9—过滤器；10—洗气管；11—气液分离器；12—焦油氨水分离器；13—煤气间冷器；14—机除焦油器；15—脱硫箱；16—鼓风机

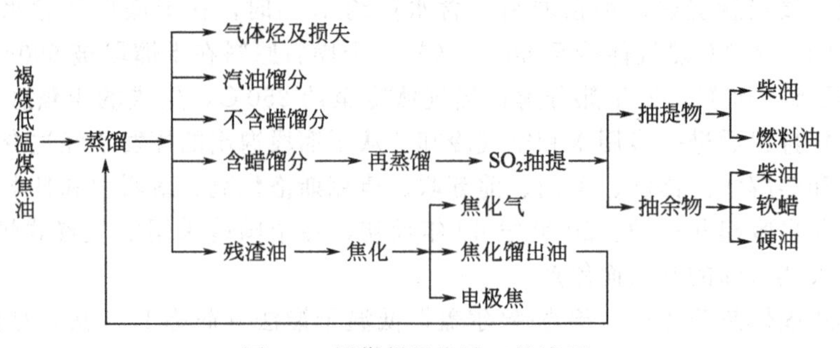

图 9-6 褐煤低温焦油工艺流程

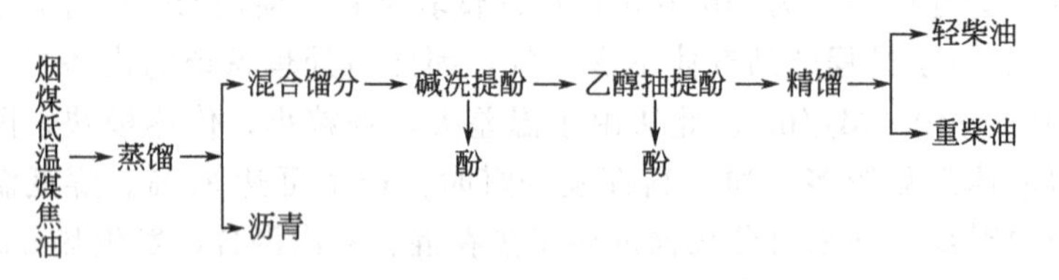

图 9-7 烟煤低温焦油工艺流程

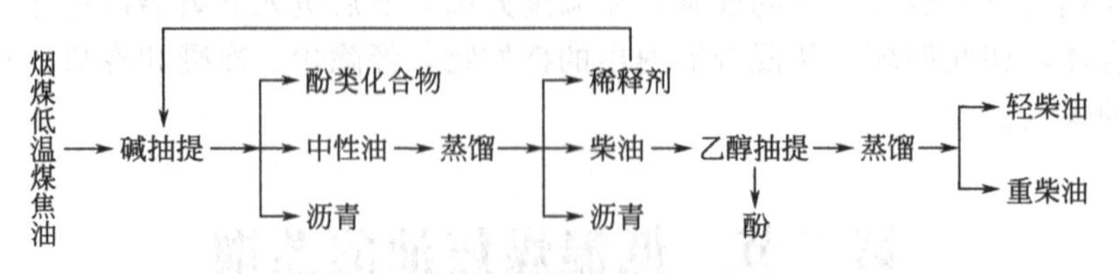

图 9-8 烟煤提酚低温焦油工艺流程

1. 管式炉连续蒸馏工艺

管式蒸馏的特点：生产能力大，设备紧凑，生产馏分质量好，能使各馏分明确分开，能充分利用燃烧废气来加热焦油和最终脱水，故热效率较高；焦油在管式炉停留时间较短，所以焦油的分解变质减少，因而可提高油类产品的产率和质量，并降低沥青的产率；炉管内的焦油存量比蒸馏釜内的焦油存量少得多，故减少了火灾的危险；能广泛进行计器和操作的自动控制和自动调节，故便于管理，产品质量稳定，提高了劳动生产率。管式炉加热式连续蒸馏按汽化次数以及分离压力不同可分为如下几类。

(1) 一段汽化　如第二章第三节所述，将复杂的多组分混合液经换热器或加热炉加热到一定温度达到部分汽化后，进入分离器分离成平衡的汽液两相，叫做一段（次）汽化分离过程。

(2) 二段汽化

① 预汽化-常压汽化；

② 常压汽化-减压汽化。

(3) 三段汽化：

① 预汽化-常压汽化-减压汽化；

② 常压汽化-减压汽化-最后减压汽化。

(4) 多段汽化　预汽化-常压汽化-减压汽化-最后减压汽化。

汽化分段的原因如下。

① 减少压力损失。原料油在进炉前经过若干个多换热器升温，进炉后又有一部分汽化，体积膨胀，流速高、阻力大，动力消耗多，如果分段加热可以将易汽化的部分先蒸出，即可减少后段的液体流量，从而可降低压力损失。

② 避免腐蚀。原料油中常含有硫化物等腐蚀性组分。常压下塔顶温度低于120℃左右时(塔壁温度更低)，则可能有水蒸气冷凝，生产腐蚀性水溶液，使塔体受到腐蚀。如加预汽化塔可将轻质馏分和腐蚀性组分预先除去。而后面加工的液体中重质馏分多，塔顶温度高即使有水蒸气的存在也不会凝结则可避免腐蚀。

③ 因原料油所含成分不同需要选取的汽化段数也不一样。如其中含有高黏度指数的润滑油组分，则选取较多的段数；若某些要汽化分离的组分常压沸点过高，则采用减压汽化段。

④ 原料油所要加工的途径不同，如欲得燃料油则不需要深度减压。

⑤ 如处理量较小则不需分很多段，否则应该分成较多的段。

根据页岩焦油、煤焦油、合成油的特点，一般不需要采取多段汽化的加工流程，在处理量不很大的加工厂采用一、二段就够了。

2. 常压管式炉加热式连续蒸馏装置

下面介绍几种类型的管式炉加热式连续蒸馏装备的工艺流程。

(1) 一段汽化装置　见图9-9，原料油由泵抽送，通过换热器和泥水沉降器而进入管式加热炉。煤焦油在炉中被加热到一定温度后，进入精馏塔中。在这里，将所需要的馏分依次分馏出来。

这种流程的优点在于，它能够使原料油在炉内的加热温度较低，因为当轻质馏分和重质馏分同时蒸发时，低沸点的馏分可降低重质馏分的沸点温度。

其缺点是当蒸馏含汽油较多的原料油时，必在加热设备和管路中保持较高的压力，不仅动力消耗高，也对设备和管路提出较高的要求增加了设备的造价，同时也可能造成馏出物的损失。因此上述设备，适用于处理汽油含量不高的原料油（汽油含量不超过15%）。

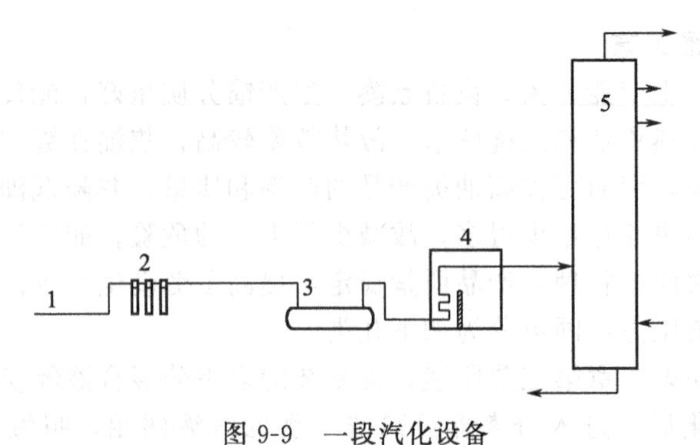

图 9-9 一段汽化设备

1—原料油泵；2—换热器；3—沉淀器；4—加热炉；5—精馏塔

（2）二段汽化装置 见图 9-10，原料油由焦油泵送到换热器中经过加热，并在泥水沉淀池中经过净化后进入第一精馏塔中，分出汽油，温度控制得当的话也可分出柴油。第一塔塔底残液用泵抽出送入加热炉加热升温后再进入第二塔。在第二塔中，再分馏几个馏分，从第二塔底抽出重油。这种设备适用于处理含轻质成分较多的原料油。

这种流程的缺点是较用一段蒸馏时加热温度高，同时设备增多，成本甚高，工艺相对比较复杂。另一种装置（见图 9-11）是使原料油经过预热，脱水以后，先进入一蒸发塔，在这里分出轻馏分，然后用泵自蒸发塔底将油抽出送入加热炉，再进精馏塔，同时将在蒸发塔中分出的轻馏分也送至精馏塔中。在这里和重质馏分同时进行精馏。

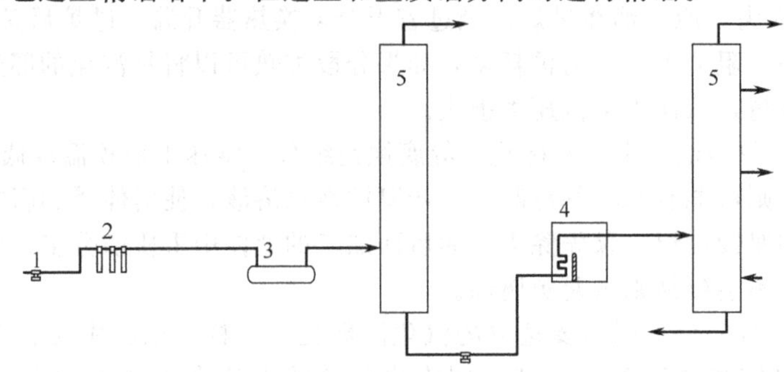

图 9-10 二段汽化设备

1—原料油泵；2—换热器；3—沉淀器；4—加热炉；5—精馏塔

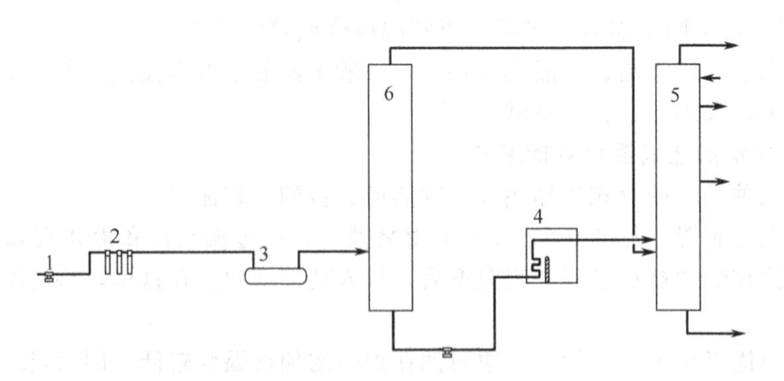

图 9-11 带有蒸发塔的蒸馏设备

1—原料油泵；2—换热器；3—沉降室；4—加热炉；5—精馏塔；6—蒸发塔

这种流程结合了前两种的优点：

① 将原料油中易挥发的轻质馏分以及水预先蒸出去，不仅加热炉热负荷降低，还可降低系统阻力，减少动力消耗。

② 在蒸发塔中未汽化的轻馏分和重馏分在一起蒸馏可在加热炉出口温度较低的条件下汽化。

这种装置处理含硫及腐蚀性组分少的原料油比较适合，其缺点是影响精馏塔处理量的提高。

（3）一级常压蒸馏装置　与前述一段汽化装置相似，一级常压蒸馏设备的流程如图 9-12 所示，其日处理量约为 30t。该设备所处理的原料为页岩煤焦油和焦化馏出油的混合物，焦油入厂后，应先在油罐用间接蒸汽加热沉降，以脱去水和油泥等。煤焦油罐中将煤焦油温度保持在 70℃左右，静置约两昼夜。分离出的水应该及时排放，油泥可以积累到一定时间后定期排放处理。

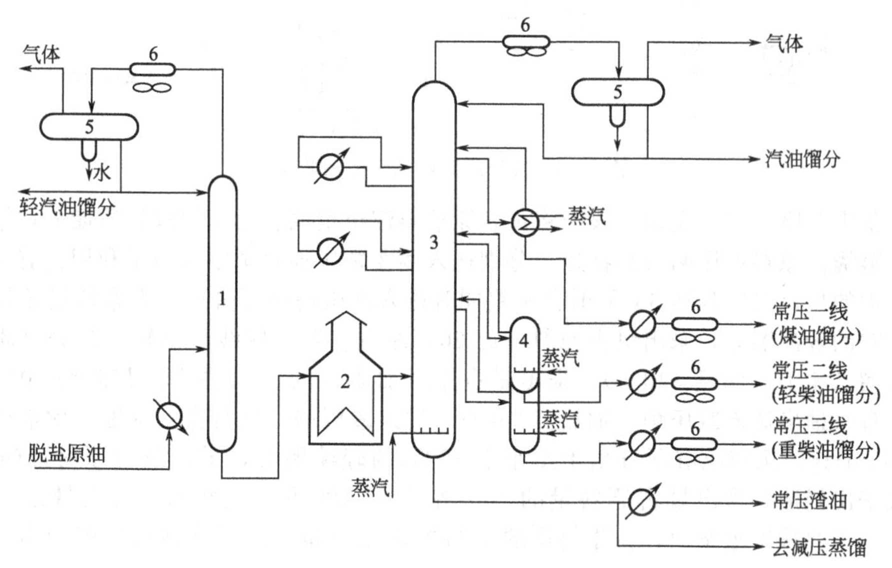

图 9-12　一级常压蒸馏装置

1—初馏塔；2—加热炉；3—常压蒸馏塔；4—汽提塔；5—回流罐；6—空气冷却器

煤焦油罐共有三个，一个用来接受干馏来的煤焦油；一个用于加温静置沉降分离；第三个作为原料油罐。因焦化馏出油不需沉降，入厂后可以直接送入该罐中。

煤焦油首先进入初馏塔进行初步蒸馏然后用焦油泵送入加热炉，经对流段及辐射段被加热至 370℃左右，然后进入分馏塔。该塔提馏段有 5 块塔盘。在塔中原料进口处可完成汽液分离过程，气体沿塔逐板上升，液体沿提馏段五层塔盘往下流，受到从塔底进入的过热蒸汽的汽提作用，使其中轻质馏分汽化。经过汽提后的残油由残油泵抽出，冷却后送去作焦化原料。

在塔的提馏段汽化的油气和水蒸气一起上升，通过精馏段 21 层塔盘进行精馏。精馏的结果从油气中逐次分离出所需的馏分，并经塔侧出口以液体状态排出。含蜡重柴油从 19 层塔盘采出，经冷却水箱 7 冷却后送入中间罐以待脱蜡。粗轻柴油自 14 层塔盘馏出，经冷却器冷却进入中间罐，其中一部分需要洗涤（一部分粗轻柴油不洗，用作干馏煤气的吸收油）。粗煤油自 9 层塔盘采出，在冷却水箱内冷却，送入中间罐，然后洗涤。粗汽油是从塔顶馏出，经冷却进入油水分离器，分去水分再进中间罐；一部分用泵送回塔顶作回流，一部分作半成品送去洗涤。

此装置采用内部汽提。内部汽提与外部汽提的区别，是外部汽提可减小主塔汽体流程，降低塔的高度，分馏效果较好，但设备复杂。因此减压塔不适用，容易漏气降低真空。

(4) 常减压二段汽化蒸馏装置　常减压二段汽化蒸馏装置与前述二段汽化装置类似，不同的是第二个精馏塔在减压下操作。常减压二段汽化蒸馏装置如图 9-13 所示，日处理页岩煤焦油 2000t。主要操作指标见表 9-2，各线馏出油质量见表 9-3。

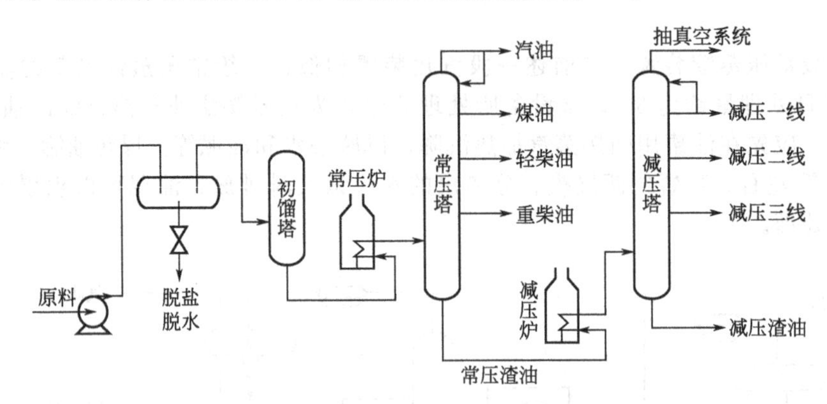

图 9-13　常减压二段汽化蒸馏装置

该设备由两段组成，在第一段中将页岩原油蒸馏至重油。为了提取轻质馏分在第二段中进行减压蒸馏。原料油用两台泵抽送，分别送入两座常压加热炉中（为了利用原有设备）进行加热。炉的出口温度到达 350℃时分两路同时进入常压塔进行分馏。在常压塔顶拔出凝固点为－12℃的轻油馏分，采出量占原料油的 20％左右；第一侧线采出轻质馏分（质量指标要求：蒸馏试验干点温度 340℃），采出量占原料油质量的 10％左右；其余约 70％的是重油，用两台泵抽出送入减压炉，加热至 360℃，进入减压塔，进行真空蒸馏。此塔塔顶真空度为 610mmHg。从减压塔顶分出干点小于 372℃的轻油馏分，采出量占原料量的 13％左右；一线采出轻油，采出量占原料量的 10％左右，二线采出轻柴油，采出量占原料量的 15％左右，三线采出重柴油，占原料量的 17％左右采出量；最后残油由塔底抽出，作为焦化原料。

为了提高汽油的产量，常将低温煤焦油加氢后再进行炼制。为了提高汽油的辛烷值，炼制时常采用催化裂化，促进烷烃脱氢、异构化、芳构化、环烷化等反应发生。

常减压所分出的三种轻油组分，根据需要进行混对，可得到轻柴油原料。

减压一线二线所产的轻重绿油，混合后进行脱蜡，减压塔底残油送去焦化。

该装置的特点是：

① 适用于处理量较大的页岩油加工厂，因为分两段蒸发，所以轻馏分收率比一般减压最高收率提高 8％～9％。

② 因为处理页岩油，而页岩油中不含汽油、煤油馏分，主要是柴油馏分。所以常压系统的温度一般比处理天然油要高。而减压系统由于不出黏度高的润滑油和不出塔底沥青，一般温度较低。

③ 本装置为了增加使用灵活性，除以二段蒸馏流程为基准外，在设计中还考虑可以单独运转，即当常压部分或减压部分发生故障时其他设备仍可单独进行生产。

各产品的产率：

常压塔顶馏出油收率	20.85％	绿油收率	37.4％
常压一线馏出油收率	10.1％	残油收率	17.5％
减压塔顶馏出油收率	13.5％	损失	0.65％

表 9-2 主要操作指标

指　　标	常　　压	减　　压
炉子出口温度/℃	350	360
塔顶温度/℃	250	240
塔底温度/℃	295	292
塔顶真空度/mmHg	—	610
一线温度/℃	256	268
二线温度/℃	—	302

表 9-3 各线馏出油质量

指　　标	常压塔顶	常压一线	减压塔顶	减压一线	减压二线
密度 d_4^{20}/(g/cm³)	84.53	863	884.7	884.5	894.7
闪点/℃	67	—	—	—	—
黏度 E_{60}^0	1.07	1.66	1.41	1.79	2.88
凝固点/℃	−25	+0.7	+15	+30	+40
初馏点/℃	193	260	261	338	343
10%	213	281	298	344	367
20%	225	284	311	353	377
30%	230	289	314	358	383
40%	239	291	318	361	386
50%	248	294	325	365	389
60%	254	297	330	369	396
70%	261	300	335	372	406
80%	267	304	345	389	—
90%	278	311	354	—	—
95%	288	327	363	—	—
干点	303	340	373	—	—

(5) 含硫原料的处理特点　页岩煤焦油与煤焦油中常含有硫化物，在加工过程中会生成对金属有腐蚀性的硫化物，如硫化氢、硫和硫醇等。硫化物对设备的腐蚀与温度及其其他介质的存在与否有关。例如：

① 温度 $t \leqslant 120$℃，硫化物未分解，在无水情况下，对设备无腐蚀；但当含水时，在轻油部位则形成 H_2S-H_2O 型腐蚀——难于控制的腐蚀。

② 120℃$<t\leqslant$240℃，硫化物未分解，对设备无腐蚀。

③ 240℃$<t\leqslant$340℃，H_2S 分解为 H_2 和 S，对设备发生腐蚀生成的 FeS 膜，具有防腐蚀作用；但有酸存在时（如盐酸和环烷酸），酸和 FeS 反应破坏了保护膜，强化了硫化物腐蚀。

④ 400℃$<t\leqslant$430℃，高温硫对设备腐蚀最快。

因此，在含硫化物的油类加工中，如何防腐蚀一向是人们关注的课题。经过多年的研究与生产实践，已经积累了丰富的经验。对于含硫原料的加工工艺流程如图 9-14 所示。对于流程作如下几点说明。

① 预蒸发塔操作温度低于 120～140℃，易挥发的硫化物与可燃物从原料油中逸出，即使逸出的气体混合物中含 H_2S 且不含水或水蒸气，也不会造成严重腐蚀；但若 H_2S 分压≥300Pa，介质中含有液相水或操作温度低于水蒸气露点，介质 pH<6（当介质中含氰化物时 pH>7）时，则构成 H_2S-H_2O 型腐蚀。防腐蚀的措施是：可在塔顶注入氨，用提高 pH 方

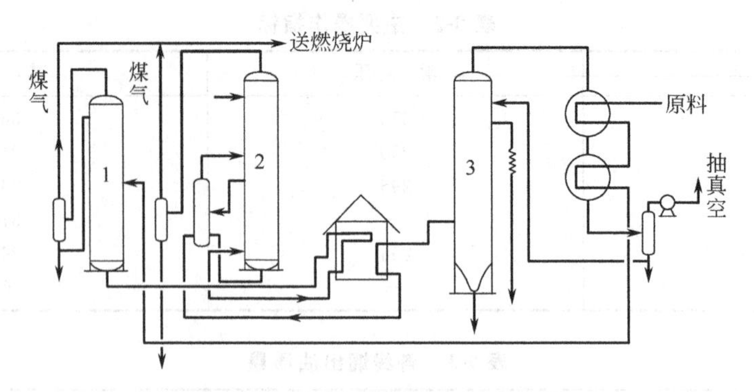

图 9-14 含硫原料的加工工艺流程

1—预蒸发塔；2—常压塔；3—减压塔

法缓解腐蚀。

② 对于含硫化物的原料油，在加热炉、常压塔和减压塔及其附属的分离器、冷凝冷却器等，则必须重视 H_2S 的腐蚀，硫腐蚀及氢鼓泡腐蚀。为防腐蚀，常压塔、减压塔不能用水蒸气蒸馏，对于设备制造材料的选用、焊接及热处理要提出一些特殊要求。

③ 各处排出的含硫化物气体，应经过脱硫处理后作燃料用。

④ 保证设备、管道严密，防止跑冒滴漏。散入大气，不仅腐蚀设备，而且有损人的健康。

Chapter 10

第十章 煤焦油加氢精制

中国是煤炭利用加工大国，在煤加工的过程中产生很多副产品，煤焦油是主要副产品。随着低温煤焦油技术的进步，人们发现利用其可生产替代石油的产品，从煤焦油中生产轻质燃料油产品（清洁柴油馏分或清洁车用汽油调和组分），是综合利用煤炭资源，提高企业经济效益的有效途径之一。本章对目前国际上常用的一些加氢技术作了阐述。

第一节 煤焦油加氢精制

一、概述

煤焦油的组成特点是硫、氮、氧含量高，多环芳烃含量较高，碳氢比大，黏度和密度大，机械杂质含量高，易缩合生焦，较难进行加工。

1. 煤焦油加氢的主要化学反应

(1) 煤焦油中的含氧化合物　煤焦油中可能存在各种各样的氧化产物，主要是羧酸类、羧酸酯类、醛类、酮类、醇类、酚类、过氧化物类等。含氧化合物是最容易加氢的，一般很快反应生成相应的烃及水，同时还伴着脱烷基、异构化、缩合、开环等反应。

(2) 煤焦油中的含硫化合物　含硫化合物存在较多的可能是噻吩类及氢化噻吩类构成的含硫化合物，反应难易也不同。硫化物、二硫化物在缓和加氢的条件下就迅速反应，生成相应的烃及硫化氢；环状硫化物如氢化噻吩加氢就要更难一些，因为它先要开环，再生成烃及硫化氢。噻吩类则就更难一些，首先是环的饱和，然后再开环，最后才是生成烃及硫化氢。

含硫化合物也能与加氢催化剂中的金属或金属氧化物反应，生成金属硫化物，其效应有时使催化剂的活性上升，有时使催化剂的活性下降或中毒。

(3) 煤焦油中的氮化合物　煤焦油中的氮化合物种类有胺类、吡啶类、吡咯等。一般脱氮比脱硫困难一些，从结构上看也是直链的较容易而环状的较难。

(4) 煤焦油中的不饱和烃类　煤焦油中的不饱和烃类主要是烯烃和芳烃。在煤焦油所选择的加氢条件下，烯烃的双键为氢所饱和；多环芳烃先开环后饱和，单环可能一般都不起变化。

（5）加氢脱金属

① 沥青胶束的金属桥的断裂：

$$R—M—R' \xrightarrow{H_2，H_2S} MS_2 + RH + R'H$$

式中，R、R′为芳基；M为金属。

②大分子类卟啉金属化合物的氢解：

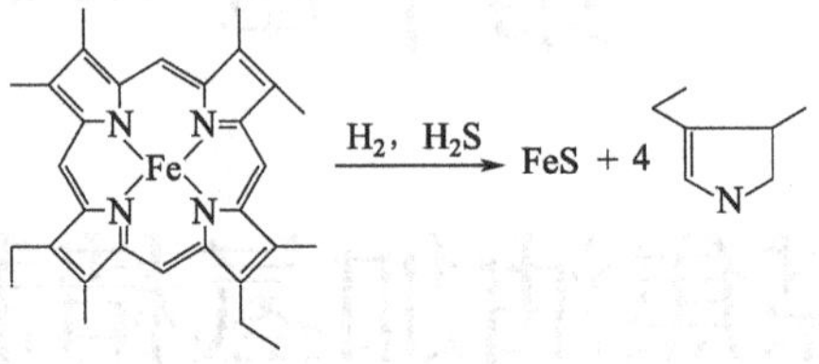

2. 煤焦油加氢专用催化剂DFM-1

DFM-1催化剂是根据煤焦油氮、铁含量高的特点，根据工艺要求以多种特制氧化铝为载体，以镍、钨为活性金属组分，并加入ⅤA族的某些非金属元素为助剂，采用饱和浸渍法研制而成，其主要的理化性质如表10-1所示。

表10-1 DFM-1催化剂的理化性质

项　目	数　据	项　目	数　据
比表面积/(m^2/g)	210	压碎强度/(N/cm)	> 150
孔容积/(mL/g)	0.47	外观形状	三叶草形
堆比/(g/mL)	> 0.7	粒度	ϕ1.6×(2～6)

由表10-1可以看出DFM-1煤焦油专用催化剂装填堆比小，孔体积大，比表面积大，强度好。

3. 催化剂活性评价

煤焦油加氢为多相催化反应，在加氢过程中，发生的主要化学反应有加氢脱硫、加氢脱氮、加氢脱金属、烯烃和芳烃加氢饱和以及加氢裂化等反应。除原料油性质对加氢反应有影响外，反应压力、反应温度、体积空速、氢油体积比等也是影响煤焦油加氢的主要因素。因此，对煤焦油进行工艺评价时，选择不同的反应压力、反应温度、体积空速、氢油体积比等工艺条件，考察DFM-1加氢催化剂的选择性、活性、稳定性。

二、生产工艺简介

煤焦油加氢工艺流程主要通过煤焦全煤馏分经过预处理过程，对低于500℃的馏分进行加氢精制后进行分馏，最后得到清洁柴油调和组分。

煤焦油加氢原料预处理过程一般采用蒸馏方法，煤焦油全馏分经过蒸馏后，部分胶质、沥青质、残炭就残留在重质馏分中，轻质馏分油的胶质、沥青质、残炭等杂质控制在一定范围内以满足加氢工艺需求。由于煤焦油全馏分的胶质、沥青质、残炭较高，采用加氢工艺时会堵塞催化剂的床层，产生压降，影响催化剂的运转周期，需要将影响催化剂运转周期的胶质、沥青质和残炭等杂质控制在一定范围内。

在煤焦油蒸馏过程，将厂家提供的有代表性的煤焦油全馏分，采用实沸点蒸馏装置，分馏出不同的馏分，通过对各个馏分油性分析及调和，选择适合加氢的煤焦油馏分。

1. 一般固定床加氢精制工艺

一般固定床加氢精制工艺流程见图10-1，反应器装填高耐水、抗结焦和高脱硫、氮活性的加氢精制催化剂，用于煤焦油馏分的加氢精制，反应产物经过换热后进入高压和低压分离器进行气液分离，分离出的液体产物进入稳定塔脱硫化氢后进产品分馏塔，切割出汽油调和馏分、柴油调和馏分产品。

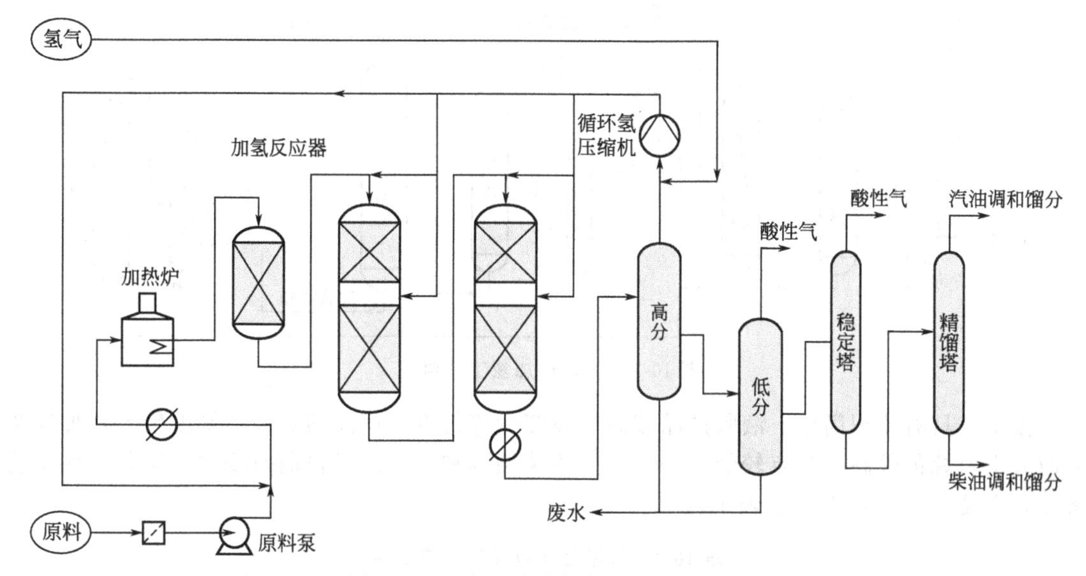

图 10-1　一般固定床加氢精制工艺流程

该工艺具有流程比较简单、液收产品较高、投资较少等特点。但是由于只有加氢精制段，产品质量改善明显，加氢柴油馏分十六烷值较低、凝点较高只能作为柴油调和组分。同时由于没有装填裂化催化剂，可能会产生部分未转化油。该工艺条件和产品性质见表 10-2，表 10-3。

表 10-2　一般固定床加氢工艺条件

催化剂	加氢催化剂	催化剂	加氢催化剂
氢分压/MPa	6.5～9.0	反应入口氢油体积比	800～1000
体积空速/h^{-1}	0.4～0.6	生成水收率/%	5.0～7.0
反应温度/℃	350～380		

表 10-3　一般固定床加氢产品性质

<160 汽油调和馏分	
相对密度	0.760～0.770
硫含量/(μg/g)	<10
氮含量/(μg/g)	<10
辛烷值	>85
>160 柴油调和馏分	
相对密度	0.870～0.890
硫含量/(μg/g)	<10
十六烷值	30～40

2. 固定床两段法加氢工艺

为了提高产品质量和液收率，某公司开发了采用加氢精制和加氢裂化两个反应段，反应器装填高耐水、抗结焦和高脱硫、氮活性的加氢精制催化剂和加氢缓和裂化剂，低温煤焦油馏分经过加氢精制后进入高压和低压分离器进行气液分离，分离出的液体产物进入稳定塔脱硫化氢后进产品分馏塔，切割出汽油调和馏分、柴油调和馏分产品。加氢尾油再进入加氢裂化反应段，进一步改质来改善产品质量。两段法加氢工艺流程见图 10-2。

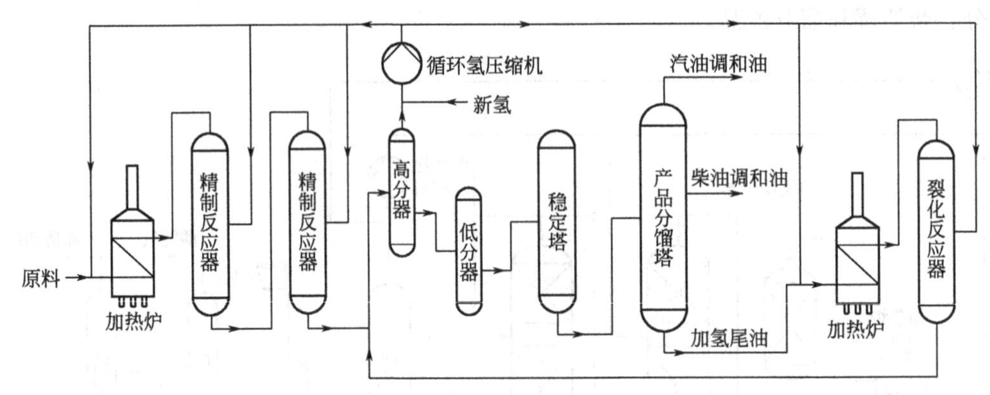

图 10-2 两段法加氢工艺流程

该工艺具有流程简单、液收产品较高、投资少等特点。产品质量改善幅度较大，加氢柴油馏分十六烷值较高、凝点较低，是非常好的柴油调和组分。是目前市场主流工艺。该工艺条件和产品性质见表 10-4、表 10-5。

表 10-4 加氢处理两段法工艺条件

催化剂	加氢精制	加氢裂化
氢分压/MPa	13.0～15.0	
体积空速/h^{-1}	0.4～0.6	0.4～0.6
总体积空速/h^{-1}	0.2～0.3	
反应温度/℃	360～380	370～400
反应入口氢油体积比	1000～1500	
生成水收率/%	5.0～7.0	

表 10-5 加氢处理两段法产品性质

<160 汽油调和馏分	
相对密度	0.750～0.780
硫含量/(μg/g)	<5
氮含量/(μg/g)	<5
辛烷值	>90
>160 柴油调和馏分	
相对密度	0.850～0.880
硫含量/(μg/g)	<10
十六烷值	35～45

3. 悬浮床加氢工艺

悬浮床加氢技术目前处于工艺示范推广阶段，该技术是在固定床加氢裂化的基础上，探索出的一种全新型的高转化率、高收率、低能耗的悬浮床加氢裂化技术，对中低温煤焦油、劣质渣油实现全馏分加氢操作，并可对油-煤混合物实现高效转化。其工艺流程见图 10-3。

该工艺最大的优点就是能转化各类渣油、重油，甚至还可以混炼劣质煤。该工艺条件和产品性质见表 10-6、表 10-7。

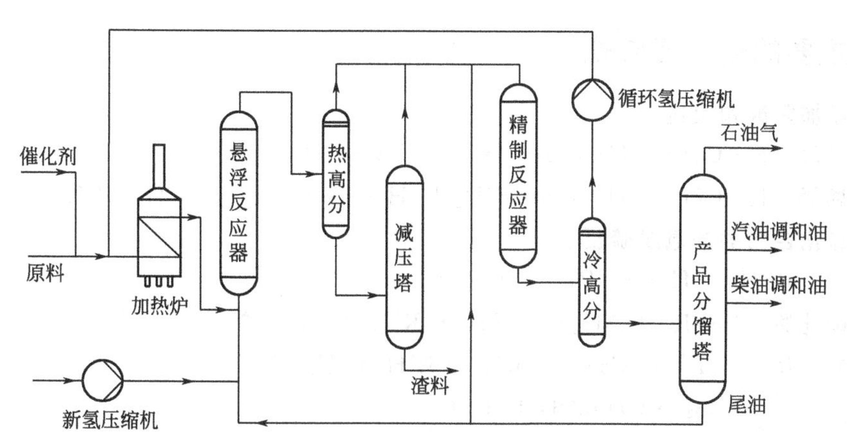

图 10-3　悬浮床加氢工艺流程

表 10-6　悬浮床加氢工艺条件

工艺条件	悬浮床	固定床	工艺条件	悬浮床	固定床
反应压力/MPa	21.0	20.0	氢油比/(m^3/t)	760	900
反应温度/℃	450～465	340～365	空速/h^{-1}	0.5	1.0

表 10-7　悬浮床加氢产品性质

产品	石脑油	柴油	产品	石脑油	柴油
密度(20℃)/(g/cm^3)	0.7649	0.8492	10%/℃	87.8	216.3
S/$\times10^{-6}$	<1	<5	30%/℃	106.9	239.0
N/$\times10^{-6}$	<1		50%/℃	124.6	262.1
十六烷值指数	—	46	90%/℃	151.4	327.9
闪点/℃		68	95%/℃	155.4	339.7
ASTM	D86	D86	98%/℃	168.7	355.2
1%/℃	50.9	182.5			

以上工艺是河北集美工程技术有限公司开发的，前两种工艺具有工艺成熟、投资小、产品质量改善明显的特点，是目前市场主流工艺，适合中低温煤焦油和煤焦油的馏分油加氢轻质化。后一种工艺具有工艺先进、对原料适应范围较广、产品质量改善较好但投资较大的特点，是属于未来发展方向的一种工艺，适合煤焦油的全馏分以及常减压渣油加氢轻质化，同时也是劣质褐煤液化的新技术。

第二节　蒽油加氢精制

一、概述

蒽油是煤焦油经高温蒸馏得到的初加工产品，由化学组成90%以上的芳烃及少许胶质组成。国内许多化工厂将蒽油进一步浓缩，生产粗蒽作为最终产品出售，也有的用溶剂萃取法和蒸馏法提取蒽，但这些工艺存在产品纯度低、能耗高、产品的附加值小、经济效益差等缺点，对资源造成极大浪费。而目前国内的柴油市场对柴油的需求却在日益增加，同时石油资源越来越短缺和紧张，价格不断上涨，因此，用焦化副产品蒽油加氢制备合格柴油及柴油调和组分也是一种有效途径，可以大大提高了蒽油的附加值。

二、主要的化学反应式

1. 烯烃加氢饱和反应

① 单烯烃 $R—CH=CH_2+H_2 \longrightarrow R—CH_2—CH_3$

② 双烯烃 $R—CH=CH—CH=CH_2+2H_2 \longrightarrow R—CH_2—CH_2—CH_2—CH_3$

2. 含硫化合物的加氢脱硫反应

① 硫醇 $RSH + H_2 \longrightarrow RH + H_2S\uparrow$

② 二硫化物 $RSSR' + 3H_2 \longrightarrow RH + R'H + 2H_2S\uparrow$

③ 硫醚 $R—S—R' + 2H_2 \longrightarrow RH + R'H + H_2S\uparrow$

④ 噻吩 $+ 4H_2 \longrightarrow CH_3CH_2CH_2CH_3 + H_2S\uparrow$

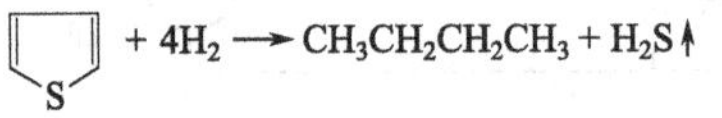

⑤ 苯并噻吩 $+ 3H_2 \longrightarrow$ (乙苯, CH_2CH_3) $+ H_2S\uparrow$

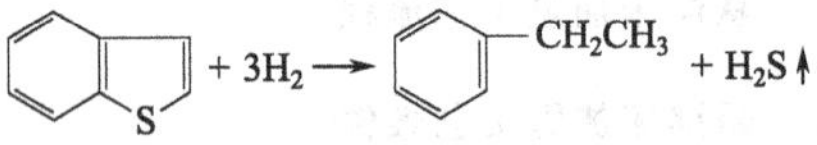

⑥ 二苯并噻吩 $+ 2H_2 \longrightarrow$ (联苯) $+ H_2S\uparrow$

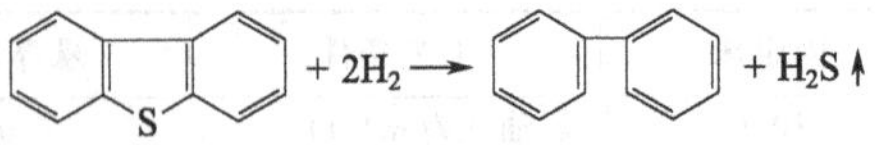

3. 加氢脱氮过程主要反应

① 胺类 $RNH_2 + H_2 \longrightarrow RH + NH_3$

② 腈类 $RCN + 3H_2 \longrightarrow RCH_3 + NH_3$

③ 吡咯 $+ 4H_2 \longrightarrow C_4H_{10} + NH_3$

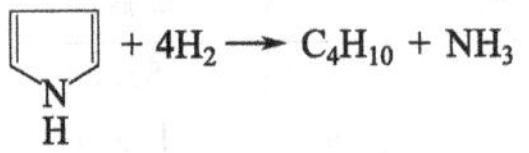

④ 吲哚 $+ 3H_2 \longrightarrow$ (C_2H_5) $+ NH_3$

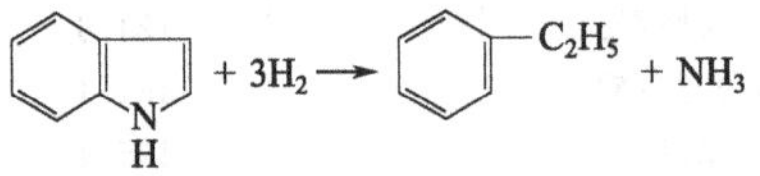

⑤ 吡啶 $+ 5H_2 \longrightarrow C_5H_{12} + NH_3$

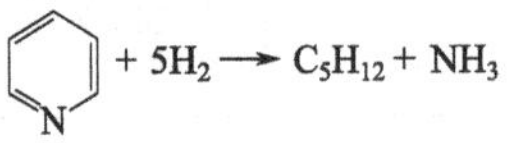

⑥ 喹啉 $+ 4H_2 \longrightarrow$ (C_3H_7) $+ NH_3$

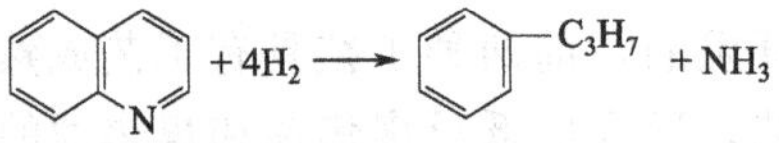

⑦ 吖啶 $+ 2H_2 \longrightarrow$ $+ NH_3$

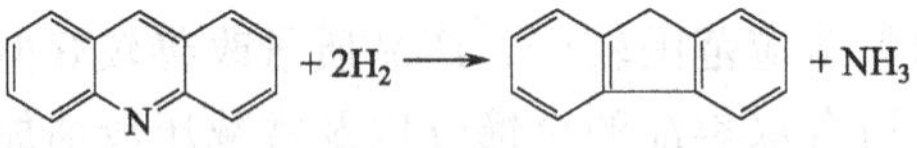

⑧ 咔唑 $+ 2H_2 \longrightarrow$ $+ NH_3$

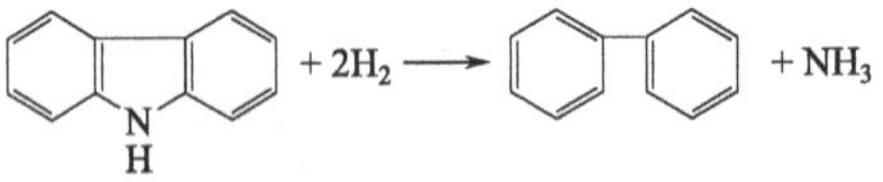

4. 加氢脱氧过程主要反应

① 呋喃 $+ 4H_2 \longrightarrow n\text{-}C_4H_{10} + H_2O$

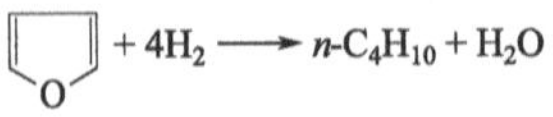

② 二氢呋喃 $+ 3H_2 \longrightarrow C_4H_{10} + H_2O$

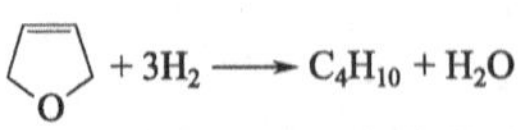

③ 四氢呋喃 $+ 2H_2 \longrightarrow n\text{-}C_4H_{10} + H_2O$

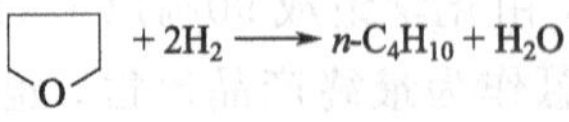

④ 苯并二氢呋喃 $+ 2H_2 \longrightarrow$ (C_2H_5) $+ H_2O$

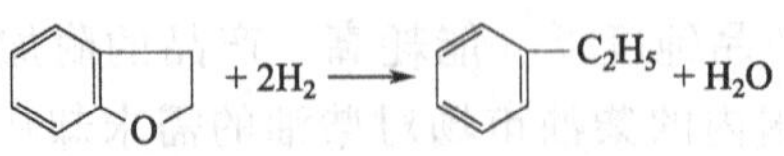

⑤ 二苯并呋喃 $+ 2H_2 \longrightarrow$ $+ H_2O$

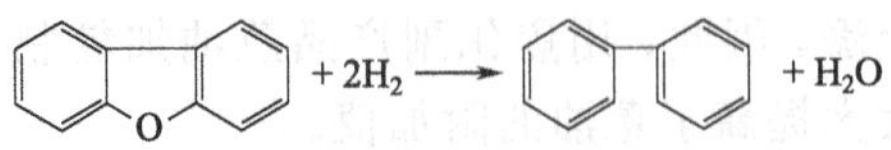

5. 芳烃加氢饱和反应

① 苯 $C_6H_6 + 3H_2 \longrightarrow C_6H_{12}$

② 萘 $C_{10}H_8 + 2H_2 \longrightarrow C_{10}H_{12}$；$C_{10}H_8 + 5H_2 \longrightarrow C_{10}H_{18}$

③ 菲 $C_{14}H_{10} + 7H_2 \longrightarrow C_{14}H_{24}$

④ 蒽 $C_{14}H_{10} + 7H_2 \longrightarrow C_{14}H_{24}$

催化剂加氢脱金属就是通过加氢工艺脱出原料重质油的金属有机杂质。蒽油中一般含有金属组分，它们的存在会造成加氢过程催化剂的孔堵塞或催化剂活性位的破坏，因此重质蒽油加氢过程金属组分的脱除是理所当然的。重质油中的金属组分主要是钒和镍，其中多以油溶性有机金属化合物或其复合物、脂肪酸盐或胶体悬浮物形态存在于油中，所以重油脱金属过程实质上就是镍和钒的脱除。

三、工艺流程简述

总体工艺路线为"蒽油减压分馏—分路加氢精制—精制产物分离—选择加氢裂化—产物分离"。

1. 蒽油分馏部分

从罐区来的原料脱晶蒽油、重质洗油由原料油预热器加热至 80℃，经原料油过滤器进入原料油缓冲罐，然后由原料油升压泵升压至 1.00MPa 进入重蒽油/原料油换热器，与蒽油分馏塔塔底油换热至 122℃后进入循环油/原料油换热器，与循环油换热至 310℃后进入蒽油分馏塔进料加热炉，加热到 320℃进入蒽油分馏塔，来自加氢精制分馏部分的重石脑油（温度为 40℃，压力为 0.6MPa）进入蒽油分馏塔上段。所有进料分馏为塔顶轻油、中段轻蒽油和塔底重蒽油。

蒽油分馏塔塔顶油气（温度为 94℃，压力为－0.04MPa）依次经蒽油分馏塔顶空冷器、蒽油分馏塔顶水冷器冷却至 40℃后进入蒽油分馏塔顶回流罐，分离为塔顶不凝气、轻油和含油污水。轻油经蒽油分馏塔顶回流泵升压至 0.75MPa 后分两路，一路塔顶回流，另一路为轻质馏分油去加氢精制部分；含油污水经蒽油分馏塔顶含油污水泵升压至 0.5MPa 后进入抽空系统撇油罐。

蒽油分馏塔顶不凝气经蒽油分馏塔顶抽空器和抽空蒸汽一起进入抽空系统水冷器，冷却至 40℃后进入抽空系统撇油罐，分离为污油和含油污水，污油经抽空系统污油泵送至灌区，含油污水经抽空系统含油污水泵送出装置。

蒽油分馏塔中段抽出的轻蒽油经蒽油分馏塔中段抽出油泵升压至 0.8MPa 进入中段抽出油水冷器，冷却到 40℃后与塔顶轻油汇合去加氢精制部分。

蒽油分馏塔底重蒽油经蒽油分馏塔底泵升压至 0.8MPa 进入重蒽油/原料油换热器，换热到 260℃后，作为重质馏分油去加氢精制部分。

2. 压缩机部分

自装置外来的新氢（温度为 40℃，压力为 0.75MPa）通过新氢压缩机进行四级压缩升压至 18.3MPa（温度为 130℃）后，去加氢精制部分。

自加氢裂化部分来的裂化高分气（温度为 45℃，压力为 15.8MPa）经循环氢压缩机进行一级压缩升压至 18.3MPa（温度为 60℃）后分为两部分，一部分作为循环氢去加氢精制部分，另一部分作为冷氢去加氢裂化部分。

3. 加氢精制部分

自蒽油分馏部分来的轻蒽油通过轻蒽油过滤器进入轻蒽油缓冲罐，经轻蒽油升压泵升压至18.3MPa后进入反应流出物/反应进料换热器。

自蒽油分馏部分来的重蒽油通过重蒽油过滤器进入重蒽油缓冲罐，经重蒽油升压泵升压至18.1MPa后进入一段第二加氢反应器。

自压缩部分来的循环氢分两路，一路作为冷氢分别至加氢精制段五台反应器的共13个加冷氢点（通过调节冷氢量控制反应器床层入口温度）；另一路作为循环氢与来自压缩部分的新氢汇合后进入热高分气/氢气换热器。

自热高分气/氢气换热器换热至250℃后的热氢分两部分，一部分与升压后的轻蒽油汇合后进入反应流出物/反应进料换热器，换热至287℃后进入一段第一加氢反应器；另一部分依次进反应流出物/热氢气换热器、一段氢气加热炉（调节反应器入口温度）。

自一段氢气加热炉加热至354℃的热氢分两路，一路与反应流出物/反应进料换热器出来的轻蒽油、混氢汇合（温度为297℃）后进入一段第一加氢反应器（氢耗约为7635m^3/h，应使一段第一加氢反应器内氢油比不低于1500：1），另一路与一反流出物、重蒽油汇合（温度为316℃）进入一段第二加氢反应器。

一段第二加氢反应器反应流出物依次进入一段第三加氢反应器、一段第四加氢反应器、一段第五加氢反应器完成预期加氢反应。一段第五加氢反应器反应流出物（温度为420℃）依次经反应流出物/热氢气换热器、反应流出物/循环油换热器、反应流出物/反应进料换热器、反应流出物/循环油换热器换热至280℃进入热高压分离器，分离为热高分油和热高分气。热高分油一部分直接去裂化部分；另一部分进热低压分器，分离为热低分油和热低分气，热低分油进加氢精制分馏部分；热低分气经热低分气水冷器冷却至48℃进冷低压分器。热高分气进入热高分气/氢气换热器换热至226℃，与注入的脱盐水一起经热高分气空冷器冷却至48℃后进入冷高压分离器，分离为冷高分气、冷高分油和酸性水。冷高分气至裂化部分，酸性水进含硫污水罐，冷高分油进冷低压分离器进行油、水、气三相分离，冷低分气出装置，冷低分油至稳定部分，酸性水进含硫污水罐经油水分离后含硫污水由含硫污水泵送出装置，污油经含硫污水撇油泵送至污油总管线。

4. 稳定部分

自加氢精制部分来的热低分油进入热低分油稳定塔，用过热汽提蒸汽作塔底热源，分馏为塔顶气、塔底油，塔底油至蒽油分馏部分，塔顶气与加氢精制部分来的冷低分油汇合进入冷低分油稳定塔。冷低分油稳定塔以分馏塔底循环油作塔底再沸器热源；塔顶气经水冷器冷却至40℃，之后进入塔顶回流罐分为塔顶气、塔顶液、含硫污水，其中稳定塔顶气至加氢分馏部分，含硫污水至含硫污水罐，塔顶液经泵加压至0.9MPa后回流；冷低分油稳定塔底油分两路，一路经塔底再沸器加热至312℃返回冷低分油稳定塔，另一路由泵加压至1.0MPa，经与冷低分油进料换热后再经空冷器冷却至50℃作裂化部分冷进料。

5. 加氢裂化部分

自压缩部分来的冷氢分两路，一路作为冷氢分别至加氢裂化段两台反应器的共7个加冷氢点（通过调节冷氢量控制反应器床层入口温度），另一路作为备用冷氢进二段反应流出物空冷器。

自加氢精制部分来的热高分油作为裂化段第一反应器进料；自冷低分油稳定塔底来的塔底油作为裂化段第二反应器进料。来自一段的冷高分气分两部分，一部分作为过剩氢进二段反应流出物空冷器；另一部分作为循环氢进入二段反应流出物/氢气换热器换热至274℃后分两路，一路与热高分油（重组分油）汇合进入二段反应流出物/尾油换热器换热至340℃，再经二段反应进料加热炉加热至390℃（压力为16.7MPa）后进入二段第一加氢反应器（此部分循环氢的量约为14569m^3/h，维持二段第一加氢反应器入口氢油比不低于1200∶1)；剩余的循环氢与裂化冷进料（轻组分油）混合后进入二段反应流出物/反应进料换热器换热至350℃，再与二段第一加氢反应器反应流出物汇合（温度为374℃，压力为16.5MPa）后进入二段第二加氢反应器。

二段第二加氢反应器出来的反应流出物依次经二段反应流出物/反应进料换热器、二段反应流出物/尾油换热器、二段反应流出物/氢气换热器、二段反应流出物/低分油换热器换热，再与来自一段的脱盐水、备用冷氢、过剩氢汇合，通过二段反应流出物空冷器冷却48℃后进入二段高压分离器（压力为15.8MPa)，分离为裂化高分气和高分油。裂化高分气至压缩部分，高分油进入二段低压分离器（压力为2.0MPa）分离为裂化低分气、含硫污水和低分油。裂化低分气出装置，含硫污水至一段的含硫污水罐，低分油经二段反应流出物/低分油换热器换热至252℃后至分馏部分。

6. 分馏部分

来自裂化部分的低分油经低分油/循环油换热器预热后进入分馏塔，分馏为塔顶气、塔顶液和塔底油。分馏塔顶油气经热水/分馏塔顶气换热器、分馏塔顶油空冷器、分馏塔顶后冷器冷却至40℃后进入分馏塔顶回流罐，出来的塔顶油经分馏塔顶回流泵升压至2.0MPa后分两路，一路塔顶回流，另一路作为石脑油稳定塔进料。塔顶不凝气进入干气系统。

分馏塔底油（温度为324℃，压力为0.53MPa）经分馏塔底泵升压至1.25 MPa后分为两部分，一部分经分馏塔底重沸炉加热至332℃后返回分馏塔底；剩余部分分为六路，其中五路分别换热后与第六路汇合（温度为278℃）进循环油空冷器，冷却到250℃后再分两路，一路经塔底再沸器、空冷器冷却至45℃后作为燃料油出装置，另一路进入循环油缓冲罐，再经换热后升温至326℃后回分馏塔底。

自分馏塔顶来的粗石脑油经石脑油稳定塔进料换热器换热至120℃后进入石脑油稳定塔中段，分馏为石脑油稳定塔顶气、粗液化气和稳定石脑油。

石脑油稳定塔顶油气（温度为67℃，压力为1.2MPa）经石脑油稳定塔顶水冷器冷却至40℃后进入石脑油稳定塔顶回流罐，分离为石脑油稳定塔顶气、含硫污水和石脑油稳定塔顶油。石脑油稳定塔顶气进干气系统，含硫污水至一段含硫污水罐，石脑油稳定塔顶油经石脑油稳定塔顶回流泵升压至2.0MPa后分两路，一路塔顶回流，另一路粗液化气作为液化气稳定塔进料。石脑油稳定塔底液（温度为238℃，压力为1.22MPa）分两路，一路经石脑油稳定塔再沸器（分馏塔塔底循环油作为热源）加热至245℃后返回石脑油稳定塔塔底；另一路稳定石脑油，依次经石脑油稳定塔进料换热器、稳定石脑油水冷器冷却至40℃后进产品灌区。自石脑油稳定塔顶来的粗液化气进入液化气稳定塔中段，分馏为液化气稳定塔顶气和稳定液化气。

液化气稳定塔顶油气经塔顶循环水冷却后不凝气进入干气系统。液化气稳定塔底液一部分经液化气稳定塔再沸器（分馏塔塔底循环油作为热源）加热后返回液化气稳定塔塔底；另一部分液化气进入液化气脱硫反应器脱硫，脱硫后液化气经稳定液化气水冷器冷却至40℃后进入液化气缓冲罐，之后送去产品灌区。

为了抑制硫化氢对塔顶管道和冷换设备的腐蚀，对有硫化氢存在的塔顶管道采用注入缓蚀剂措施。缓蚀剂自缓蚀剂罐经缓蚀剂泵注入塔顶管道。

Chapter 11

第十一章

煤焦油加工厂环境保护

焦油中含有多环芳烃和杂环芳烃等有机物，在煤焦油加工过程中这些有机物会以废气、废水、废渣等形式排出，对人体和环境影响较大。为了控制污染，煤焦油加工厂都必须按照国家的环境保护法律法规，采取有效的环境污染治理设施，减少煤焦油加工过程中污染物的排放，同时尽量对废物进行再生利用，使经济与环境保护协调发展。

第一节　大气污染控制

大气污染主要来自加工和储存煤焦油馏分时的不凝气和沥青工艺设备放气孔排放的沥青烟，产品装入储槽时放散的有害物以及焦油和其他油罐储槽放气孔排放的有害物。煤焦油加工厂的大气污染物主要有萘、酚、吡啶和沥青烟。

一、含萘烟气的控制

（一）萘的来源与性质

萘是在煤焦油蒸馏、萘油馏分加工以及萘成品的制片、包装和储运过程中逸散的。萘在常温下就有较高的蒸气压，易升华而逸散于大气，因此以凝华而悬浮于大气中的萘为主。

萘有特殊臭味，其阈值为 0.01mg/m^3，可通过人的呼吸系统或皮肤进入肌体使人中毒，会损害神经系统、胃肠和肝脏，导致视神经炎、晶状体混浊、植物神经失调、胃液分泌失调以及肝脏和胰脏功能失调等。当萘质量含量为 250～870mg/m^3 时，迅速引起头痛、恶心、眼灼痛和流泪等中毒症状。因此，有些国家对作业环境中萘含量的允许质量浓度作了规定，例如美国的浓度限值为 50mg/m^3。此外，萘具有爆炸性，空气中萘粉尘的爆炸范围为 1.7%～8.2%，萘蒸气的爆炸范围为 0.9%～5.9%。

（二）含萘烟气的控制

1. 吸收法

回收萘蒸气通常采用吸收法，采用洗油作为吸收剂。图 11-1 是萘熔融-结晶精制工艺中含萘尾气的回收净化流程。

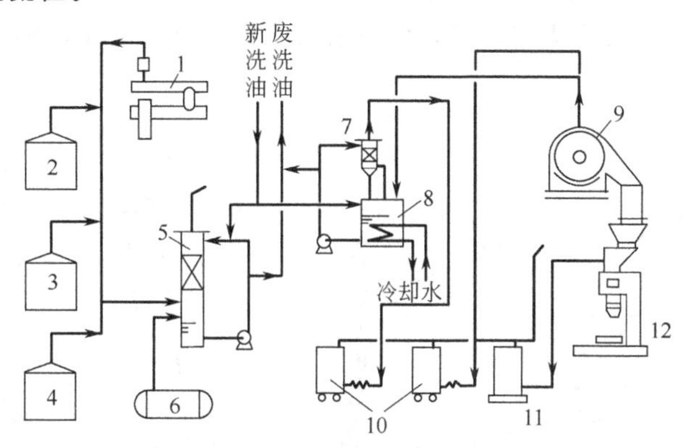

图 11-1 含萘尾气回收净化工艺流程

1—萘精制机；2—工业萘槽；3—晶析残油槽；4—晶析萘槽；5—尾气净化塔；6—精萘槽；7—升华萘净化器；8—洗油槽；9—萘结晶机；10—移动式袋滤器；11—固定式袋滤器；12—称量包装机

来自萘精制机、工业萘槽、晶析残油槽、晶析萘槽和精萘槽等的含萘尾气，从下部进入装有填料的尾气净化塔，与塔顶喷洒的循环洗油逆向接触，净化后从塔顶直接排放。来自萘转鼓结晶机的含升华萘较多的尾气，导入洗油槽和升华萘净化器，吸收脱除部分萘后，尾气再经袋滤器过滤后排放。

萘被洗油吸收，当尾气净化塔和洗油槽中循环洗油含萘过高时，定期外排一部分循环洗油至萘蒸馏装置，以回收其中的萘，同时补充部分新洗油。

除上述塔式吸收器外，也可采用文氏管净化吸收装置进行吸收。采用同向流的文氏管净化过程为第一级吸收，采用逆向流的消烟塔为第二级吸收，两级吸收效率达 99%。净化后的放散气体送管式炉完全焚烧，其工艺流程如图 11-2 所示。

2. 袋式过滤法

袋式过滤法是利用布袋除尘器从尾气中分离回收粉尘的一种高效的方法。含尘尾气先通过清洁滤料过滤，随着截留在滤料上的萘尘不断增加，覆盖在滤料表面而形成粉尘层后，含尘尾气的净化主要靠粉尘层的过滤作用，滤布只对粉尘过滤层起支撑作用。袋式过滤器对大于 1μm 的尘粒，除尘效率大于 98%，尾气经袋滤器后可直接外排。由于尾气萘尘含量有可能达到爆炸范围，袋滤器应采取消除静电等防爆措施。袋式除尘器除尘机理如图 11-3 所示。

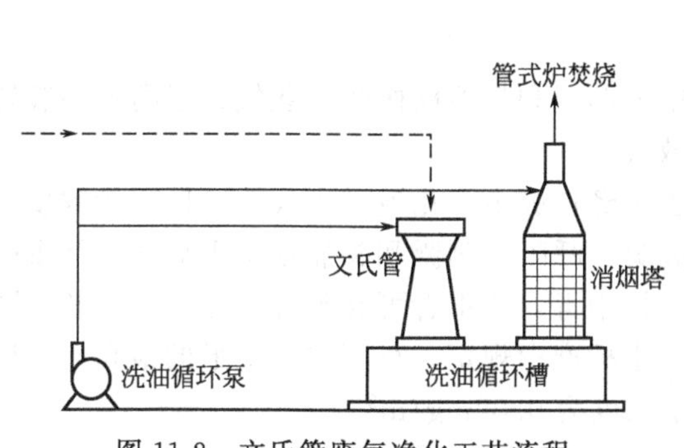

图 11-2 文氏管废气净化工艺流程

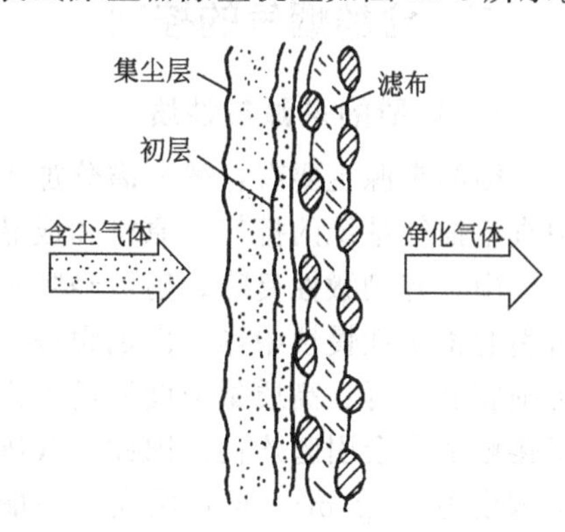

图 11-3 袋式除尘器除尘机理

粉尘层的清除一般采用机械振动或脉冲喷吹，清理下的萘粉返回工艺系统回收利用。机械振动清灰是利用周期性的机械振动使滤袋产生振动，从而使沉积在滤袋上的灰尘落入灰斗的一种除尘器，如图 11-4 所示。机械振打袋式除尘器的过滤风速一般取 1.0～2.0m/min，阻力 800～1200Pa。该方法清灰效果好，但滤袋常受到机械力的作用而损坏较快，滤袋的检修和更换工作量较大。

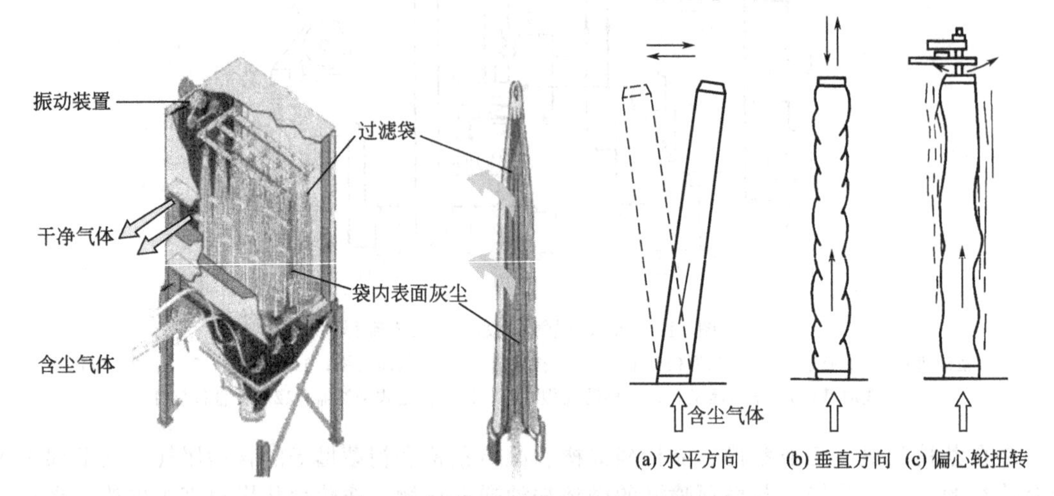

图 11-4　机械清灰袋式除尘器及三种清灰方式

脉冲喷吹袋式除尘器是目前中国生产量最大、使用最广的一种袋式除尘器。由脉冲控制仪、控制阀、脉冲阀、脉冲喷吹系统（包括喷吹管及压缩空气包）。其喷吹原理为：含尘气体由下锥体引入脉冲喷吹袋式除尘器，粉尘阻留在滤袋外表面，通过滤袋的净化气体经过文氏管后进入上箱体，从出气管排出。滤袋表面的粉尘负荷增加到一定阻力时，脉冲控制仪触发各控制阀，开启脉冲阀，气包内的压缩空气通过喷吹管各喷孔以接近声速的速度喷出一次空气流，通过引射器诱导二次气流一起喷入袋室，使得滤袋瞬间急剧膨胀和收缩，从而使滤袋上的粉尘脱落。清灰过程中每清灰一次，即为一个脉冲。脉冲周期是完成滤袋一个清灰循环的时间，一般为 60s 左右。脉冲宽度就是喷吹一次所需要的时间，为 0.1～0.2s。这种除尘器的优点是清灰过程不中断滤袋工作，时间间隔短，过滤风速高，效率在 99%以上。但脉冲控制系统较为复杂，而且需要压缩空气，要求维护管理水平高。图 11-5 脉冲喷吹袋式除尘器的结构示意图。

二、含酚烟气的控制

(一) 酚的来源与性质

酚的来源主要有：酚油馏分加工装置中酚钠分解器和粗酚储槽的放散气；粗酚精制装置中真空抽气系统的排气；原料和成品储槽的放散气。

酚具有刺激性臭味。酚可经呼吸道吸入，也可经口腔由消化道进入人体。低质量浓度酚可引起蓄积性慢性中毒，出现腹泻、黑尿、口腔炎、呼吸道刺激和头痛眩晕等症状，严重的可损害肝、肾。高质量浓度酚进入人体可引起急性中毒，严重者可导致昏迷死亡。皮肤和眼睛接触酚也会引起灼伤。因此，我国工业设计卫生标准中规定，车间空气中酚的最高允许质量浓度为 $5mg/m^3$；居住区大气中最高允许质量浓度为 $0.02mg/m^3$。

(二) 含酚烟气的控制

对含酚烟气的控制，通常采用碱液吸收法进行净化回收。酚与碱反应，生成难于挥发的酚钠，并溶于稀碱溶液，其反应为：$C_6H_5OH+NaOH \longrightarrow C_6H_5ONa+H_2O$。当碱溶液的

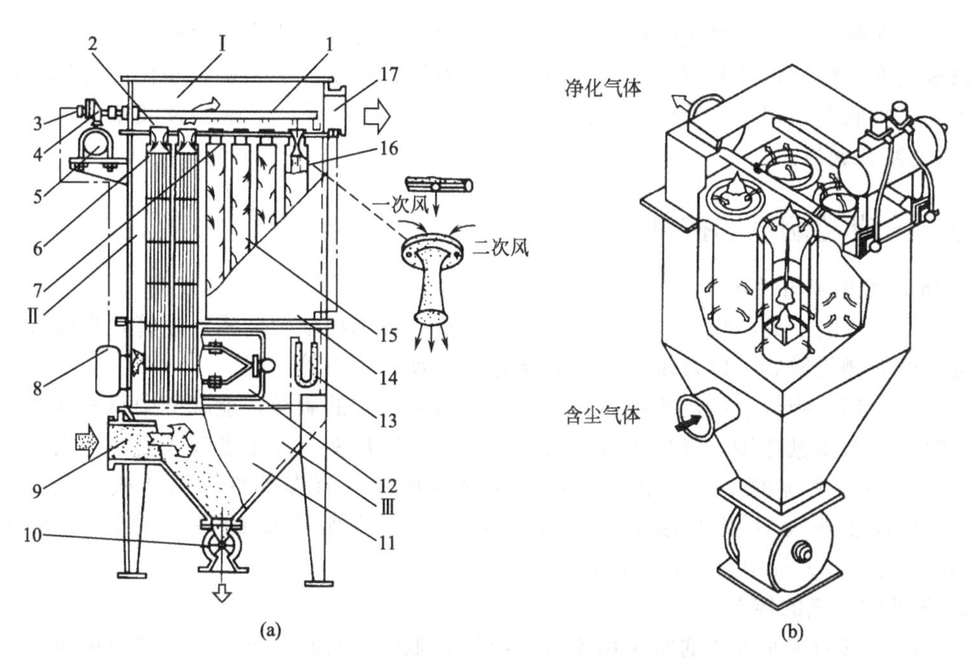

图 11-5　脉冲喷吹袋式除尘器的结构示意图

1—喷吹管；2—喷吹孔；3—控制阀；4—脉冲阀；5—压缩空气包；6—文丘里管；7—多孔板；8—脉冲控制仪；9—含尘空气进口；10—排灰装置；11—灰斗；12—检查门；13—U形压力计；14—外壳；15—滤袋；16—滤袋框架；17—净化后气体出口

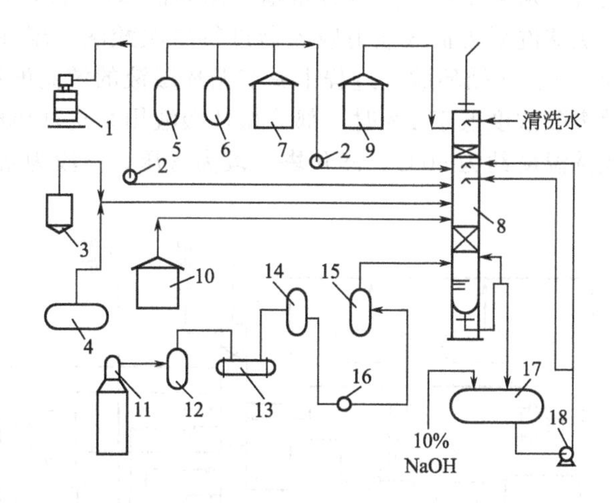

图 11-6　含酚尾气碱洗净化工艺流程

1—装桶设施；2—鼓风机；3—分离槽；4—中和槽；5—装桶槽；6—产品槽；7—馏分槽；8—净化塔；9—酚钠槽；10—粗酚槽；11—蒸馏塔分凝器；12—气液分离槽；13—冷凝器；14—真空槽；15—气液分离器；16—真空泵；17—碱液循环槽；18—循环碱液泵

初始浓度为 20%、温度低于 50℃、碱利用率小于 50%时，尾气中酚的平衡质量浓度可降至 $5mg/m^3$ 以下。为了提高吸收效果，应适当降低吸收温度，保持稍高的游离碱浓度。

采用碱液吸收法净化含酚尾气的工艺流程如图 11-6 所示。来自装桶设施、分离槽、中和槽、产品槽、馏分槽、酚钠槽和粗酚槽等装置或容器的含酚烟气浓度较低，从净化塔的中部进入，经喷淋进行吸收；酚蒸馏塔分凝器经过气液分离槽、冷凝器、真空槽、气液分离器后，烟气中仍含有质量浓度较高的酚，从进入净化塔底部进入，经填料塔进行吸收。吸收剂从上部进入净化塔，依次经过喷淋塔和填料塔吸收低浓度和高浓度的含酚废气。喷淋塔内设两层碱液喷嘴，塔顶设除雾器，并配有清洗除雾器的自来水冲洗系统。净化后的烟气从塔顶排入大气。吸收剂采用10%的碱溶液，经过两段循环吸收后，当循环碱液浓度降至1%～2%时，更换新碱液。

三、含吡啶烟气的控制

1. 吡啶的来源与性质

吡啶主要来自三处：煤焦油精制车间硫酸吡啶分解和粗吡啶储槽放散管，粗吡啶精馏装置和吡啶碱储槽放散管，以及吡啶碱产品储运、装桶和装车等过程。

吡啶碱可通过吸入、经皮吸收等进入人体，具有强烈的刺激，能麻醉中枢神经系统，对眼及上呼吸道有刺激作用，慢性中毒可引起肝脏和肾脏病变。高浓度吸入后，可引起人体全身性中毒和神经系统的损伤。吡啶与空气的混合物还具有爆炸性，爆炸极限为1.8%～12.4%。中国工业设计卫生标准中规定，车间空气中吡碇碱的最高允许质量浓度为4mg/m^3，居住区大气中为0.08mg/m^3。

2. 含吡啶烟气的控制

含吡啶烟气的控制方法通常采用硫酸吸收法，吡啶碱与硫酸反应，生成硫酸吡啶。

吡啶烟气酸洗吸收净化工艺流程如图11-7所示，主要设备有净化塔、循环泵、酸洗循环槽和喷射吸收器等。设备和管道均需用防腐不锈钢制造。净化塔分上、下两段。从中间油槽、分离槽、地下放空槽和装桶机等容器或设备来的低浓度烟气进入塔的上段，用循环酸液喷淋洗涤，尾气排入大气。从真空槽、真空计量槽、馏分槽和产品槽等容器来的高浓度逸散物进入塔的下段，经一次酸洗后再抽入喷射吸收器进行二次酸洗，尾气从酸洗循环槽放散。吸收用的硫酸的浓度为5%。在循环酸洗过程中调节循环酸液的游离酸浓度，可控制外排尾气中的吡啶含量。当游离酸浓度低于1%时，部分循环酸液用泵送往硫酸铵车间硫酸铵母液槽，同时补充硫酸。酸洗温度约为50℃，净化塔上段为常压，下段为微负压（－0.8kPa）。

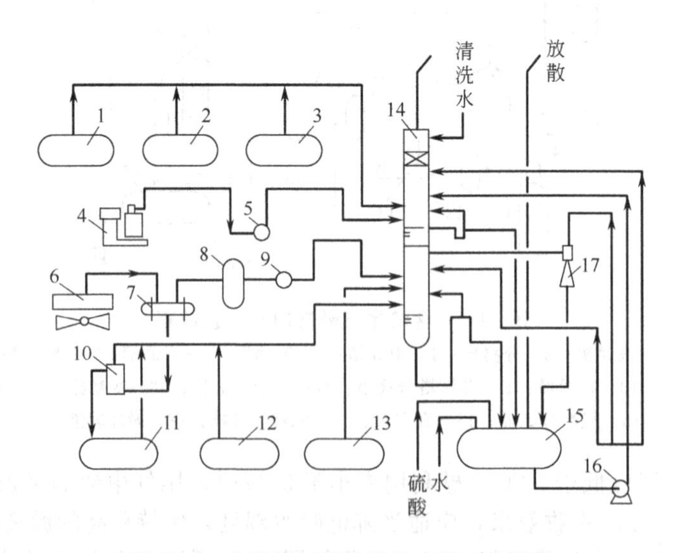

图11-7 吡啶烟气酸洗吸收净化工艺流程

1—中间油槽；2—分离槽；3—地下放空槽；4—产品装桶机；5—鼓风机；6—冷凝器；7—冷却器；8—真空槽；9—真空泵；10—密封罐；11—真空计量槽；12—馏分槽；13—产品槽；14—净化塔；15—酸洗循环槽；16—循环泵；17—喷射吸收器

四、沥青烟控制

(一) 沥青烟的来源与性质

沥青烟控制是对煤焦油沥青生产、加工和使用过程中逸散的烟气进行净化或无害化处理。沥青烟含有多种多环芳烃和杂环化合物，苯并［*a*］芘在沥青中的含量为0.11%～0.84%，在沥青烟中含1.3～2.0mg/m^3，在沥青焦炉冒出的黄烟中约含20mg/m^3。焦化厂沥青烟主要来自煤焦油蒸馏的热沥青储槽放散管、沥青冷却成型机、沥青焦生产中的氧化沥青釜放散管、硬质沥青或改质沥青生产中的热沥青储槽放散管和工艺尾气等。

人吸入沥青烟能引起头痛、眩晕、恶心、呕吐、肝脏肿大和白血球增高等症状。接触沥青烟，可引起急性光敏性皮炎、角膜炎，并使皮肤产生明显的色素沉着，形成黑头粉刺、毛囊炎和血管肿瘤等。苯并［*a*］芘等化合物是强致癌物质。因此，一些国家已提出了限制苯并［*a*］芘在操作场所和排放标准。美国规定工作环境中的标准限值为0.2mg/m^3，德国将工业排放的浙青烟标准设为小于50mg/m^3，我国工业中沥青烟气的最高允许排放浓度为40g/m^3。

(二) 沥青烟的控制

沥青通常以三种形态存在于沥青烟中：直径为0.01～1μm的液滴；吸附或黏着在悬浮状固体微粒上；蒸气状态。按照沥青烟的存在状态和工艺要求，净化方法主要有吸收法、电捕法、吸附法和焚烧法等。

1. 吸收法

吸收法多在沥青加工行业使用，因为加工沥青产生的烟气量较大、温度高，采用水或有机溶剂（洗油等）将沥青烟中的污染物洗涤下来，目前山西煤焦油加工厂多采用洗油洗涤沥青烟气，可以大幅度减轻沥青烟气的污染。

(1) 水吸收法　沥青烟气与循环洗涤水在洗涤塔中逆向接触，烟气中的沥青被冲洗捕集于水中，循环水定量排入污水处理系统。

(2) 洗油吸收法　用洗油或脱晶蒽油在吸收塔或喷射吸收器中与沥青烟气逆向接触，沥青被吸收剂洗涤和吸收。此法不仅可以除去悬浮的沥青液滴，还可以吸收部分气态沥青。吸收塔吸收法多用于热沥青储槽放散气和改质沥青尾气的净化，一般采用填料塔或板式塔。喷射吸收器净化热沥青储槽放散烟气的工艺流程如图11-8所示，沥青烟气在喷射吸收器中被洗油喷射吸收后，经过洗油循环槽，进入填料捕集洗涤器，经喷淋的洗油进一步净化后排入大气。循环洗油要定期更换。

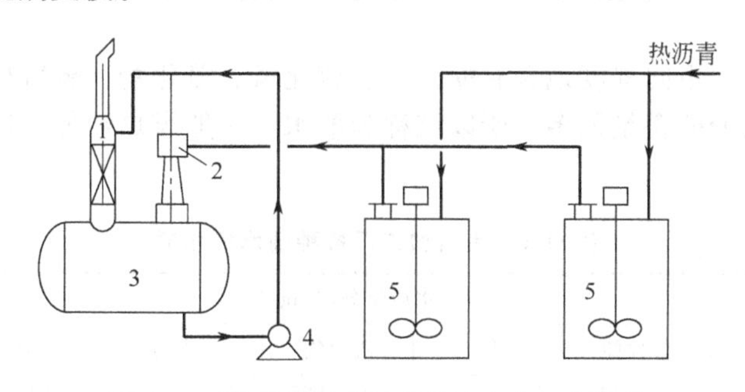

图11-8　沥青烟气喷射吸收法净化工艺流程

1—填料捕集洗涤器；2—喷射吸收器；3—洗油循环槽；4—循环油泵；5—热沥青储槽

2. 电捕法

电捕法捕集沥青烟气中大分子有机物是通过高压静电作用。沥青烟气需先通过水喷淋冷却至约 90℃，其中被冷凝下来的冷凝物随水排出集中处理，然后沥青烟进入电捕焦油器，沥青烟气中的大分子有机物分子进入电场与电场中的电荷碰撞后荷电，在静电作用下带有电荷的大分子物质朝着电极板方向运动，捕集到电极板，达到分离污染物质的目的。此法常用于热沥青加工和使用过程中产生的沥青烟气的净化。

当电压为 10～20kV 时，沥青烟气中沥青质量浓度可以从 200～1000mg/m^3 降至 10～50mg/m^3，净化效率为 90%～99%。

3. 吸附法

吸附法是采用多孔固体物质吸收气相和液相混合物使其累积在固体表面，在“范德华力”的作用下使吸附剂与吸附质分离。因为该吸附过程是物理吸附，所以该法使用的活性物质的比表面积都较大。

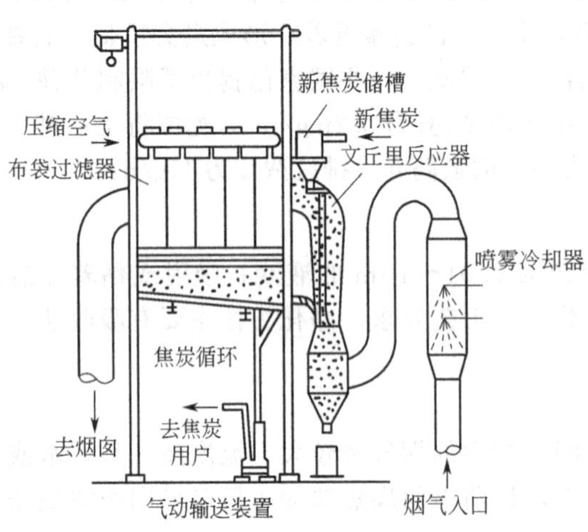

图 11-9　沥青烟焦粉吸附净化装置

目前以焦炭、氧化铝和活性白土等为吸附剂的较多，在沸腾床、流化床或气力输送管中吸附沥青烟雾。沥青烟焦粉吸附净化装置如图 11-9 所示。沥青烟气先经过喷雾冷却管，经初步净化后进入文丘里反应器，在反应器中与焦粉接触而被吸附。尾气再进入布袋过滤器进一步净化。定期排出一部分吸附沥青后的焦粉，大部分焦粉返回系统循环使用。此法净化效率在 95%以上。

4. 焚烧法

沥青烟气中占组分比例较大的物质有油类和碳氧化合物。焚烧法就是利用这些占比例较大的可燃组分在有氧条件下燃烧，沥青烟气中的污染物可以被燃烧分解。沥青烟气在专用的焚烧炉或工艺加热炉中焚烧、热裂解，以消除沥青烟的污染。为破坏苯并［a］芘，通常需要较高的焚烧温度和较长的滞留时间。当温度为 800～1000℃、滞留时间为 3～13s 时，苯并［a］芘的去除率可达 99%，焚烧后废气中苯并［a］芘的质量浓度可降至 20mg/m^3 以下。

第二节　煤焦油加工污水中酚类化合物的回收

煤焦油加工污水中不同程度地含有酚、油、硫化氢、氰化物、硫氰化物、吡啶、苯等多种有害物质，其中以酚的含量最多，所以统称为酚水。一般煤焦油加工厂各种酚水的水质如表 11-1 所示。

表 11-1　焦油加工厂各种酚水的水质

名　称	水质组分/(mg/L)					pH	水温/℃
	挥发酚	氨	硫化物	氰化物	焦油		
焦油蒸馏工段酚水	3000～4000	300～1000	400～600	100～500	微量	—	35～40
酚精制工段酚水	8000～12000	—	10～20	200～300	—	3	—
原料焦油分离水	1900～3500	—	—	—	600～1400	—	60～70
焦油硫酸钠酚水	6200～11000	70～80	—	—	—	—	—

含酚废水污染范围广、危害性大，对人体、水体、鱼类及农作物带来严重危害。酚水危

害主要表现如下：

(1) 对人体的毒害作用　酚类化合物是原型质毒物，它对一切生物都有毒害作用。酚可通过与人的皮肤、黏膜接触发生化学反应，形成不溶性蛋白质，而使细胞失去活力，质量浓度高的酚溶液还会使蛋白质凝固。酚还能向深部渗透，引起深部组织损伤、坏死，直至全身中毒。长期饮用被酚污染的水会引起头晕、贫血以及各种神经系统病症。

(2) 对水体及水生物的危害　水体受含酚污水污染后会产生严重不良后果。由于含酚废水耗氧量高，水体中氧的平衡将受到破坏，水中含酚为0.002～0.015mg/L时，加氯消毒就会产生氯酚恶臭，不能作饮用水。水体中含酚0.1～0.2mg/L时，鱼类有酚味，浓度高时引起鱼类大量死亡。酚类物质对鱼类毒害极限质量浓度一般在4～15mg/L，但苯二酚毒性强，质量浓度为0.2mg/L。

(3) 对农作物的危害　用未经处理的含酚废水（100～750mg/L）直接灌溉农田，会使农作物枯死和减产。因此，对生产过程中排放出的污水必须进行处理，首先应该考虑的是挥发酚的回收。

从酚水回收酚的方法，常用的是蒸汽吹脱-碱洗法、溶剂萃取法、生化处理法和活性炭吸附等方法。

一、蒸汽吹脱-碱洗法

1. 蒸汽吹脱-碱洗法的工艺流程

蒸汽吹脱-碱洗法是酚水脱酚的主要工业方法之一，其脱酚效率可达到85%。其工艺流程如图11-10所示。

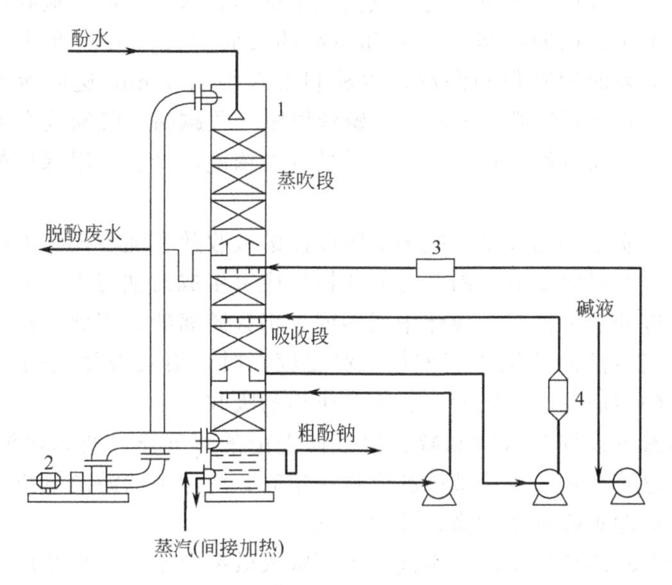

图11-10　蒸汽法酚水脱酚工艺流程

1—脱酚塔；2—蒸汽循环鼓风机；3—送碱自动断路器；4—预热器

经过蒸氨后的废水用泵打到脱酚塔顶部喷洒。由喷头喷出的酚水顺着木格填料往下流动，而101～105℃的饱和水蒸气由下向上通过三段木格填料，与酚水逆向流动，充分接触，水中的酚就被蒸汽蒸吹出来。被蒸汽蒸吹出来的含酚气体用蒸汽循环风机将其抽出，再由塔底送入。脱酚塔下部为吸收段，装有三段金属螺旋填料。上段填料定期地用泵打来的10%的新鲜苛性钠溶液进行喷洒。中段及下段用含酚碱性溶液喷洒填料。当含酚水蒸气流经被苛性钠溶液润湿的金属填料表面时，酚与苛性钠发生反应，生成易溶于水的酚钠，而将酚吸收下来。其反应式：$C_6H_5OH + NaOH \longrightarrow C_6H_5ONa + H_2O$。脱酚后的蒸汽重新回到蒸吹段，继续用于提取水中的酚类物质。

蒸汽吹脱-碱洗法脱酚工艺简单，操作稳定，易于控制，不产生二次污染，回收的酚盐质量较好。但该法脱酚效率低，约为85%，设备庞大，蒸汽耗量大，只有少数老焦油加工厂仍在继续使用。

2. 蒸汽吹脱-碱洗法脱酚的操作指标

蒸汽吹脱-碱洗法脱酚的操作指标见表11-2。

表11-2 蒸汽吹脱-碱洗法脱酚的操作指标

项目	指标	项目	指标
脱酚塔后废水含酚/(mg/L)	≤300	入塔新碱液浓度/%	约10
酚盐产品中含酚/%	>15	每吨酚盐消耗100碱量	0.9
液汽比/(m^3/m^3)	2000∶1	循环酚钠喷洒密度/[$m^3/(m^2 \cdot h)$]	4～5
塔内压力/Pa	13300～26600	脱酚效率/%	约90

3. 影响脱酚效率和酚盐质量的因素

(1) 液汽比　酚水加热时，酚在汽液两相的分配率是不同的。蒸汽内的平衡浓度比液体内的大1倍多，所以脱酚效率与蒸汽循环量有着直接的关系。酚水处理量与循环蒸汽量的比值称为液汽比。脱酚效率随液汽比的增大而提高。通常液汽比（2000～2500）∶1，不能小于1500∶1。

(2) 碱液浓度、碱液量和送碱制度　蒸汽脱酚操作要求最大限度地利用碱液。因提取酚所需的苛性钠数量很小，而脱酚塔的尺寸和填料的表面积又很大，所以只能间歇供给稀碱液，以保证填料全部表面积都得到润湿。送碱制度有每隔30min送碱液60s或每隔15min送碱液30s两种，一般前者喷洒密度较大。碱液质量分数越高，脱酚效率越高，即排出废水含酚量越低，有利于生物脱酚处理，但使产品的酚盐浓度降低。一般保持游离碱的质量分数5%～8%为宜。

(3) 循环酚盐的质量和循环量　脱酚塔吸收段的吸收效率随着循环酚盐溶液中酚钠浓度的升高而降低。如以上吸收反应，酚与氢氧化钠反应可生成酚钠与水，而酚钠水解又使反应向左进行，正逆反应处于平衡时，液体中或多或少仍含游离酚。因此，在酚钠溶液液面上有一定的酚蒸气压，当溶液的酚钠浓度增加、温度较高时，溶液液面上的酚蒸气压也随之增加，而气液两相间的传质推动力则变小，不利于酚的吸收。

溶液中的游离碱可以抑制水解和减少溶液面上酚的蒸气压，所以溶液中游离碱度的高低，对吸收效率有显著影响。当溶液中酚含量一定时，溶液中的游离碱浓度愈高，蒸气中酚的平衡浓度愈低，亦即吸收效率愈高，反之亦然。

由于在吸收段各段的传质推动力不同，因而吸收效率也不同。据某厂实测各段吸收效率生产数据如下：下段为50%，中段为5%～20%，上段（新碱液段）为20%～30%。

增大酚钠溶液循环量可提高中段和下段的金属螺旋填料的吸收效率。生产实践表明，适宜的喷淋密度为4～5$m^3/(m^2 \cdot h)$。

(4) 脱酚塔内的压力和温度　塔下部碱和酚钠盐水溶液的温度、压力与碱-盐水溶液浓度有关。当碱-盐水溶液浓度一定时，压力升高温度也升高，反之亦然。在常用水溶液浓度范围内，塔内表压力一般保持12.0～14.7kPa，不超过26.7kPa。相应的塔内蒸汽温度保持在102～105℃。因此，稳定塔内压力对脱酚操作起着重要作用。它不仅影响脱酚效率，而且对酚盐质量起着决定性作用。例如，若间接加热量不足，则塔压下降，塔内温度也降低，在蒸吹段挥发酚难以从水中解脱，而在吸收段，部分水蒸气冷凝，酚盐被稀释，游离碱浓度也相应降低，对于吸收则有利有弊。

为保证塔压和温度符合规定，必须做到如下几点：稳定间接蒸汽压力；控制废水入塔温度不小于96℃，一般在96～100℃；酚盐温度控制在110～115℃；新碱液温度不低于60℃。

二、溶剂萃取法

溶剂萃取法是利用某些溶剂与水不互溶，且密度不同，却能溶解酚类化合物的特性，脱除酚水中的酚，属于物理法脱酚，脱酚效率高达95%，近年来得到了广泛应用。

1. 溶剂萃取脱酚的工艺流程

溶剂萃取法分为脉冲萃取、离心萃取和转盘萃取等，其中以脉冲萃取应用较多。脉冲萃取脱酚的工艺流程如图11-11所示。

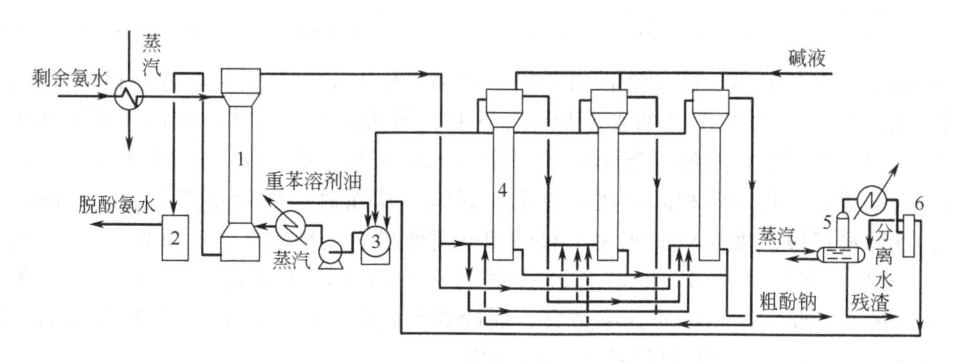

图11-11　脉冲萃取脱酚的工艺流程

1—萃取剂；2—氨水分离器；3—循环油槽；4—碱洗塔；5—再生釜；6—油水分离器

脱除煤焦油和悬浮物后的含氨酚水，经加热器（控制温度为55～60℃）进入萃取塔上部。重苯溶剂油（即循环油）经加热器（控制温度50～55℃）送至萃取塔下部。含氨酚水和循环油由于密度不同，装在中心立轴上的塔内筛板靠塔顶电动机偏心轮带动作上下脉冲，油被分散成微粒后并分散在作为含氨酚水中。油、水两相逆流接触，含氨酚水中的酚类转溶到循环油内。脱酚后的氨水经控制分离器分出被夹带的油滴后进行蒸氨处理。富集酚的循环油从萃取塔上部流出，依次通过三台串联的碱洗塔。塔内装有质量分数为20%的碱液，富集酚的循环油自下而上通过塔内筛板充分与碱液接触，循环油内的酚与碱反应生成酚钠，循环油得到再生。再生后的油，从最后一个碱洗塔的顶部流至循环油槽3供循环使用。当塔内酚钠溶液中游离碱质量分数下降到2%～3%时，即停塔，静置分层后放出酚钠盐。在放空的碱洗塔内加入新碱液，作为最后一个碱洗塔串联入系统中。为保证循环油的质量，连续引出为循环油量2%～3%的油送至再生釜5蒸馏再生。再生后的油返回循环油槽，釜底残渣定期排放并混入焦油中，在油水分离出的水也送蒸氨处理。

溶剂萃取法脱酚效率高，一般大于90%，设备占地面积小，还可回收不挥发酚。但废水容易产生二次污染。

2. 影响脱酚效率的因素

（1）含氨酚水处理量　萃取塔（一定塔径）含氨酚水的处理量以开始产生液泛为极限，在极限以下，脱酚效率随氨水处理量的增加而升高。

（2）萃取相比　即油与水的体积比。提高油水比有利于提高脱酚效率，但油水比过高，油的循环量将增加较多，含氨酚水处理量将相对减少，使油的消耗量增加而萃取后油中含酚量降低，并使碱洗再生时酚钠盐不易饱和。实践证明，当用重苯溶剂油作萃取剂时，油水比可取（0.9～1.0）：1。

（3）温度　温度稍高有利于提高脱酚效率。因温度主要影响两相物性，提高温度有利于加速传质过程，并有利于两相分离和不易乳化。但温度过高，含酚废水中有氨气逸出并上浮，带动水相逆向混合，降低脱酚效率，甚至会造成液泛。对于不同的萃取剂，适宜的操作温度见表 11-3。

表 11-3　对不同萃取剂的适宜操作温度

萃取剂种类	进口水温/℃	进口油温/℃	碱洗温度/℃
重苯溶剂油	55～60	50～55	45～50
重苯	50～55	45～50	45～50
粗苯	40～45	35～40	35～40
N-503＋煤油体系	45 左右	40 左右	40～45

（4）相间传质与分离　脉冲筛板塔是靠塔内筛板作上下往复振动，将油相分散在连续相（水）中，油滴上浮，油相液滴的表面积即为两相接触表面积。显然，对两相接触面积大小、接触时间长短、表面更新快慢等有影响的因素（如筛板数、筛孔大小、板间距、脉冲频率、山下运动的振幅等）均对两相间传质具有重要影响，从而对脱酚效率产生重要影响。另外，塔上部、下部澄清段高度与截面积大小对两相分离效果、脱酚效率也有重要影响。一般取筛板数 21～26 层，筛孔直径 6～8mm，开孔率 27%～37%，脉冲频率为 300～350 次/min，振幅为 4～6mm，此时两相传质速率适宜，脱酚效率较高。而上、下澄清段截面体积流速为 4.5～5.5$m^3/(m^2 \cdot h)$，停留时间约 40min 为宜。

（5）油中吡啶碱含量　在萃取剂中含有适量的重吡啶碱会提高分配系数，有利于提高萃取效率。但由于重吡啶碱与酚能组成复杂的吡啶苯氧基络合物，如含量较高，会影响油相的后续脱酚处理。据资料介绍，当油中重吡啶盐基含量为 3%～3.5%时，可使油具有较好的萃取效率，进行碱洗时油的脱酚程度也较好，脱酚后水中的吡啶盐基含量增加甚微。

3. 影响碱洗效率的因素

（1）碱液质量分数　通常碱洗后酚钠盐中游离碱质量分数＜3%。新碱液质量分数以 20%为宜。

（2）温度　一般控制在 40～45℃，最后一个碱洗塔温度不低于 35℃。在脉冲萃取操作中经常会出现两个不正常现象，即乳化和液泛。此处的乳化，是指油分散在水中形成水包油型乳状液。造成乳化的原因有：萃取剂中含焦油或夹带酚钠盐；筛板振幅过大等。造成液泛的主要原因是：处理水量过大；温度过高及因停电等事故使筛板突然停止振动等。遇不正常现象，应及时查明原因，采取相应措施处理。

第三节　焦化废水的处理

焦化废水主要来自炼焦和煤气净化过程及化工产品的精制过程，其中蒸氨过程中产生的剩余氨水为主要来源。焦化（包括煤焦油加工）厂的废水排放量大，水质成分复杂，除含有氨、氰化物、硫化物、硫氰化物等无机污染物外，还含有酚类、苯类、多环芳烃及含氮、氧、硫的杂环化合物，是一种典型的难处理的工业废水。研究表明，对于焦化废水处理长期使用的微生物而言，其中的酚、苯等属于易生物降解物；吡咯（氮杂茂）、咪唑（间二氮杂茂)、萘、呋喃等属于可生物降解物；而吡啶、咔唑、联苯、三联苯等则为难降解物。

一、焦化废水水质的重要指标

焦化废水常规分析中的项目包括：化学需氧量、生化需氧量、悬浮物、溶解氧、有机氮、pH值、色度、挥发酚、氰化物、硫化物、油类等。

1. 化学需氧量（COD）

所谓化学需氧量（COD），是在一定的条件下，采用一定的强氧化剂处理水样时，所消耗的氧化剂量。它是表示水中还原性物质多少的一个指标。水中的还原性物质有各种有机物、亚硝酸盐、硫化物、亚铁盐等。但主要的是有机物。因此，化学需氧量（COD）又往往作为衡量水中有机物质含量多少的指标。化学需氧量越大，说明水体受有机物的污染越严重。

化学需氧量（COD）的测定，随着测定水样中还原性物质以及测定方法的不同，其测定值也有不同。目前应用最普遍的是酸性高锰酸钾氧化法与重铬酸钾氧化法。高锰酸钾（$KMnO_4$）法，氧化率较低，但比较简便，在测定水样中有机物含量的相对值比较低时可以采用。重铬酸钾（$K_2Cr_2O_7$）法，氧化率高，再现性好，适用于测定工业废水中有机物的总量，因此，在工业废水指标中化学需氧量通常用COD_{Cr}表示。

2. 生化需氧量（BOD_5）

所谓生化需氧量，是在有氧的条件下，由于微生物的作用，水中能分解的有机物质完全氧化分解时所消耗氧的量称为生化需氧量。它是以水样在一定的温度（如20℃）下，在密闭容器中，保存一定时间后溶解氧所减少的量（mg/L）来表示的。当温度在20℃时，一般的有机物质需要20d左右时间就能基本完成氧化分解过程，而要全部完成这一分解过程就需100d。但是，这么长的时间对于实际生产控制来说就失去了实用价值。因此，目前规定在20℃下，培养5d作为测定生化需氧量的标准。这时候测得的生化需氧量就称为五日生化需氧量，用BOD_5来表示。生化需氧量越高，表示水中需氧的污染物越多。

3. 悬浮物（SS）

悬浮物是一项重要水质指标，常用来表示固体污染物的浓度。水质分析中把固体物质分为两部分，能透过滤膜（孔径3～10μm）的叫溶解固体（DS），不能透过的叫悬浮固体或悬浮物（SS），两者合称为总固体（TS）。必须指出，这种分类仅仅是为了水处理技术的需要。

4. 溶解氧（DO）

溶解氧是指溶解在水中的游离氧（用DO表示），单位以O_2 mg/L表示，是有机污染的重要指标。污水污染越严重，污水中溶解氧（DO）越少。

5. 有机氮

有机氮是反映水中蛋白质、氨基酸、尿素等含氮有机化合物总量的一个水质指标。

有机氮在有氧的条件下进行生物氧化，可逐步分解为NH_3、NH_4^+、NO_2^-、NO_3^-等形态，NH_3和NH_4^+称为氨氮，NO_2^-称为亚硝酸氮，NO_3^-称为硝酸氮，这几种形态的含量均可作为水质指标，分别代表有机氮转化为无机氮的各个不同阶段。

总氮（TN）则是一个包括从有机氮到硝酸氮等全部含量的水质指标。

6. pH值

pH值是指示水酸碱性的重要指标，在数值上等于氢离子浓度的负对数。

pH值的测定通常根据电化学原理采用玻璃电极法，也可以用比色法。

7. 色度

污水由于含有各种不同杂质，常显现出不同的颜色。污水的色度在进入环境后，会对环境造成表观的污染。有色污水排入水体后，会减弱水体的透光性，影响水生生物的生长。

色度是一种通过感官来观察污水颜色深浅的程度，洁净水应是无色透明的，若被污染了的水则其色泽加深，人们一般从污水的色度可以粗略判断水质的好坏，如二类污水色度（稀释倍数）一级标准在50～80，二级标准在80～100。

焦化废水的水质指标，因各厂加工深度和加工工艺以及生产操作方式的差异而有很大区别。蒸氨废水量为装炉煤量的16%左右。一般焦化废水的蒸氨出水水质理化指标见表11-4。

表11-4 一般焦化废水的蒸氨出水水质理化指标

参数名称	单位	平均值或范围	参数名称	单位	平均值或范围
COD_{Cr}	mg/L	3000～4500	氰化物	mg/L	25
BOD_5	mg/L	1000～2500	pH	—	6～9
NH_3-N	mg/L	100～300	总磷	mg/L	1.7
硝态氮	mg/L	0～30	悬浮物	mg/L	240
总氮	mg/L	300～600	温度	℃	>80
挥发酚	mg/L	200～400	Cl^-	mg/L	1173
油	mg/L	28	色度	倍	50
硫酸盐	mg/L	458			

二、焦化废水处理方法

（一）废水处理方法

按照处理原理不同，废水处理方法包括如下四种方法。

① 物理处理法：通过物理作用，以分离、回收污水中不溶解的呈悬浮状态污染物质（包括油膜和油珠）的污水处理法。根据物理作用的不同，又可分为重力分离法、离心分离法和筛滤截流法等。

② 化学处理法：通过化学反应来分离、去除废水中呈溶解、胶体状态的污染物质或将其转化为无害物质的污水处理法。

③ 物理化学法：物理化学法是利用物理化学作用去除污水中的污染物质。主要有吸附法、离子交换法、膜分离法、萃取法、气提法和吹脱法等。

④ 生物处理法：通过微生物的代谢作用，使废水中呈溶液、胶体以及微细悬浮状态的有机性污染物质转化为稳定物质的污水处理方法。根据起作用的微生物不同，生物处理法又可分为好氧生物处理法和厌氧生物处理法。

在实际处理系统中，常常是将几种方法混合使用，通常按处理程度划分为一级、二级和三级处理。

① 一级处理：主要去除废水中悬浮固体和漂浮物质，同时还通过中和或均衡等预处理对废水进行调节以便排入受纳水体或二级处理装置。主要包括筛滤、沉淀等物理处理方法。经过一级处理后，废水的BOD一般只去除30%左右，达不到排放标准，仍需进行二级处理。

② 二级处理：主要去除废水中呈胶体和溶解状态的有机污染物质，主要采用各种生物处理方法，BOD去除率可达90%以上，处理水可以达标排放。

③ 三级处理：是在一级、二级处理的基础上，对难降解的有机物、磷、氮等营养性物质进一步处理。采用的方法可能有混凝、过滤、离子交换、反渗透、超滤、消毒等。

废水中的污染物组成相当复杂，往往需要采用几种方法的组合流程，才能达到处理要求。

（二）焦化废水处理方法

1. 焦化废水的一级处理

焦化废水一级处理的目的是为二级生化处理中微生物正常生存、繁衍活动创造适宜的条件。具体目的包括：

① 保证废水水质指标及废水流量较为均匀稳定，对其后的生化处理不产生冲击。

② 降低废水中油类的浓度，防止油类物质对生化处理装置的污染，减轻生化处理的负荷。

③ 脱除部分氰化物和硫化物，减轻生化处理负荷。

④ 调节温度、pH 等。

焦化废水的一级处理包括除油、混凝和化学沉淀。

(1) 除油　焦化废水所含油类可分为密度较水大的重质油以及密度较水小的轻质油。

对于重质油和悬浮物，可采用澄清槽或平流式、平行板式、波纹板式或倾斜式等重力沉降式隔油池。

对于轻质油和悬浮物，常采用空气气浮（或称浮选）法完成。方法是在液相中引入空气形成气泡。气泡附在固体或油滴颗粒上形成足以浮到液面的浮力。这样，密度比水大的颗粒也有可能上升，而密度小的油更容易上升。

(2) 混凝和化学沉淀　焦化废水中常存在大量 $0.01 \sim 1.0 \mu m$ 的固体或油滴，称为胶体颗粒。布朗运动使胶体颗粒处于悬浮状态，在水中悬浮的胶体颗粒表面一般带有负电荷，颗粒之间相互排斥而不能相互凝聚，而且浊度较高，颜色呈深褐色或黑色。为使胶体颗粒凝聚，必须向废水中加入混凝剂，消除胶体表面负电荷的物质。

常用的混凝剂有聚丙烯酰胺（Polyacrylamide，PAM）及硫酸铝 [$Al_2(SO_4)_3 \cdot 18H_2O$]、硫酸亚铁（$FeSO_4 \cdot 7H_2O$）、氯化铁 $FeCl_3$、聚合氯化铝、聚合硫酸铁等无机混凝剂。聚丙烯酰胺依其溶入水中所带电荷的性质可分为阴离子（HPAM）、阳离子（CPAM），非离子（NPAM）三种；依其相对分子质量大小可分为低、中、高相对分子质量型。由于焦化废水中胶体颗粒表面常呈负电，故常用阳离子型聚丙烯酰胺中和胶体颗粒表面的负电荷；另外，聚丙烯酰胺还可同时吸附两个或多个胶体颗粒——具有在颗粒间架桥的作用，而且架桥颗粒与其他架桥颗粒缠绕在一起形成三维结构，快速沉降。因此，高相对分子质量或超高相对分子质量阳离子型聚丙烯酰胺常用于焦化废水处理中。

无机混凝剂溶于水产生的正离子可降低胶体颗粒的负电荷，颗粒间静电斥力消失而易于聚结，与此同时，Al^{3+} 或 Fe^{2+} 在水中均可发生水解，形成复杂的配合物。其综合作用包括：吸附胶体颗粒并降低颗粒的电位；吸附并在颗粒间架桥；生成不溶于水的絮状沉淀——以 $Al(OH)_3$ 或 $Fe(OH)_3$ 表示叫作矾花。在其沉降过程中对胶体颗粒或其他矾花产生网捕作用。

混凝剂的用量均需试验确定。在生产中使用时，先配成水溶液，一般用计量泵按一定比例与废水混合，并进入沉淀槽沉淀分离。分离出的水进生化处理；沉淀物则与生化法产生的污泥一起处理。另外，这种混凝处理，在生化法出水的后处理中也广泛使用。

由于焦化废水中含有氰化物，除去 CN^- 的有效方法是加入铁盐溶液，生成难溶于水的普鲁士蓝沉淀。实际上，在混凝处理中，若使用了铁盐便可在去除胶体颗粒的同时，也可将氰化氢去除。

经过混凝和化学沉淀处理后的出水，其浊度降低，外观颜色清澈透明。因此，在焦化废水生化处理后，在用混凝和化学沉淀进行后处理，已被许多焦化企业应用。

2. 焦化废水的二级处理

在二级处理中，主要是依靠微生物的新陈代谢作用，完成焦化废水中的脱氮、除酚。

(1) 脱氮原理及工艺

① 脱氮原理。脱氮的方法较多，目前普遍采用的是生物脱氮。活性污泥法脱氮是生物脱氮的一种，生物脱氮包括硝化和反硝化两个反应过程。

硝化是污水中的氨氮在好氧条件下，通过好氧细菌（亚硝酸菌和硝酸菌）的作用，被氧化成亚硝酸盐和硝酸盐的反应过程。由亚硝酸菌将氨氮转化为亚硝酸盐，再由硝酸菌将亚硝酸盐转化为硝酸盐。

$$2NH_4^+ + 3O_2 \xrightarrow{\text{亚硝酸细菌}} 2NO_2^- + 4H^+ + 2H_2O$$

$$2NO_2^- + O_2 \xrightarrow{\text{硝酸细菌}} 2NO_3^{2-}$$

好氧异养菌在有氧存在条件下对水中有机物的分解反应同时也在进行。两者相比，硝化细菌生长缓慢，对环境条件变化较为敏感。例如，若水中 BOD_5 过高，则异养菌迅速繁殖，硝化菌在微生物中所占比例下降；硝化菌对溶解氧含量要求较高，以≥2mg/L 为宜；硝化过程中，有 H^+ 生成，水质 pH 下降；为保持适宜 pH 7～8，对下工序处理，需加碱；硝化反应适宜温度是 20～40℃，低于 15℃反应速率迅速下降，5℃时反应几乎停止等。

反硝化即脱氮，是在缺氧条件下，通过脱氮菌的作用，将亚硝酸盐和硝酸盐还原成氮气的反应过程。以甲醇作为碳源，反硝化反应为：

$$6NO_3^- + 2CH_3OH \xrightarrow{\text{硝酸还原菌}} 6NO_2^- + 2CO_2 + 4H_2O$$

$$6NO_2^- + 3CH_3OH \xrightarrow{\text{亚硝酸还原菌}} 3N_2 + 3CO_2 + 3H_2O + 6OH^-$$

反硝化的条件：当废水中 BOD_5/总含氮＞3～5 时，可认为碳源充足，不足时需外加 CH_3OH 作为补充；废水中溶解氧＜0.5mg/L，溶解氧高，则降低反硝化速率；适宜的 pH 6.5～7.5，若 pH 高于 8 或低于 6，反硝化速率迅速下降，由总反应可知，过程中消耗 H^+ 而使 pH 升高，对下工序的处理，必要时需加酸；反硝化温度范围较宽，在 5～40℃范围都可进行，但低于 15℃，反应速率迅速下降。

② 脱氮工艺。活性污泥法属于生物脱氮中的一类。一般活性污泥法都是以降解为主要功能的，基本上没有脱氮效果。但是，将活性污泥法曝气池作进一步改进，使之具备好氧和缺氧条件，即可达到脱氮目的。

a. A/O 法处理焦化废水。A/O 系统有以下 4 种组合方式：第 1 种 A/O 法，即缺氧-好氧法；第 2 种 A^2/O 法，即厌氧-缺氧-好氧法；第 3 种 A/O^2 法，即缺氧-好氧-好氧法；第 4 种 A^2/O^2 法，即厌氧-缺氧-好氧-好氧法。A^2/O 法及 A/O^2 法目前广泛应用于工程实践（如邯钢、包钢采用 A^2/O 法，宝钢采用 A/O^2 法），取得了良好的经济和社会效益。它们具有 A/O 的一切优点，且出水水质更好、运行更稳定、管理更方便；只是由于增加了一个构筑物，因此基建费用有所增加。A^2/O^2 法具有极好的出水水质，但其投资过高，占地面积过大。

A/O 法目前广泛采用的流程如图 11-12。这种流程的特点是前置反硝化流程，硝化后部分水回流到前面的反硝化池，以提供硝酸盐。由于这种脱氮系统的工艺流程是让污水依次经历缺氧反硝化、好氧去碳和硝化的阶段，故又称为缺氧-好氧脱氮系统，简称 A/O 系统。A/O 系统中，硝化段的溶解氧一般为

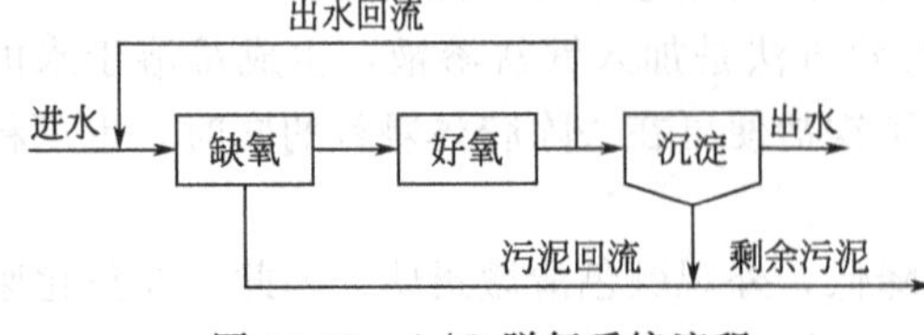

图 11-12 A/O 脱氮系统流程

2～4mg/L，反硝化段的溶解氧应小于 0.5mg/L。

在反硝化（缺氧）池前，再加一个厌氧池（实质上亦是个缺氧池，只是为区别起见），这种脱氮系统的工艺流程是让污水依次经过厌氧、缺氧、好氧三个阶段，故称为厌氧-缺氧-耗氧脱氮系统，简称 A/A/O（或 A^2/O）系统，如图 11-13。该系统是以去除出有机碳氮和磷为主的污水处理工艺。

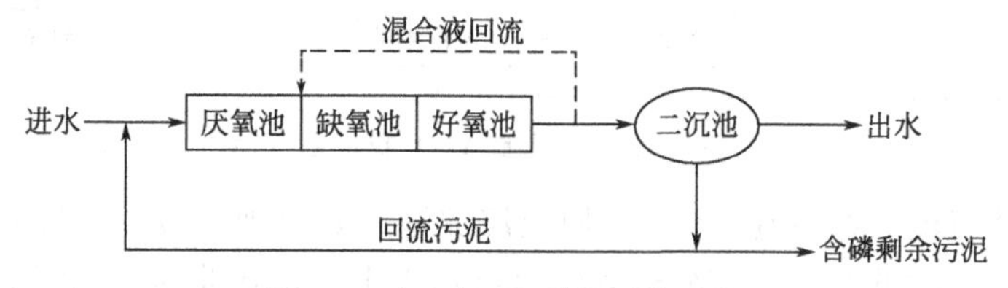

图 11-13 A/A/O 脱氮系统流程

来水经隔油、气浮等预处理后，进入升流式厌氧（也称水解酸化，A_1）池。水解酸化对于焦化废水的处理十分必要，难降解的多环芳烃和杂环化合物，如吲哚、喹啉、多环芳香物族等经水解和产酸能转化为如乙酸、丙酸等有机酸这类简单的低分子化合物，为后续的处理提供易于氧化分解的有机物，即提高废水的可生化性。消除了吲哚、喹啉对好氧微生物初期的抑制作用，提高了吲哚、喹啉、萘、咔唑、联苯、三联苯、吡啶等的好氧降解性能。同时，经水解酸化产生的易降解有机物，可以作为共代谢物促进微生物在厌氧阶段或后续阶段对难降解有机物的代谢能力，减轻好氧阶段的负荷，为下一步好氧处理创造了条件，有利于脱氮和硝化。

缺氧（A_2）段的功能主要是去除 COD 和 NO_x-N，是脱氮装置的关键部位之一。主要反应是一个以好氧池回流的 NO_x-N 为电子受体，以有机物为电子供体，将 NO_x-N 还原为 N_2 排入大气，同时将有机物降解，并产生碱度的过程。与其他脱氮除磷上艺有所不同，在此阶段还能去除大量难降解有机物，主要为稠环芳香烃和杂环化合物。NO_x-N 还原为 N_2 的过程进行得是否彻底，关键在于可被微生物利用的电子供体的量，即 C/N 值（COD/NO_x-N）。由于焦化废水为难降解污水，一方面好氧硝化池的出水 COD 偏低，且主要为难生物降解有机物，所以池中 COD 有一部分是无法作为电子供体利用的；另一方面，共质代谢作用要求去除难降解有机物需大量可降解 COD。因此，焦化废水在反硝化段需要比一般废水更高的 C/N 值。

好氧处理（O 段）的主要作用是去除 COD 和 NO_x-N。由于进水中的有机物浓度高，生化反应的初始阶段异氧菌占优势，主要发生含碳有机物的生物降解，当含碳有机物浓度降到一定程度，硝化菌的硝化作用在反应中成主生化反应过程。除了硝化菌的作用外，异氧菌和硝化菌在生长过程中的同化作用和好氧池的曝气吹脱作用也可以去除一部分 NO_x-N。

A/O^2 工艺是生物脱氮系统，也是以基本硝化与反硝化原理而开发的处理工艺，根据焦化废水处理过程分为前置反硝化和后置反硝化，前置反硝化需将确化液回流至缺氧池（如图 11-14），后置反硝化无须回流，但需为反硝化提供碳源。

废水处理站由预处理、生化处理、后混凝沉淀过滤处理及污泥处理等组成，废水生物处理采用缺氧-好氧-好氧（A/O/O）的内循环工艺流程。

预处理部分由预处理泵房、除油池、浮选装置、调节池等组成。经蒸氨处理后的焦化废水及其他废水送入重力除油池处理后进入浮选系统进行气浮除油，浮选池出水自流进入调节池。当系统出现事故时，调节池储存事故水量。在预处理部分去除废水中的油类，为下段生化处理创造条件。系统中分离出的油外运。

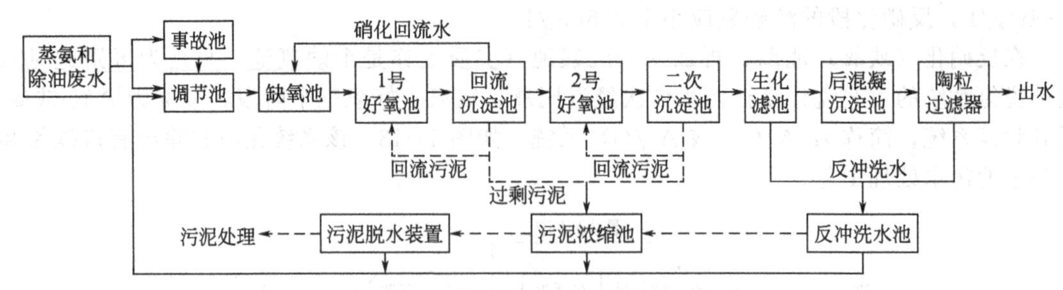

图 11-14 前置反硝化 A/O^2 脱氮系统流程

生化处理由缺氧池、好氧池（O_1）、回流沉淀池、好氧池（O_2）、二次沉淀池、鼓风机室等组成。经预处理后的废水，首先进入缺氧给水吸水井，在此同回流沉淀池约 3 倍回流水经泵送至缺氧池。在缺氧池中设有组合填料，微生物通过反硝化反应将污水中的 NO_2^- 和 NO_3^- 还原为 N_2 从废水中逸出，达到脱氮目的。缺氧池出水靠重力自流入好氧池（O_1），并在好氧池（O_1）中加入稀释水及回流污泥。在好氧池（O_1）中，通过微生物的降解作用去除废水中的酚、氰及其他有害物质，并通过硝化反应使废水中的 NH_4^+ 氧化为 NO_2^- 和 NO_3^-。好氧池（O_1）出水，一部分进入回流沉淀池，污水在回流沉淀池进行泥水分离，其出水回流至缺氧给水吸水井，由缺氧给水泵提升送至缺氧池；好氧池（O_1）出水，其余部分靠重力自流入好氧池（O_2），并在好氧池（O_2）中加入回流污泥。在好氧池（O_2）中，通过微生物的降解作用进一步去除废水中的酚、氰及其他有害物质。好氧池（O_2）出水进入二次沉淀池，在此进行泥水分离。二次沉淀池出水自流进入后混凝进行处理。沉于回流沉淀池池底的污泥，通过回流污泥泵送回好氧池（O_1）；沉于二次沉淀池池底的污泥，通过回流污泥泵送回好氧池（O_1 及 O_2），剩余污泥进入污泥浓缩装置，进行污泥浓缩处理。

后混凝沉淀处理主要是通过物理化学方法对二次沉淀池出水进行处理，目的是降低二次沉淀池出水中的悬浮物和 COD，它包括加药混合、反应及泥水分离三个过程。经混凝沉淀池混凝处理后，为进一步降低废水中 COD 及悬浮物含量，设有生物滤池，经混凝沉淀处理后废水进入滤池给水池，经滤池给水加压泵加压进入生物滤池进行处理，废水经过滤处理后（COD$\leqslant$100mg/L）进入处理后水池，当湿法熄焦时，送炼焦车间做熄焦补充水及水雾捕集水，其余时间用泵加压后送烧结厂或原料场做抑尘用水。滤池反冲洗排水，进入反冲洗水池，并均匀回送至废水处理系统进行处理。

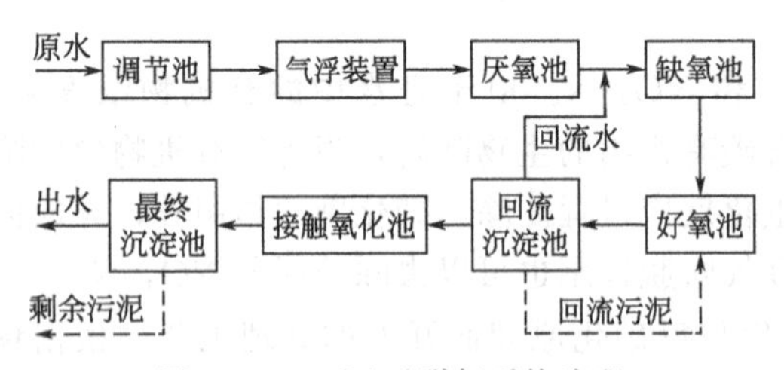

图 11-15 A^2/O^2 脱氮系统流程

剩余污泥和凝聚沉淀池排出的污泥由污泥泵送入污泥浓缩装置进行处理，浓缩后的污泥由污泥泵送污泥脱水机进一步脱水。污泥浓缩池上清液流回污水处理系统进行处理，泥饼送煤场掺入炼焦煤中焚烧。

经蒸氨处理后的各种焦化废水送入调节池，经重力除油后，再用泵加压送入浮选池进行气浮除油。浮选池出水自流进入厌氧池吸水井，经泵加压后进入厌氧池中，同时在厌氧池中加入少量回流污泥，厌氧池内设有组合填料，通过厌氧活性污泥将废水中难以生物降解的有机物进行水解酸化，改善废水的可生化性。厌氧池出水与约 3 倍的回流沉淀池回流水充分混合后进入缺氧池，缺氧池内也设有组合填料。缺氧池出水靠重力流入好氧池（O_1），一段好氧池出水一部分重力流入回流沉淀池进行泥水分离，分离后的上清液回流到缺氧池进行反硝化脱氮处理，另一部分进入接触氧化池（O_2），在此使有机物得到进一步降解。在接触氧化池出水中投加高分子混凝剂、助凝剂等，经管道混合反应进入最终沉淀池，进行泥水分离（图 11-15）。最终沉淀池主要是通过物理化学方法对好氧池出水进行处理，目的是去除水中的悬浮物和 COD_{Cr}。它包括加药混合、反应及泥水分离 3 个过程。最终沉淀池处理后的出水 COD_{Cr}的质量浓度约为 180mg/L，为保证出水 COD_{Cr}的质量浓度在 150mg/L 以下，增设过滤装置，最终沉淀池出水进入过滤水吸水井，经水泵加压后进入过滤器进行过滤。回流沉淀池分离出来的污泥通过回流污泥泵送入好氧池、缺氧池，最终沉淀池排除的剩余污泥用泵送入污泥浓缩池，浓缩后的污泥送入污泥处理装置进行脱水处理。

b. 序批式反应器（SBR）法处理焦化废水。SBR（sequencing batch reactor）法，即序批式活性污泥法，是一种新型高效低耗的废水生物处理技术。近年来，工艺和自动化控制技术的飞速发展，为间歇式活性污泥法的深入研究和应用提供了有利的条件。SBR 为序批式反应器，即其运行工况无论在空间上还是时间上均以按序排列、间歇操作为主要特征。每个 SBR 的运行操作在时间上按运行次序分为四个阶段，即进水、反应、沉淀、排水，成为一个完整的运行周期（如图 11-16 所示）。

进水期：SBR 进水阶段的控制有进水方式、进水时间和是否曝气三个方面的控制。

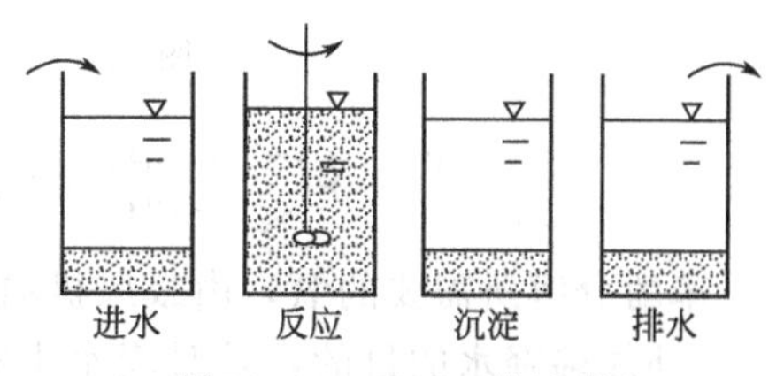

图 11-16 SBR 工艺流程

SBR 的进水方式有连续进水、一次性进水和在缺氧段加大进水量等几种方式。这几种进水方式均有各自的特点：采用反应期连续进水，反应器中碳源充足，有较强的脱氮能力，但出水的 COD 值可能偏高；采用一次性进水方式，操作简便，但基质一次性投加，冲击负荷较大，且可能出现反硝化过程中碳源不足，使脱氮能力受限；采用缺氧段加大进水量，出水 COD 可能稍高，但能为脱氮过程提供充足的碳源，脱氮效果最好。

进水时间可分为瞬时进水和一段时间进水。瞬时进水操作简单，省时，但对微生物的影响较大，耐冲击负荷能力明显降低；而一段时间进水，则充分发挥了微生物的降解作用，提高了反应器的耐冲击负荷能力，达到良好的处理效果。进水时段的曝气方式有非限制曝气、半限制曝气和限制曝气三种。非限制曝气是在进水期同时曝气，一定程度上提高了 SBR 的耐冲击负荷并使进水期具有一定的碳氧化作用；限制曝气是进水期采用静态入流，这种方式适用于污水无毒性或者虽有毒性但积累的最高基质浓度小于毒性抑制浓度的污水处理；半限制曝气只在进水后期曝气，可提高 SBR 的耐冲击负荷能力。

反应期：反应时段的运行方式有两种：好氧反应和好氧、缺氧交替运行（又分前置式和后置式）。前置式指的是缺氧反应置于好氧反应之前，后置式指的是缺氧反应置于好氧反应之后。

仅以去除有机物为目标时采用单纯的好氧反应（在反应阶段始终曝气）。为了保证出水水质，曝气时间至少应占整个周期的 50%以上。但曝气时间过长会增加能耗，同时也可能会导致污泥膨胀，影响沉淀分离过程，使出水水质变差。

为了达到生物脱氮目的可采用曝气、搅拌交替进行的方式。采取交替曝气时，反应器出水比连续曝气有更低的 SS 值、硝态氮浓度，反硝化比连续曝气反应器彻底。原因是：较短的曝气时间可以有效控制硝化程度，及时去除反应器中产生的 NO_x-N，避免水中 NO_x-N 的积累而抑制反硝化的进行，同时使吸附于活性污泥上未分解的有机质成为储备碳源，有利于维持脱氮所需的 COD/NO_x-N 比。

沉淀期：沉淀工序相当于传统活性污泥法的二沉池，在停止曝气和搅拌后，活性污泥絮体经重力沉降和上清液分离。SBR 反应器本身作为沉淀池，避免了在连续流活性污泥法中泥水混合液必须经过管道流入沉淀池沉淀的过程，从而也避免了使部分刚刚开始絮凝的活性污泥重新破碎的现象。此外，传统活性污泥法的二沉池是各种流向的沉降分离，而 SBR 工艺中污泥的沉降过程是在静置的状态下进行的，和理想沉淀池的假设条件十分相似，因而受外界的干扰甚少，具有沉降时间短、沉淀效率高的优点。

排水期：排水的目的是从反应器中排除污泥的澄清液，一直恢复到循环开始时的最低水位，该水位离污泥层还要有一定的保护高度。反应器底部沉降下来的污泥大部分作为下一个周期的回流污泥，过剩的污泥可在排水阶段排除。

（2）脱酚　活性污泥法脱酚的工艺流程如图 11-17 所示。活性污泥中的好氧微生物通过新陈代谢作用分解废水中有机化合物。苯酚分解途径大致如下。

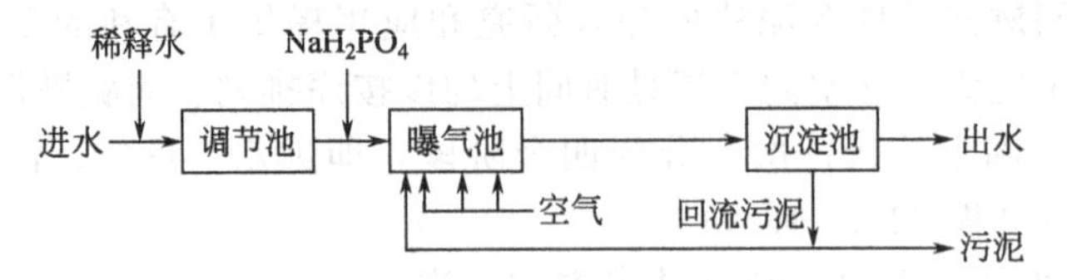

图 11-17　活性污泥法脱酚的工艺流程

$$C_6H_5OH \longrightarrow C_6H_4(OH)_2 \longrightarrow \text{中间产物} \longrightarrow \begin{matrix} CH_2COOH \\ | \\ CH_2COOH \end{matrix} \longrightarrow CH_3COOH \longrightarrow CO_2 + H_2O$$

苯酚分解所需要的氧，由鼓风机输送空气，经布气管分散在曝气池中（或采用机械法曝气）。补加稀释水的目的，是对废水中有害污染物进行稀释；加入 NaH_2PO_4 是为微生物提高营养元素——磷。

主要操作条件如下。水温 20～40℃；水中溶解氧：曝气区 2～4mg/L，澄清区 0.1～0.5mg/L；投加磷量：出水≥1mg/L；pH＝6～9；入水苯酚＜300mg/L；活性污泥体积指数 50～150mg/L；废水在曝气池水力停留时间 4h。

装置出水苯酚、氰含量 1mg/L 左右；COD_{Cr} 400～500mg/L。在 20 世纪 70～80 年代，国内一大批大中小型焦化厂均建有此类焦化废水脱酚装置（许多小型焦化厂也建有煤焦油加工装置）。

为了提高活性污泥脱酚的效果，对工艺可进行改进：

对生化处理核心——曝气池部分的改进：延长曝气池中水力停留时间至 20h（也曾有将曝气池分为两段的，一段水力停留时间至 4h，二段水力停留时间至 20h，中间设沉淀池）；曝气池中采用了微孔曝气器；为节能并减轻鼓风机噪声，采用高频调速电动机驱动离心鼓风机。

对焦化废水预处理部分的改进：为减轻生化负荷，设立了重力除油和气浮除油装置；为防止废水流量和水质变化对生化的冲击，设置了停留时间为 24h 的调节池和均合池。

对生化后处理部分的改进：生化出水混凝净化后作为熄焦用水；污泥脱水后送煤场掺入炼焦煤中。

处理后出水指标：酚、氰、油均低于排放标准，但 COD_{Cr} 仍在 300mg/L 左右。

3. 焦化废水的三级处理

生化处理装置的最后一个沉淀池的出水中，仍含有一些悬浮物（其中包括微生物絮体或残骸，其他固体微细颗粒）；含有未被除去的氰化物、硫化物、油类、F^- 等；COD_{Cr} 指标也有进一步降低的空间；一般色度较高，难于达到排放标准。因此，需要进行后处理。

焦化废水处理领域的技术发展很快，成果很多。许多企业不仅达到了规定的排放标准，还有些企业实现了零排放的目标，可谓形势喜人。不过，就整个行业的废水处理而言，执行国家有关法规的自觉性有待进一步提高；现有处理方法的稳定性、可靠性、经济性以及较高浓度焦化废水处理，有待进一步完善与改进；废水深度处理并回用以及与废水处理有关的新理论、新方法、新技术有待进一步研究开发。

第四节 煤焦油加工废渣的处理

一、煤焦油加工废渣的来源

焦油加工废渣主要来自：回收车间焦油氨水分离工序产生的焦油渣，焦油车间超级离心机分离的焦油渣及蒸馏阶段的釜底残渣，硫铵工序产生的酸焦油，各化产车间检修清槽时产生的废渣。

二、焦化废水处理方法

焦油渣一般处理方法有配入炼焦煤料中炼焦、作为燃料使用、作为煤料成型的黏结剂使用。早在1958年美国就将焦油渣粉碎到40μm作燃料使用。也曾将焦油渣乳化配合煤焦油加工成为液态燃料输送给用户。前苏联焦油加工行业几十年的发展和经验证明，焦油渣最有效的利用方法是将其加入炼焦煤料中作为黏结剂炼焦。酸焦油主要作为型煤黏结剂，多数厂家将其与配合煤按一定比例制成型煤，再配入配合煤中炼焦。部分企业开展了分离酸技术，但未见工业装备报道。前苏联曾将酸焦油作为铺路材料的黏结剂。乌克兰企业曾将酸焦油和煤焦油按照1∶2的比例混合后用来生产铺路所需的黏结材料。而焦油蒸馏的釜底残渣可以用来生产润滑剂，其中含有苯乙烯-古马隆。而对于其他废渣则都有各自的处理方式。例如洗油再生所产生的聚合物是高芳构化产物，含有少量古马隆树脂和高级酚，目前对其的处理方式通常是回配到焦油中，也有人研究聚合物生产树脂作橡胶增塑剂。将焦油渣按照一定比例配入炼焦煤作黏结剂在国外已有丰富的经验，这是变废为宝的一个成功实例，借鉴国外成功经验，国内各厂家在废渣利用方面也比较成功。某焦化厂型煤工艺流程如图11-18所示。

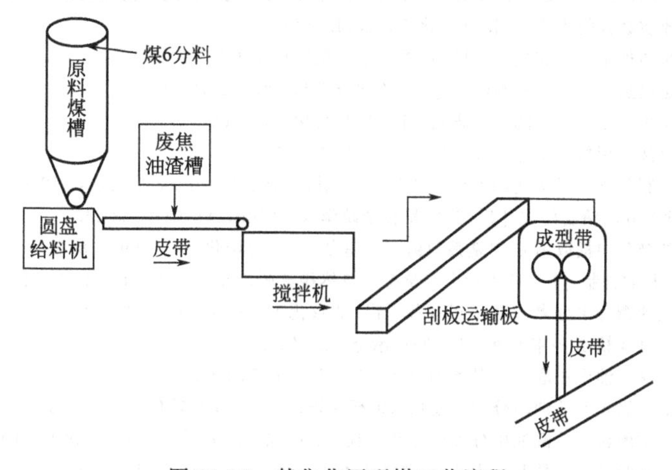

图11-18 某焦化厂型煤工艺流程

通过对焦油废渣的充分利用不仅可以减少对环境的污染，而且可以变废为宝，使焦化废渣在焦化工艺内实现闭路循环，解决环境污染问题，而且提高焦炭质量。这种思路和方法符合国家的循环经济政策，在当前煤资源较为紧缺的情况下，有可观的经济效益。

参考文献

[1] 薛新科，陈启文．煤焦油加工技术［M］．北京：化学工业出版社，2007.
[2] 肖瑞华．煤焦油化工学［M］．第 2 版．北京：冶金工业出版社，2009.
[3] 郭树才．煤化工工艺学［M］．北京：化学工业出版社，2006.
[4] 水恒福，张德祥，张超群．煤焦油分离与精制［M］．北京：化学工业出版社，2007.
[5] 何建平，李辉．炼焦化学产品回收技术［M］．北京：冶金工业出版社，2006.
[6] 吴建新，杨军艳等．间甲酚与对甲酚的分离研究进展［J］．香料香精化妆品 2015（4）：68-73.
[7] 郭宁宁，黄伟．间甲酚与对甲酚的分离研究进展［J］．天然气化工：C1 化学与化工，2013，38（3）：84-89.
[8] 周银娥，陈爱刚．尿素法分离间、对甲酚工艺的优化［J］．江苏化工，1997（5）：21.
[9] 宋晓敏，陈源光．间甲酚的分离精制［J］．现代化工，1997，17（6）：28-28.
[10] 包铁竹．络合萃取结晶法分离提纯对甲酚工艺：1127241［P］．1995.
[11] 邓国才，崔春需．对甲酚与间甲酚的分离［J］．天津化工，1995（4）：12-15.
[12] 吴鸿宾，吴兆瑞，韩成树．一种间对混合甲酚的分离方法：101863742A［P］．2010.
[13] 魏子库，马举武，张强．间/对混甲酚的烷基化反应研究［J］．精细与专用化学品，2012，20（6）：24-27.
[14] 王春蓉．烃化法分离间/对甲酚的研究［J］．应用化工，2009（8）：1196-1198.
[15] Zaretskij M I. Extraction separation of isomers of cresol in fluid-fluid system［J］. Koksi Khimiya，2002（3）：30-33.
[16] Kiseleva E N，Belyaeva V A，GelperinN I，et al. A method for the separation of mixture containing *m*- and *p*-cresols［J］. Otkrytiya Izobreteniya，1970，4：25.
[17] 蒋胤．结晶法分离间、对甲酚［J］．煤化工，1995（1）：58-60.
[18] 付高辉．熔融结晶分离对间硝基氯苯的研究［D］．天津：天津大学，2005.
[19] 马利群，许长春．对甲酚提纯新工艺的研究［J］．石油化工，1997，26（2）：117-119.
[20] 王文霞，封超，张秀成，等．6-叔丁基-3-甲基苯酚脱叔丁基制间甲酚［J］．石油化工，2012，41（1）：62-65.
[21] Tomita T，Suzuki K，Satomi Y，et al. Method for separation p-cresol：JP，2007137787［P］．2007-3-14.
[22] 王洪槐．从洗油中提取喹啉的初步研究［J］．武钢技术，2000，38（2）：1-4.
[23] 吕早生，徐榕，魏涛．从煤焦油洗油中提取喹啉的研究［J］．武汉科技大学学报，2008，31（6）：652-656.
[24] 王军，刘文彬等．从煤焦油洗油中提取喹啉和异喹啉的研究［J］．化工科技，2005，13（2）：19-22.
[25] 周霞萍，王德龙等．异喹啉及其同系物的分离［J］．过程工程学报，2003，3（3）：274-277.
[26] 王兆熊，高晋生．焦化产品的精制和利用［M］．北京：化学工业出版社，1989.
[27] 白金峰．煤化学产品工艺学［M］．北京：冶金工业出版社，2003.
[28] 马中全．从煤焦油洗油中提取萘馏分、甲基萘馏分和工业苊的工艺：92111855.4［P］．1993.
[29] 煤焦油加氢生产清洁燃料调和组分的研究：第四届化工催化加氢技术交流大会论文集［C］．2008.
[30] 甘秀石．反应釜改质沥青的生产［J］．辽宁化工，2011.（4）.
[31] 张国才．低温煤焦油加工方法和现状［J］．中国石油和化工标准质量，2015.
[32] 王宏斌．煤焦油延迟焦化工艺的试验研究［J］．炼油技术与工程，2012（9）.
[33] 刘建明．中低温煤焦油延迟焦化的工艺研究［J］．燃料与化工，2006（2）.
[34] 鄂永胜．一种焦化洗油深加工工艺：201110199830.8［P］．2011.
[35] 张雄文，闫宏福．新日化公司洗油加工技术简介［J］．燃料与化工，2002，33（4）：212-213.
[36] 鄂永胜．β-甲基萘的分离精制研究［J］．辽宁科技学院学报，2009，11（3）：23-24.
[37] 杨宝昌．从甲基萘馏分中提取精 β-甲基萘和精 α-甲基萘［J］．沈阳化工，1999，28（3）：39-42.
[38] 腾占才等．β-甲基萘的精制［J］．佳木斯大学学报：自然科学版，2004，22（4）：502-504.
[39] 张宝亮等．从煤焦油馏分中分离精制 β-甲基萘［J］．北京化工，1994，（4）：26-33.
[40] 何锡财．从洗油中分离精制 β-甲基萘［J］．四川冶金，2007，29（2）：40-44.
[41] 陈启文，薛永强．从洗油中提取 2-甲基萘的方法［J］．山西化工，2005，25（1）：20-22.
[42] 肖瑞华，高卫民．从煤焦油洗油馏分中回收吲哚的研究概况［J］．煤炭转化，1998，21（1）：59-62.
[43] 顾广隽，崔志民，季维民．从洗油中分离甲基萘、联苯、吲哚的研究［J］．燃料与化工，1988，19（4）：46-50.
[44] 坚谷，敏彦，等．吲哚的分离精制技术［J］．燃料与化工，2001，32（4）：224-225.
[45] 刘瑞兴，张忆增．吲哚分离技术进展［J］．现代化工，1989，9（5）：18-22.
[46] 肖瑞华，丁林，周先喜，等．从洗油中提取吲哚的研究［J］．燃料与化工，1993，24（2）：87-90.
[47] Tanaka Makoto，Matsura Akinori. Method for recovery of indole by formation of inclusion compound with cyclodextrin：JP，04217953［P］.
[48] Talbiersky Joerg，Wefinghaus Bernhard. Processing of coal tar liquids from anthracite coal tar distiliation：DE，

4015889 [P].
[49] Shiotani Katsuhiko，Okazaki Hiroshi，Sagara Hiroshi. etal. Purification of indole：JP，61129164A1 [P]. 1986.
[50] Hota Tsugio，Takeo Setsu，Tanaka Makoto，Kawamura Yoshio. Recovery of highly pure indole：JP，62077365A2 [P]. 1987.
[51] Vymetal Jan. Separation of methylnaphalene and indole fractions of coal tar by distillation [J]. Chem Prum，1990，40 (5)：245-248.
[52] 马欣娟，崔百芬，王科发．吲哚分离和精制的工艺方法：CN，1424311A [P]. 2003.
[53] Uemasu Isamu，Takagi Yosuke，Chiwa Makoto. Method of separation of indole by extraction and a-cyclodextrins for inclusion compounds formation in the process：JP，02200671 A2 [P]. 1990.
[54] Pennella Filippo，Lin Fan Nan，Johnson Marvin M. Separation of indole from hydrocarbons：US，5180485 A [P]. 1991.
[55] Matsuura Akinori，Tanaka Shin，Horita Tsugio，et al. A novel process for tar base and indole separation from coal tar [J]. Kawasaki Seitetsu Giho，1989，21 (4)：346-348.
[56] 陈小平，何选明．煤焦油中共沸物的研究 [J]. 武汉科技大学学报：自然科学版，2002，26 (2)：132-135.
[57] 陈新．从重质洗油中提取工业芴的工艺研究 [J]. 鞍钢技术，2000，(10)：6-8.
[58] 王仁远，伊汀，吕苗．芴的结晶精制方法：1884234A [P]. 2006.
[59] 鄂永胜．一种工业芴的提纯工艺：201210251436. 9 [P]. 2012.
[60] 贾春燕等．利用熔融结晶法进行芴的提纯 [J]. 化工学报，2007，58 (9)：2266-2269.
[61] 杨可珊，张懿，吴志强．从Ⅰ蒽油中提取工业蒽的生产经验 [J]. 燃料与化工，2003，34 (4)：207-209.
[62] 袁庸夫，钟烈德，李健，等．一种从一蒽油中提取粗蒽的二段结晶法：96118957. 6 [P]. 2000.
[63] 陈国平，李成，黄福林．从Ⅰ蒽油中连续提取粗蒽的工艺研究 [J]. 广东化工，2015，42 (3)：61-63.
[64] 郭存悦，王志忠．粗蒽精制方法评述 [J]. 煤化工，1999，(1)：20-23.
[65] 耿皎，等．一种从粗蒽中精制高纯度蒽和咔唑的方法：200810020617. 4 [P]. 2008.
[66] 张超群，田华．从粗蒽中提取精蒽和精咔唑的研究 [J]. 燃料与化工，1999，30 (2)：68-71.
[67] 安开博．用重结晶从蒽油中分离精制蒽 [J]. 芳香烃（日），1976，28 (6)：25-27.
[68] 李松岳．精蒽提纯溶剂的选择和应用 [J]. 煤化工，1999，(4)：50-53.
[69] 孙虹．焦油中精蒽/咔唑提取工艺的评述 [J]. 煤炭转化，1998，21 (2)：29-32.
[70] 周霞萍，高普生．粗蒽加工工艺的研究现状和进展 [J]. 煤炭转化，1995，18 (3)：22-26.
[71] 杨建民．用气相氧化法生产蒽醌技术 [J]. 燃料与化工，2005，36 (2)：42-43.
[72] 郑晋安．蒽、菲、咔唑的制备方法：1250768 [P]. 2000.
[73] 田子平，高晋生．粗蒽加工新工艺的研究与开发 [J]. 煤炭分析及利用，1995 (4)：9-11.
[74] 朱富斌，陈光明．从蒽油中提取精蒽和精咔唑的新工艺 [J]. 燃料与化工，2003，34 (6)：321-323.
[75] 刘爱花，薛永强，翟建望．从粗蒽中提取精蒽的研究 [J]. 太原理工大学学报，2007，38 (3)：233-235.
[76] 柳来栓等．反应-水解法从粗蒽中提取高纯度咔唑 [J]. 化学工程师，2001，87 (6)：13-15.
[77] 张昕．煤焦油加工过程中污染分析与治理措施研究 [D]. 兰州：兰州大学，2014.
[78] 杨韫．焦化废水四种生物脱氮处理工艺处理效果的比较 [D]. 呼和浩特：内蒙古大学，2013.
[79] 张素青．水污染控制 [M]. 北京：中国环境出版社，2015.
[80] 何选明，陈康，李维．煤焦油加工污染物的防治 [J]. 燃料与化工，2013，44 (3)：58-61.
[81] 郑纬元，张新喜．A^2/O^2 工艺处理焦化废水的工程应用 [J]. 工业用水与废水，2007，38 (2)：74-76.
[82] 梁红英，吴礼云，李杨，等．首钢京唐公司焦化废水“零”排放技术 [J]. 首钢科技，2013 (2)：35-38.
[83] 李文君，周凯，张志昊．煤焦油加工废气治理方法简述 [J]. 北方环境，2013，25 (11)：17-18.
[84] 刘军，王少青．煤焦油加工污染物的防治 [J]. 内蒙古石油化工，2014 (4)：39-40.